中国大城市
道路交通发展研究报告
（2018）

公安部道路交通安全研究中心　编

人民交通出版社股份有限公司
北　京

内 容 提 要

本书以数据分析的形式，从城市宏观社会经济，车辆及驾驶人发展情况，道路交通管理执法，道路交通安全，道路建设与公共交通发展，城市交通管理政策与措施，交通警察队伍等多方面对2018年36个大城市的道路交通发展情况进行了回顾和分析。

本书适合城市规划、交通规划及交通管理部门的决策者及专业技术人员学习使用，也可作为高等学校交通规划、交通管理等相关专业学生参考用书。

图书在版编目(CIP)数据

中国大城市道路交通发展研究报告 . 2018 / 公安部道路交通安全研究中心编 . — 北京 : 人民交通出版社股份有限公司 , 2020.4

ISBN 978-7-114-16380-7

Ⅰ . ①中… Ⅱ . ①公… Ⅲ . ①大城市—城市道路—交通运输发展—研究报告—中国— 2018 Ⅳ . ① TU984.191

中国版本图书馆 CIP 数据核字（2020）第 034957 号

审图号：GS（2019）5260 号

Zhongguo Dachengshi Daolu Jiaotong Fazhan Baogao(2018)

书　　名： 中国大城市道路交通发展研究报告（2018）
著 作 者： 公安部道路交通安全研究中心
责任编辑： 刘　博
责任校对： 孙国靖　龙　雪
责任印制： 刘高彤
出版发行： 人民交通出版社股份有限公司
地　　址： (100011) 北京市朝阳区安定门外外馆斜街 3 号
网　　址： http://www.ccpress.com.cn
销售电话： (010)59757973
总 经 销： 人民交通出版社股份有限公司发行部
经　　销： 各地新华书店
印　　刷： 北京虎彩文化传播有限公司
开　　本： 880 × 1230　1/16
印　　张： 13.25
字　　数： 362 千
版　　次： 2020 年 4 月　第 1 版
印　　次： 2020 年 4 月　第 1 次印刷
书　　号： ISBN 978-7-114-16380-7
定　　价： 100.00 元

本书编委会

主　　编：戴　帅　刘金广　赵琳娜

参编人员：朱建安　闫星培　褚昭明

李金刚　成超锋　朱新宇

于晓娟

前　言

2019年是新中国成立70周年，回顾这70年，我国经历了世界历史上规模最大、速度最快的城镇化，城市数量由新中国成立初132个增长至672个，城镇常住人口由新中国成立初不到4000万人增长至超过8.3亿人，城市规模不断扩大，城市面貌焕然一新，创造了举世瞩目的发展奇迹。作为城市运转的基础支撑、经济发展的先导因素，城市道路交通也发生了翻天覆地的变化，城市道路面积由新中国成立初84.3km^{2}拓展至7887km^2，增长了近100倍；汽车保有量由新中国成立初5.1万辆增长至目前2.4亿辆，增长了近4000倍。立足新时代，城市交通发展正面临着百年未有之大变局，信息化发展、车联网技术正推动城市交通结构和交通方式的深刻变革，城市生态文明的觉醒、时空秩序的重构正推动道路交通外部资源环境约束的日益趋紧，传统交通问题在新发展阶段呈现出新特征，同时新技术带来的新问题、新矛盾不断涌现，城市交通的治理需要在发展视角下重新审视和思考。

我国36个大城市人口、经济的“聚合效应”正成为推动区域发展的新动能，机动化、汽车化发展的“叠加效应”正推动城市交通由满足需求向需求管理、需求引导转变，交通结构调整、交通执法管控的“范式效应”正推动城市交通治理形成新方案、新路径，能够为我国不同空间尺度、不同资源类型城市的交通发展提供参考和借鉴。如北京、上海等城市人口规模趋于稳定、城市用地接近零增长，城市发展进入存量优化阶段，城市交通正逐渐形成由轨道交通为主体、地面公交为基础、慢行交通为辅助的多元系统。如深圳、广州、杭州等城市，产业高度集聚、人口流入显著，城市交通正通过多元化交通需求管理、精细化交通组织管理、精准化交通执法管控融合并进，探索形成新的治理模式。再如重庆、成都、西安等中西部中心城市，经济增长和空间扩张的速度领先于人口集聚的速度，城市交通建设投入持续加大，同时，汽车保有量增速位居全国城市前列，只有既通过增加交通设施保障城市交通系统运行效率，又通过道路交通组织充分利用、挖掘现有道路资源，才能改善出行环境，体现城市的活力和美好。

前　言

道路交通是城市治理的永恒主题。为归纳我国城市交通发展的规律特点，捕捉城市交通发展存在的不确定性，公安部道路交通安全研究中心连续6年对全国36个大城市的道路交通发展状况进行跟踪研究，建立了大城市道路交通发展综合数据体系，融合12个类别52项指标进行翔实分析，涵盖城市宏观社会经济、城市车辆发展、城市机动车驾驶人发展、城市道路交通管理执法、城市道路交通安全、城市道路建设与公共交通发展、交通警察队伍等多方面的数据统计，以期为城市管理部门提供决策依据，为城市规划、管理、建设等相关专业研究机构和学者提供参考资料，亦为社会了解各大城市交通发展情况和发展特点提供公众读本。

本报告主要数据来源为《中华人民共和国道路交通事故统计年报（2018年度）》《中国城市客运发展报告（2018）》《2018年交通运输行业发展统计公报》《中国城市统计年鉴（2017）》等统计资料，力求数据准确、真实、权威，部分城市建设数据因2018年相关年报未发布，引用已出版的2017年年报数据。

编　者

2019年12月

目 录

目 录

第一章　绪论

36个大城市（包括4个直辖市、22个省会城市、5个自治区首府和5个计划单列市）是我国城镇化和机动化发展的核心地域空间，在国家经济、社会发展中发挥着举足轻重的作用。2018年，36个大城市以5.5%的地域面积，承载了全国23.7%的人口，创造了全国39.5%的国内生产总值，是我国经济结构调整转型、城镇格局优化的发展范式。同时，36个大城市聚集了全国27.1%的机动车、33.4%的汽车，覆盖了全国32.2%的城市道路里程、32.6%的城市道路面积，是我国道路交通和机动化发展的前沿阵地。2018年，在中央关于城市工作的新部署下，36个大城市发展路径正由以经济增长为导向转向以经济质量、人本关怀、共生环境为发展重点，由增量建设型发展转向内涵式、重品质、存量增量结合发展。但同时仍需直面的问题是，36个大城市的城市交通环境承载和管理资源压力愈加沉重，道路交通安全问题愈加凸显。

第一节　大城市人口、经济持续增长，提升既有交通设施的效率更为迫切、更具挑战

一、大城市人口增量增速均趋缓，中西部城市经济发展崛起

截至2018年底，36个大城市承载了全国23.7%的人口，创造了全国39.5%的国内生产总值。36个大城市已然成为我国区域城市群、都市圈、城镇圈等群落式圈层结构的核心城市，人口集聚能力更加明显、经济引领效应更加突出。

36个大城市常住人口增量、增速均趋缓，城市人口规模逐步趋于稳态。截至2018年底，36个大城市常住人口达到3.3亿人，同比增长1.3%，增速相比2017年减缓了0.8个百分点，为2015年以来的最低增速。北京继2017年首次出现常住人口减少后，2018年常住人口同比减少了16.5万人，是近20年来常住人口同比最大降幅。同时，不同区域城市的人口规模差距不断拉大，哈尔滨、长春、大连等东北城市常住人口增长缓慢，人口流出效应明显；深圳、广州、西安、杭州等新兴产业集聚城市常住人口增量最大、增速最快，领跑全国其他城市；重庆、成都、长沙、郑州等中西部城市人口吸引力持续增强，近3年常住人口年均增长均超过20万人。

36个大城市国内生产总值接近全国总量的40%，仍然是我国产业集聚、经济发展的高地。2018年，36个大城市国内生产总值33.2万亿元，同比增长了7.1%，高于全国平均增速0.5个百分点。上海、北京国内生产总值率先突破3万亿元；深圳、广州、重庆也已超过2万亿元，持续引领和支撑着地域经济发展格局。特别值得关注的是，中西部城市经济发展体量和发展速度已经跻身全国前列：重庆、成都、武汉国内生产总值位列36个大城市前10；长沙、西安国内生产总值同比增速超过8%，增速位列36个大城市前10。目前，在长江经济带这一重大国家战略实施推动下，以重庆、成都、武汉、长沙、西安等城市为代表的中西部城市经济已经崛起，在人口磁场效应下，未来城市经济仍有巨大的发展潜力和增长空间。

二、交通基础设施投入再创新高，城市空间发展呈现差异化特征

我国社会发展已经进入了新时代，而每一个新时代都是建立在新的空间秩序基础上。36个大城市随着国家战略推进、区域功能定位转变，正逐步形成多中心、组团式、网络化的城市群空间格局，而其中交通发挥的连接纽带作用也越来越突出。

36个大城市交通基础设施投资占比再创新高。2017年，36个大城市对交通基础设施建设的投资总额达8235.3亿元，同比增长了7.6%，交通基础设施投入在城市市政建设投资总额中的占比达到75.5%，是自2013年以来连续第5年超过70%，城市交通系统建设成为了城市建设的重要乃至首要任务。武汉、重庆、成都、北京、南京城市交通基础设施建设投入超过500亿元，郑州、上海、广州超过300亿元。从交通基础设施投入构成看，超过一半的投资投向了城市轨道交通建设。2017年，36个大城市中有31个城市投资了轨道交通建设，平均每个城市轨道交通投资额达到150.3亿元，同比增长21.7%。武汉、成都、北京、重庆轨道交通建设投入超过300亿元；贵阳、南京、福州、长沙轨道交通建设投入同比增幅超过50%。2017年，36个大城市轨道交通运营线路增加了27条，运营里程增加了794.9km。

交通是城市发展的大动脉，深刻影响着城市空间格局的发展。在城市交通基础设施建设推动下，城市空间持续呈现外延、扩张的发展形态，但增速已明显放缓。截至2017年底，36个大城市建成区面积接近2万km^2，同比增长了4.1%。北京、重庆、广州、天津4个城市的建成区面积超过1000km^2，上海、深圳接近1000km^2，城市空间规模与伦敦、莫斯科相当，与东京、纽约、洛杉矶都市圈的规模差距仍较大。从建成区面积增长速度看，东部沿海城市已进入城市用地零增长的存量优化阶段，多数大城市进入以存量优化为主的发展阶段，而中西部城市建设用地规模还在快速扩张中，西安、贵阳、郑州、长沙城市建成区面积同比增长超过10%，武汉、成都、重庆城市建成区面积同比增长超过5%。与此同时，大连、沈阳首次出现了建成区面积收缩，城市空间的衰减是东北地区城市人口外流、经济发展停滞的缩影。

三、路网密度偏低、步行空间偏小，道路交通设施存量改造需求迫切

城市道路设施正逐渐从增量为主转向存量优化，从注重道路设施建设转向注重新道路设施建设和挖掘利用既有道路设施资源并重。目前，36个大城市的道路里程、道路面积约占全国城市路总里程、总面积的1/3，但是道路网密度不足、道路空间分配不合理等道路规划建设先天性问题依然突出，道路设施存量更新改造成为大城市交通发展的重要任务。

31个大城市中心城区路网密度低于规范值下限。2018年，36个大城市平均道路网密度为5.9km/km^2，与中共中央、国务院下发《中共中央国务院关于进一步加强城市规划建设管理工作的若干意见》（中发〔2016〕6号）中提出的到2020年，城市建成区平均路网密度8km/km^2的要求仍有明显差距。36个大城市中仅深圳、厦门、成都3个城市的中心城区建成区路网密度超过8km/km^2，上海、广州2个城市的中心城区建成区路网密度超过7km/km^2；呼和浩特、兰州、拉萨、乌鲁木齐4个城市的中心城区建成区路网密度低于4.5km/km^2，济南、沈阳、银川、哈尔滨4个城市的中心城区建成区路网密度低于5km/km^2，与《城市综合交通体系规划标准》（GB/T 51328—2018）中规定商业区与就业集中的中心区路网密度10~20km/km^2、居住功能区路网密度7~15km/km^2的规范值要求仍有较大差距。

12个大城市行人通行空间不足道路空间的1/5。人行道是城市居民步行活动的主要空间，是城市公共空间的重要组成部分，人行道面积能够从一个方面反映城市的绿色交通水平，是体现城市文明程度的重要窗口。2018年，36个大城市人行道总面积达到568.4km^2，占36个大城市总道路面积的22%，平均每个大城市的人行道面积为15.8km^2。拉萨、贵阳、重庆、大连、武汉、西安、福州、西宁、沈阳9个城市人行道占道路面积的比例在25%以上；昆明、南京、乌鲁木齐、北京、广州、石家庄、海口、长春、宁波、呼和浩特、长沙、合肥12个城市人行道在道路面积中的占比低于20%。《城市综合交通体系规划标准》（GB/T 51328—2018）提出除城市快速路外，其他各级城市道路红线内均应优先布置行人交通空间。而目前，大城市道路空间资源主要还是向机动化出行方式倾斜，对慢行空间的保障力度亟待提升和改进。

第二节 城市汽车保有量增速趋缓，公交服务范围不断延伸、服务品质仍待提高

一、汽车保有量增速明显放缓，中西部城市领跑全国

大城市交通问题的集中体现是道路资源的供给利用和城市交通需求的脱节。2014年以来的近5年，36个大城市道路里程年均增长4.6%，道路面积年均增长5.4%；同时，汽车保有量年均增长10.9%，是道路资源增速的2~3倍。随之而来的交通拥堵、能源消耗、环境污染成为大城市发展难以承受之重，以汽车为主导的机动化发展模式再难以为继。城市交通要实现可持续发展，一方面，需对汽车的拥有和使用采取科学、合理的需求管理；另一方面，需在公交优先发展、慢行交通保障方面寻找突破口。

36个大城市聚集了全国超过1/3的汽车，承载了全国超过1/3的汽车驾驶人，36个大城市汽车发展趋势是全国城市的风向标。2018年，36个大城市汽车保有量达到8026.1万辆，同比增长了9.3%，继2017年增速创近20年来新低之后，汽车增速继续放缓至10%以下。但汽车增长的速度仍远高于城市人口、空间规模的增长速度，城市道路交通设施的承载力逐渐逼近或已经到达极限，有限路网上的车辆只增不减，城市交通缓堵保畅的压力越来越大。从保有总量来看，全国21个城市的汽车保有量超过200万辆，61个城市的汽车保有量超过100万辆。其中，北京汽车保有量超过577万辆，是全国首个突破500万辆汽车的城市；成都、重庆汽车保有量超过400万辆；上海、郑州、深圳、西安汽车保有量超过300万辆。总体来看，城市规模越大、经济发展越快，则汽车保有水平越高，南方城市汽车保有量普遍高于北方城市，中西部大城市、东部沿海城市汽车保有量较高。

中西部城市的汽车保有规模和增长速度均领跑全国。截至2018年底，成都、重庆、武汉、西安、郑州汽车保有量均已超过290万辆，位列36个大城市的前10，并且均未实施汽车限购措施。从千人汽车保有量来看，郑州千人汽车保有340辆，西安千人汽车保有310辆，远高于同等城市规模的青岛287辆/千人、沈阳278辆/千人；成都千人汽车保有299辆，与同等城市规模的南京306辆/千人基本相当，与已限购的杭州262辆/千人相比高出37辆/千人。从汽车增长速度来看，自2014年以来的近5年，成都、重庆、武汉、西安、郑州等城市汽车保有量的年均增幅超过20万辆、年均增速超过12%。而2018年，武汉、西安同比增速超过14%，相比2017年，增速提高了1~3个百分点；郑州、重庆同比增速超过13%，与2017年增速相当；成都同比增速8.3%，继2017年同比增速首次低于10%后继续下降。

二、地面公交建设发展速度加快，但公交客流连续4年下降

36个大城市将公交优先发展作为城市重要战略推进，不断加大资金投入、加快设施建设，在公交出行体系建设方面取得了明显成效。但是现阶段，地面公交在城市交通系统中的主体地位尚未形成，服务水平和服务吸引力与城市居民便捷舒适的出行需求仍有较大差距。

36个大城市对地面公交的建设投入持续加大，公交服务范围不断扩展延伸。从运营里程来看，2018年，36个大城市地面公共汽电车运营线路总长33.4万km，占全国公共汽电车运营线路总长度的27.8%，同比增长了12.9%，创下了近5年来运营里程的最高增速，地面公交运营服务网络不断扩大。从车辆投入来看，2018年，36个大城市新增公共汽电车7155辆，同比增加了2.2%，青岛、成都、杭州、天津新增公共汽电车超过1000辆，郑州、长沙、深圳新能源公共汽电车的占比超过90%，车辆设备更新升级速度不断加快。从公交专用道来看，2018年，36个大城市中除拉萨之外其余城市均设置了公交专用道，公交专用车道总里程达到7472.8km，占全国城市公交专用道总长度的58.2%，同比增长了12.3%，相比2017年，增速提高了2个百分点，其中，郑州新增公交专用道超过300km，重庆、广州新增公交专用道100km左右，公交专用道里程增幅最大。

36个大城市地面公交吸引力并没有随着系统建设的推进而同步提升，反而地面公交客运量连续第4年出现了下降。2018年，36个大城市地面公交完成客运量346.3亿人次，占全国的49.7%，同比下降了4.5%，降幅相比2017年又继续扩大了1.5个百分点。36个大城市中31个城市地面公交客运量同比出现了负增长，其中，天津、北京、上海客运量降幅较大，均超过1亿人次；仅郑州、沈阳、杭州、西安、拉萨5个城市的地面公交客运量同比出现了小幅提升。地面公交客流量降低的现实背景，既是由于公交服务的深度和灵活度不够，公交优先路权在实际通行中得不到有效保障，相对私人机动化方式的吸引力较低；又由于地面公交服务的定位与转型发展滞后，与轨道交通服务的衔接配合不足，运营线路、服务范围与轨道交通有重合，出现了部分地面公交客流向轨道交通转移的现象。

三、轨道交通规模位居世界第一，骨干客流效应仍有待增强

截至2018年底，我国35个城市开通了轨道交通运营线路171条，运营里程5295.1km，城市轨道交通的运营里程已位居世界第一。36个大城市中28个城市开通了轨道交通，运营里程5008.5km，占全国城市轨道交通总里程的94.6%。轨道交通的快速发展直接改变了城市综合交通体系的格局，大城市逐步进入了以轨道交通为运输骨干的城市交通发展时代。

28个大城市开通了轨道交通，轨道交通规模正处于快速增长阶段。2018年，36个大城中除太原、呼和浩特、济南、海口、拉萨、兰州、西宁、银川8个城市未开通轨道交通外，其余城市均已开通了轨道交通，运营线路里程同比增加了685.1km，同比增长了15.9%，已连续第3年增幅保持在15%以上。从轨道交通规模来看，上海轨道交通运营里程超过700km，北京超过600km，轨道交通规模已超越莫斯科、首尔、伦敦、纽约等国际都市；广州轨道交通运营里程485km，南京394km，轨道交通规模已超越东京；重庆、武汉、深圳等10个城市的轨道交通运营里程超过100km。同时，大城市轨道交通网络化运营特征越来越显著，上海、北京、广州等13个城市的轨道交通运营线路超过4条，中心城市轨道交通覆盖密度基本达到1km半径范围内设置1个轨道交通站点。

28个大城市轨道交通客运量保持高速增长。2018年，已开通轨道交通的28个大城市的轨道交通客运量达到207.9亿人次，占全国城市轨道交通客运量的97.7%，同比增长了15.2%。北京、上海、广州轨道交通客运量超过30亿人次，领跑全国其他城市，深圳、成都、南京、武汉轨道交通客运量也超过了10亿人次。但也要看到，我国大城市轨道交通的运输效率仍可挖潜。与东京相比，北京、上海轨道交通运营里程几乎是东京的2倍，广州、南京轨道交通运营里程也超过东京，但轨道交通客运量却均低于东京的39亿人次。从客运强度来看，广州、西安、北京轨道交通客运强度超过1.5万人次/（天·km），位居全国前3，但与东京超过3万人次/（天·km）、新加坡超过2万人次/（天·km）相比，我国大城市轨道交通运输效率仍有较大提升空间。

第三节　城市交通执法治理力度持续加大，交通违法行为查处更具有针对性

一、交通违法查处总量持续攀升，现场执法率高于全国平均水平

36个大城市的道路交通执法力度持续加大。从违法查处量看，2018年，36个大城市道路交通违法查处量占全国道路交通违法查处总量的27.1%，查处量同比上升了11%，增幅接近全国平均水平的2倍。北京、上海、成都、武汉、杭州城市道路交通违法查处量最高，在36个大城市中位居前5；杭州机动车交通违法查处力度最大，机动车交通违法车均查处达到4.4次/辆、人均查处2.9次/人，接近全国平均水平的2倍。从现场执法率看，2018年，36个大城市道路交通违法现场查处量占比达到20.7%，略高于全国平均水平

20.1%。上海、深圳、南宁、乌鲁木齐、呼和浩特城市道路交警现场执法力度最大，交通违法现场查处比例超过40%；同时，沈阳、长沙、大连城市道路交通违法现场查处占比不足10%。

二、停车执法管理力度持续加强，突出交通违法治理久抓不懈

严格停车执法监管是维护良好城市停车秩序的重要手段，是破解城市“停车难”的重要举措。2018年，36个大城市持续加大对违法停车的治理力度，不按规定停车交通违法查处量占比达到24.3%，接近城市交通违法查处总量的1/4，在所有交通违法行为中查处量占比最高。其中，武汉停车治理力度最大，不按规定停车查处量占比高达49.3%，接近城市交通违法查处总量的一半；西安、南昌、青岛、郑州、北京等12个城市的不按规定停车查处量占比也超过30%。

36个大城市根据城市交通实际情况呈现出不同的执法重点与特征。车道秩序管理方面，2018年，大连不按导向车道行驶违法行为查处量在道路交通违法查处总量中的占比达17.8%，青岛、成都查处量占比均超过15%，南宁、济南、南昌查处量占比超过10%。交叉口通行秩序管理方面，2018年，南京、南昌、长沙机动车违反信号灯通行违法行为查处量在道路交通违法查处总量中的占比超过10%。同时，36个大城市对于酒驾、醉驾、假牌、套牌、未按规定礼让行人等突出交通违法行为持续保持高压严打的态势。2018年，36个大城市酒驾、醉驾查处量同比上升了4.4%，广州、石家庄万车查处量超过45辆，昆明、贵阳、深圳、哈尔滨、太原、青岛万车查处量超过40辆；未按规定礼让行人查处方面，济南、太原、福州、宁波、西安万车查处量超过1000辆。

三、非机动车、行人交通违法查处量同比出现较大幅度增长

随着城市道路交通现场执法力度的加大，非机动车、行人通行秩序的管理逐渐得到重视和强化。2018年，36个大城市非机动车交通违法、行人交通违法查处量分别同比上升了27.3%、6.1%。针对非机动车交通违法，36个大城市查处量占比位列前五的交通违法依次为非机动车不走非机动车道（24%）、非机动车逆向行驶（12%）、非机动车违反交通信号指示（10.3%）、非机动车不靠右侧行驶（1%）、非机动车不服从指挥（0.5%）。上海、杭州、福州管控力度最大，非机动车交通违法查处量超过90万起。针对行人交通违法，36个大城市查处量占比位列前五的交通违法依次为行人违反交通信号灯（29.2%）、行人不在人行道内行走（22.2%）、横过道路未走人行横道（8%）、行人不服从交通警指挥（2.9%）、不按规定横过机动车道（0.5%）。上海管控力度最大，行人交通违法查处量超过50万起，南京、重庆、西安、北京行人交通违法查处量超过10万起。

第四节 城市道路交通安全形势出现波动，交通安全风险管控压力不断加大

一、城市道路交通事故量出现反弹，交通事故伤亡人数同比增加

2018年，全国城市道路交通事故总量同比增长了27.3%，出现了自2011年以来的最大反弹，城市道路交通事故的同比增速和增幅均已接近公路交通事故量的2倍。同时，城市道路交通事故量在全国道路交通事故总量中的占比达到49.6%，延续了自2013年以来持续上升的趋势。相对于全国城市较为严峻的道路交通安全形势，36个大城市的城市道路交通事故数出现了小幅增长，同比增长6.6%。36个大城市的城市道路交通事故数在全国城市道路交通事故总量中的占比达到31.6%，与2017年相比下降了6.1个百分点。其中，深圳城市道路交通事故数同比下降53.6%，在36个大城市中降幅最大；其次是长春，同比下降

31.7%；第三是福州，同比下降26.3%；青岛、西宁、长沙、济南、昆明同比降幅超过10%；但同时，南宁、拉萨、重庆、贵阳4个城市的城市道路交通事故数同比增长超过50%，城市道路交通安全工作需要高度重视。

2018年，城市道路交通事故死亡人数在全国道路交通事故死亡人数总量中的占比超过1/3，达到35.1%，与2017年相比上升了2.1个百分点；城市道路交通事故受伤人数在全国道路交通事故受伤人数总量中的占比达到47.01%，与2017年相比上升了1.8个百分点。2011—2018年，城市道路交通事故死亡人数占比逐年升高，在8年间内升高了7.4个百分点，特别是近两年占比升高了3.7个百分点；城市道路交通事故受伤人数占比波动增长，在8年间升高了6.6个百分点，城市道路已成为降事故、防伤亡的重要战场。同时，36个大城市的城市道路交通事故伤亡人数已经超过全国城市道路交通事故伤亡人数总量的1/3。其中，36个大城市的城市道路交通事故死亡人数在全国城市道路交通事故死亡人数总量中的占比达35.1%，城市道路交通事故受伤人数在全国城市道路交通事故受伤人数总量中的占比达34.6%。

二、行人交通事故量占比接近道路交通事故总量的1/3

36个大城市车辆与行人之间的道路交通事故占比延续了逐年升高的趋势。2018年，36个大城市车辆与行人之间的道路交通事故占比接近30%，自2011年以来，占比年均上升1.2个百分点。行人出行安全已成为城市道路交通管理的重要课题，减少道路上的人车冲突、建立良好的交通执法环境、深化交通安全宣传教育等保障行人安全的措施亟待重视和加强。特别是乌鲁木齐、重庆城市道路车辆与行人之间的事故占比超过50%；拉萨、兰州、沈阳、西宁、哈尔滨、长春等西部、东北城市道路车辆与行人之间的事故占比超过40%。车辆剐撞行人是36个大城市车辆与行人之间的道路交通事故的最主要事故形态，这与机动车未按规定让行、违反交通信号通行、违法占道行驶、逆行、超速行驶，行人违反交通信号通行、违法占道通行等违法行为有密切关系。由此可见，保障行人出行安全、降低交通事故需要从加强交通违法治理、完善安全设施设置、加大交通安全宣传等多个方面共同发力。

第二章　城市宏观社会经济

36个大城市经济发展保持平稳增长，增速有所回落。2018年，36个大城市地区生产总值总量为33.2万亿元，占全国国内生产总值总量的39.5%，同比下降0.6个百分点。同时，经济“南强北弱”的格局进一步深化，而长期存在的“东强西弱”的问题正在逐步缓解。2018年，36个大城市地区生产总值前10位的仅有北京、天津2个北方城市，东北、华北和西北的大部分城市地区生产总值不足36个大城市地区生产总值平均值；而地处中西部的重庆、成都、武汉已跻身前10位，长沙、郑州、西安也已跻身前15位。

36个大城市交通设施建设投入依然保持较高水平。2017年，36个大城市交通建设固定资产年投资总量达8235.3亿元，占固定资产总投入的73.4%，连续第5年占比保持在70%以上。其中，城市轨道交通投资再创新高。2017年，36个大城市轨道交通建设固定资产总投资量同比增长829.8亿元、增幅达21.7%，武汉、成都、北京、重庆4个大城市的轨道交通投资量超过300亿元。

36个大城市仍处于空间扩张、人口增长的快速发展阶段。截至2017年底，我国36个大城市的市域面积达52.9万km^2，占全国国土总面积的5.5%。北京、重庆、广州、天津4个大城市的建成区面积超过1000km^2。2018年，36个大城市常住人口总量为3.31亿人，比2017年增加414万人，同比增长1.27%，占全国人口的比例为23.71%，比2017年提高了0.21个百分点。

第一节　城镇居民可支配收入

城镇居民可支配收入是反映城市居民生活质量水平的一个重要指标，是指城镇居民用于最终消费支出和其他非义务性支出及储蓄的总和，即城镇居民可以用来自由支配的收入，主要表征可购买的能力。2018 年，全国城镇居民人均可支配收入保持较快增长，城镇居民人均可支配收入为 3.93 万元，比 2017 年增长 7.8%，扣除价格因素，实际增长 5.6%，增速比 2017 年有所回落。36 个大城市平均城镇居民可支配收入 4.48 万元，高出全国城镇居民人均可支配收入 14.1%，同比增长 7.8%。2010 年以来，36 个大城市平均城镇居民可支配收入持续快速增长，2011—2014 年期间增速在 10% 以上，2015—2018 年的增速都保持在 7% 以上。2010—2018 年我国 36 个大城市平均城镇居民人均可支配收入如图 2-1 所示。

36个大城市城镇居民人均可支配收入继续保持较快增长。2018年，我国36个大城市城镇居民人均可支配收入超过4万元的城市有22个，与2017年相比增加6个，其中昆明、天津、成都、合肥、南昌、乌鲁木齐的城镇居民人均可支配收入首次超过4万元；城镇居民人均可支配收入超过5万元的城市有11个，与2017年相比增加3个。其中，青岛、长沙、济南的城镇居民人均可支配收入首次超过5万元，北京、上海、杭州、宁波的城镇居民人均可支配收入率先超过6万元。

与2017年相似，2018年36个大城市中城镇居民人均可支配收入增速较快的城市主要集中在西南地区和长江经济带，其中增速最快的5个城市是拉萨（10.6%）、合肥（9.3%）、武汉（9.1%）、贵阳（9.1%）、北京（9.0%）；增速较慢的城市主要集中在东北和华北地区，其中增速最慢的5个城市为天津（6.7%）、沈阳（6.5%）、长春（6.5%）、哈尔滨（6.4%）、南宁（6.2%）。

长三角、珠三角、环渤海城市的城镇居民人均可支配收入继续保持领先。2018 年，我国 36 个大城市城镇居民人均可支配收入超过全国平均线（3.93 万元）的城市有 22 个，比 2017 年减少一个。其中上海、北京、杭州、宁波、广州、南京、深圳、厦门、青岛、长沙 10 个城市的城镇居民人均可支配收入超过 5 万元，比 2017 年增加了 3 个城市，上海以 6.8 万元居首，北京以 6.24 万元次之，杭州以 6.12 万元位居第三，宁波以 6.01 万元位居第四。重庆、太原、西宁的城镇居民人均可支配收入不足 3.5 万元。2018 年我国 36

个大城市城镇居民人均可支配收入如图 2-2 所示。从区域分布来看，城镇居民人均可支配收入超过 5 万元的 11 个城市除厦门外均集中在长三角、珠三角和环渤海区域；城镇居民人均可支配收入低于全国平均水平的城市有 14 个，包括东北地区的长春和哈尔滨，华北地区的太原、石家庄和郑州，西北地区的西安、西宁、兰州和银川，西南地区的贵阳、重庆和拉萨，以及华南地区的南宁和海口。

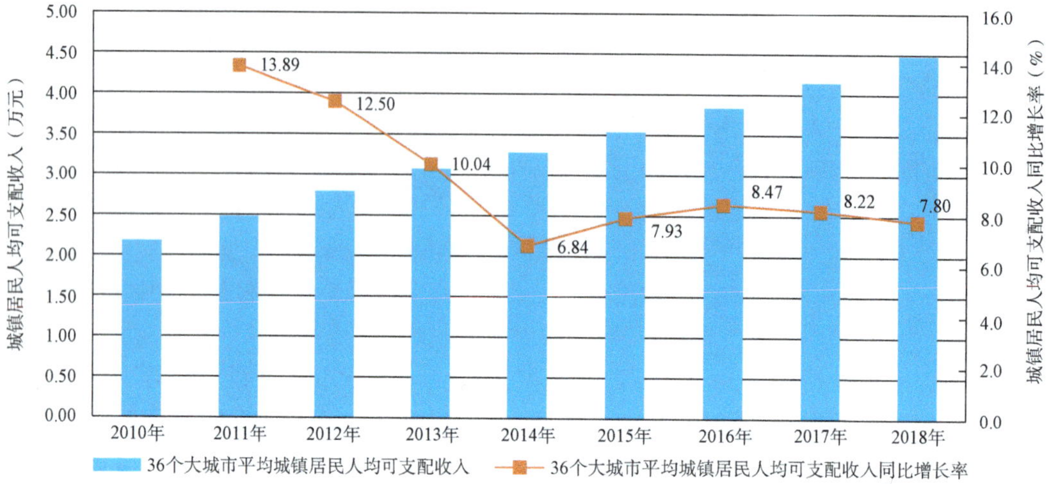

图2-1　2010—2018年我国36个大城市平均城镇居民人均可支配收入

注：数据来源于各城市统计局网站。

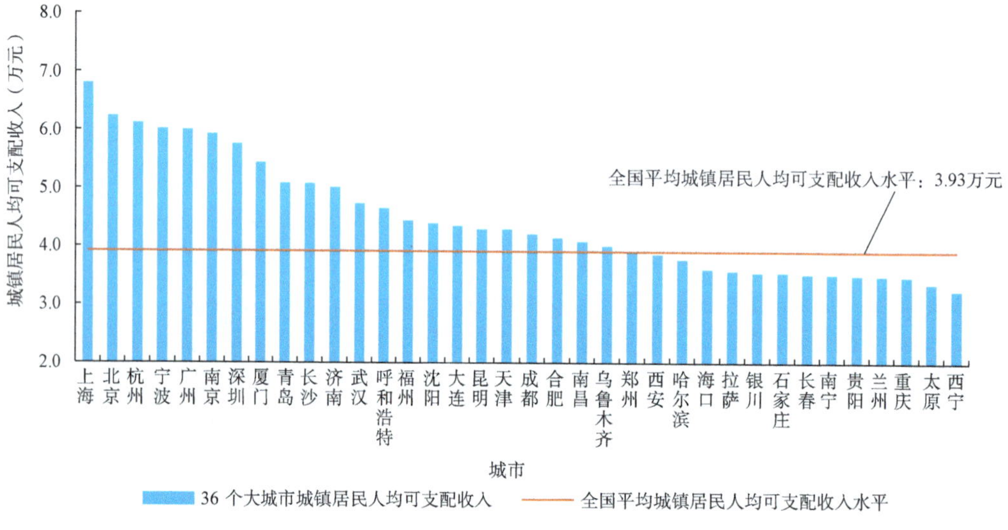

图2-2　2018年我国36个大城市城镇居民人均可支配收入

注：数据来源于各城市统计局网站。

36个大城市中大部分城市的城镇居民人均可支配收入增长率高于全国平均增长水平。2018年，我国36个大城市中有26个城市城镇居民人均可支配收入增长率高于全国平均增长水平。城镇居民人均可支配收入增长率超过10%的仅有拉萨（10.6%）一个城市。人均可支配收入增长率排名后5位的城市为天津、沈阳、长春、哈尔滨和南宁。2018年36个大城市城镇居民人均可支配收入增长率如图2-3所示。从区域分布来看，36个大城市中长江经济带沿线城市的城镇居民人均可支配收入增长率领跑全国，增速排名前10的城市有6个位于长江经济带，包括合肥（9.3%）、武汉（9.1%）、贵阳（9.1%）、上海（8.7%）、南京（8.7%）和杭州（8.7%）。随着长江经济带、粤港澳大湾区、海南自由贸易试验区、海峡西岸经济区等国家发展战略的深入推进，这些区域内的大城市展示出强劲的发展势头。

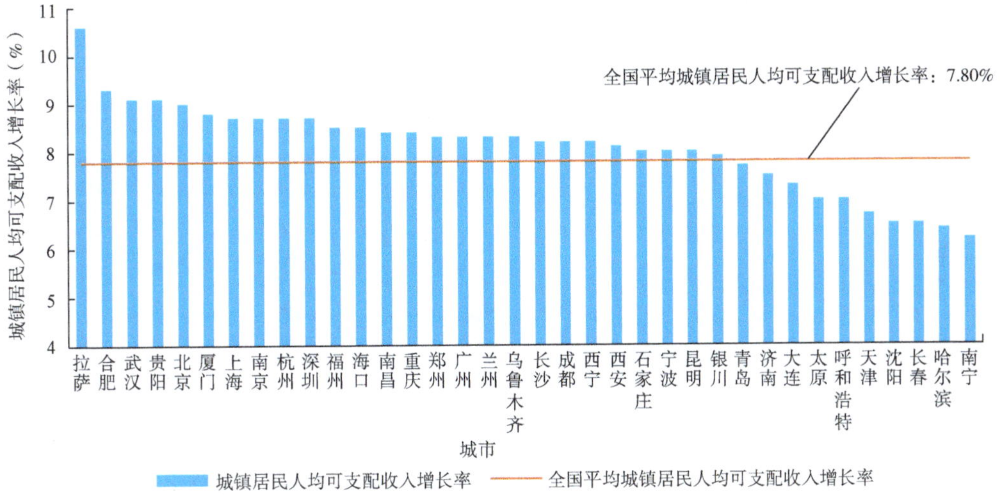

图2-3 2018年36个大城市城镇居民人均可支配收入增长率

注：数据来源于各城市统计局网站。

第二节 国内生产总值

36个大城市地区生产总值继续保持平稳增长，增速较2017年有所回落。2018年，我国36个大城市地区生产总值超过1万亿元的城市有14个，较2017年增加2个，包括上海、北京、广州、深圳、天津、重庆、武汉、成都、杭州、南京、青岛、长沙、宁波和郑州。其中，上海和北京地区生产总值均超过3万亿元，继续领跑其他城市。按可比价格计算，2018年36个大城市中有25个城市的地区生产总值增速高于全国平均水平，其中贵阳和拉萨的地区生产总值增长率连续三年位居36个大城市的前两位，分别为9.9%和9.3%；上海和北京GDP增速为6.6%，与全国平均水平持平；9个城市的地区生产总值增速低于全国平均水平，其中天津（3.6%）、呼和浩特（3.9%）、哈尔滨（5.1%）、沈阳（5.4%）、兰州（6.5%）5个城市连续两年的地区生产总值增速落后于全国平均水平。36个大城市中，地区生产总值增速比2017年加快的城市有7个，地区生产总值增速与2017年持平的城市有3个，地区生产总值增速比2017年放缓的城市有26个。

2018年我国经济运行总体平稳，稳中有进。2018年，各地区各部门以习近平新时代中国特色社会主义思想为指导，坚持稳中求进工作总基调，深入贯彻新发展理念，落实高质量发展要求，以供给侧结构性改革为主线，着力深化改革扩大开放，坚决打好防范化解重大风险、精准脱贫、污染防治三大攻坚战，有效应对外部环境深刻变化，统筹稳增长、促改革、调结构、惠民生、防风险，做好稳就业、稳金融、稳外贸、稳外资、稳投资、稳预期工作，经济运行总体平稳、稳中有进，质量效益稳步提升，人民生活持续改善，保持了经济持续健康发展和社会大局稳定，朝着实现全面建成小康社会的目标迈出了新的步伐。

初步核算，我国全年国内生产总值为90万亿元，按可比价格计算，比2017年增长6.6%，增速较2017年回落了0.3个百分点。分产业来看，第一产业增加值6.47万亿元，增长3.5%；第二产业增加值36.6万亿元，增长5.8%；第三产业增加值47万亿元，增长7.6%。第一产业增加值占国内生产总值的比重为7.2%，第二产业增加值比重为40.7%，第三产业增加值比重为52.2%，连续4年突破50%。全年人均国内生产总值6.5万元，比2017年增长6.1%。

2015年以来，36个大城市地区生产总值占全国国内生产总值的比例稳中有降。2018年，36个大城市地区生产总值为33.2万亿元，占全国国内生产总值的39.5%，同比下降0.6个百分点。36个大城市经济发展仍然影响着全国经济走势，36个大城市地区生产总值总量占全国国内生产总值比例如图2-4所示。从36个大城市地区生产总值年增长情况来看，2018年，我国36个大城市地区生产总值同比名义增长7.1%，增速较2017年放缓3.2个百分点。36个大城市地区生产总值总量增长情况如图2-5所示。

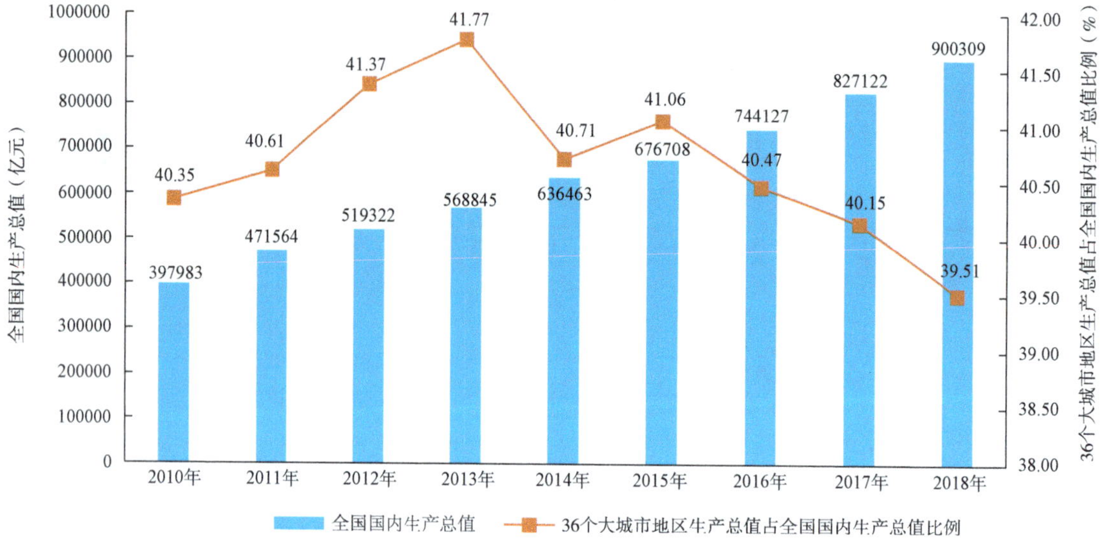

图 2-4　36 个大城市地区生产总值占全国国内生产总值比例

注：数据来源于国家统计局网站。

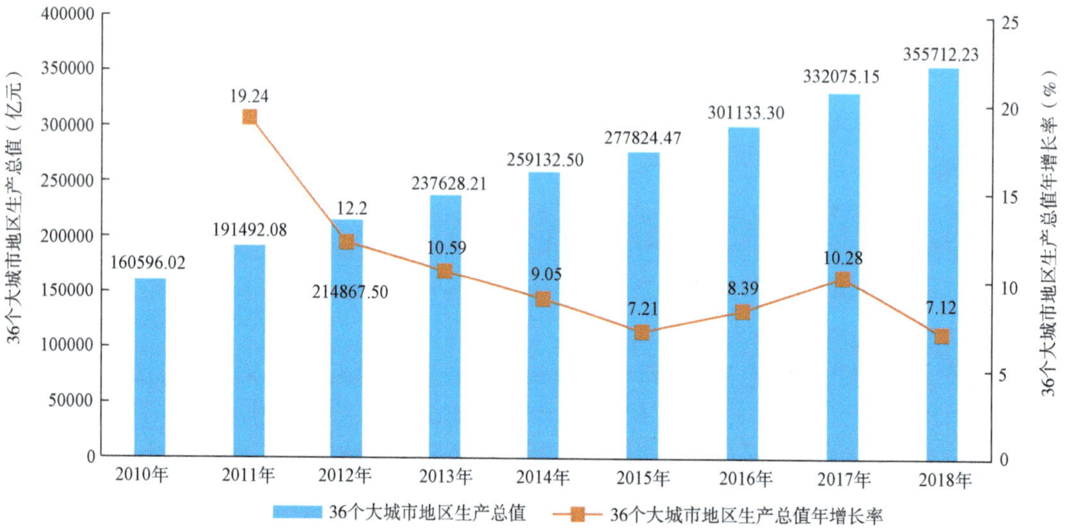

图2-5　36个大城市地区生产总值增长情况

注：数据来源于各城市统计局网站。

从我国 36 个大城市地区生产总值分布来看，2018 年，继上海之后，北京地区生产总值也迈上 3 万亿元新台阶；继北上广深四大一线城市之后，重庆成为第 5 个地区生产总值超 2 万亿元的城市；地区生产总值超过 1 万亿元的城市有 14 个，宁波和郑州的地区生产总值首次破万亿元；地区生产总值低于 0.5 万亿元的城市有 11 个，比 2017 年减少 1 个，2010—2018 年 36 个大城市地区生产总值分布如图 2-6 所示。

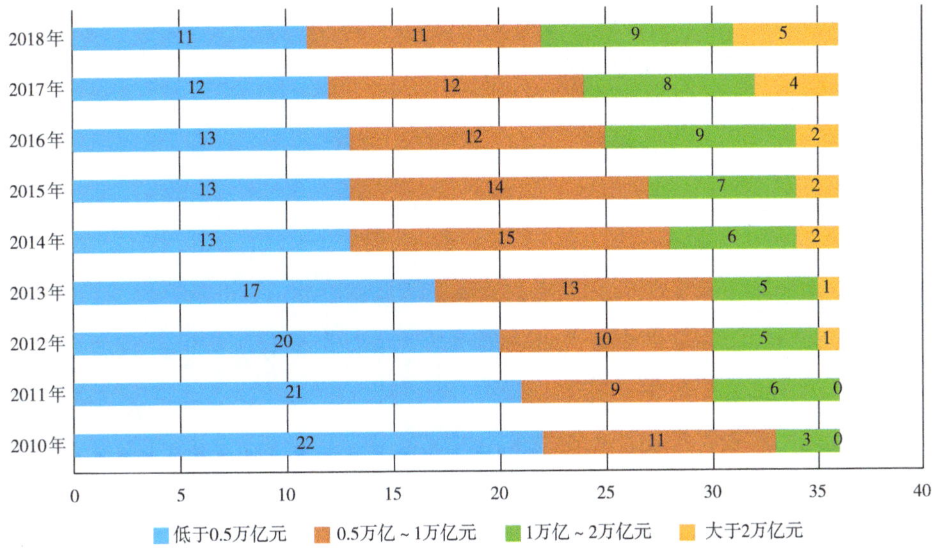

图2-6 2010—2018年36个大城市地区生产总值分布

注：数据来源于各城市统计局网站。

2018年，国家中心城市地区生产总值继续保持领先。2018年，除深圳外，36个大城市中地区生产总值排名前8位的有7个是国家中心城市，依次是上海、北京、广州、重庆、天津、成都、武汉。郑州市2018年地区生产总值首次破万亿元，西安市地区生产总值达8349.86亿元，也接近万亿元，2018年36个大城市地区生产总值如图2-7所示。9个国家中心城市集中了中国城市在空间、人口、资源和政策上的主要优势，在综合服务、产业集聚、物流枢纽、开放高地和人文凝聚等方面的功能越来越突出。

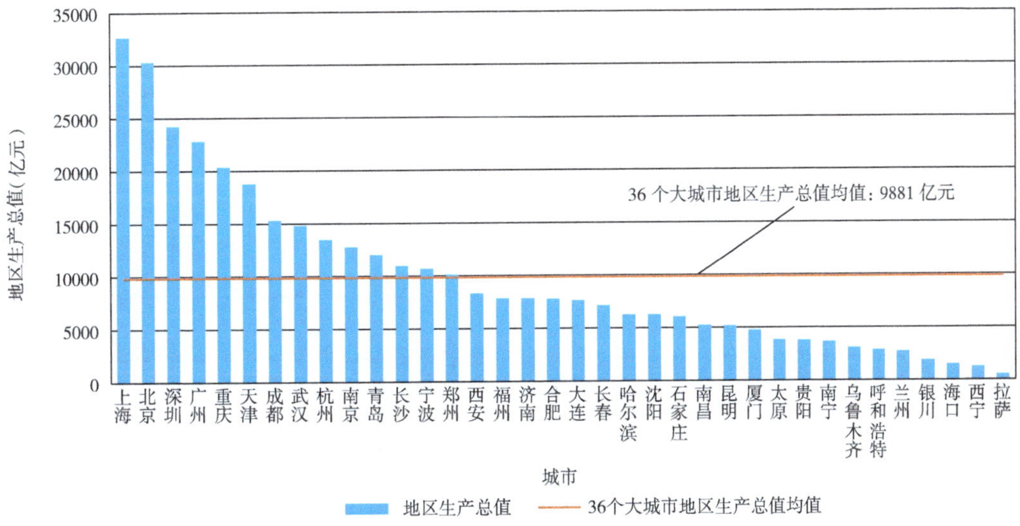

图2-7 2018年36个大城市地区生产总值

注：数据来源于各城市统计局网站。

经济南强北弱的格局进一步深化，而长期存在的东强西弱的问题正在逐步缓解。从地区生产总值总量来看，2018 年 36 个大城市地区生产总值排名前 10 的仅有北京和天津 2 个北方城市，东北、华北和西北的大部分城市地区生产总值不足 36 个大城市地区生产总值的均值，而地处中西部的重庆、成都、武汉跻身前 10、长沙、郑州、西安也跻身前 15。从地区生产总值增速来看，地处中西部的城市贵阳、拉萨、太原、西宁、南昌包揽地区生产总值增速的前5名，而地区生产总值增速低于全国平均水平（6.6%）的9个城市中，北方城市占据6席，包括天津（3.6%）、呼和浩特（5.1%）、哈尔滨（5.1%）、沈阳（5.4%）、兰州（6.5%）、大连（6.5%），2018年36个大城市地区生产总值增长率如图2-8所示。

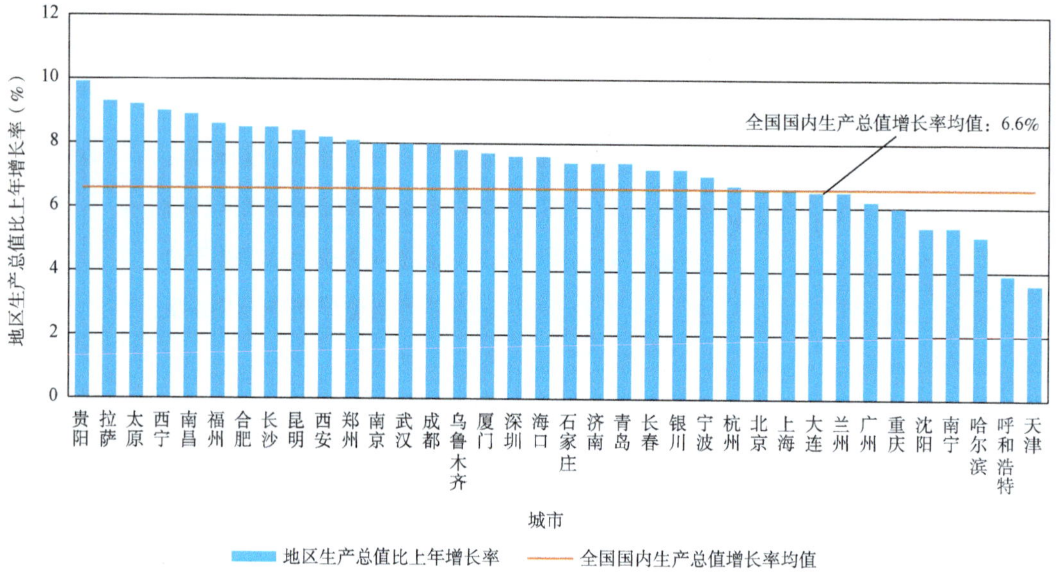

图2-8　2018年36个大城市地区生产总值增长率

注：数据来源于各城市统计局网站。

大多数城市地区生产总值增速较2017年有所回落，经济下行压力进一步增大。对比2017、2018两年地区生产总值增速的变化值可以看出，36个大城市中有26个城市地区生产总值较2017年有所回落。36个大城市地区生产总值增速总体保持平稳，25个城市的地区生产总值增速变化不超过1%；2个城市的地区生产总值增速提高1%以上，包括沈阳（1.9%）和太原（1.7%）；9个城市的地区生产总值增速下降1%以上，包括呼和浩特（-1.1%）、深圳（-1.2%）、昆明（-1.3%）、杭州（-1.3%）、贵阳（-1.4%）、哈尔滨（-1.6%）、拉萨（-1.7%）、南宁（-2.6%）、重庆（-3.3%），2016—2018年36个大城市地区生产总值增长率及变化如图2-9所示。

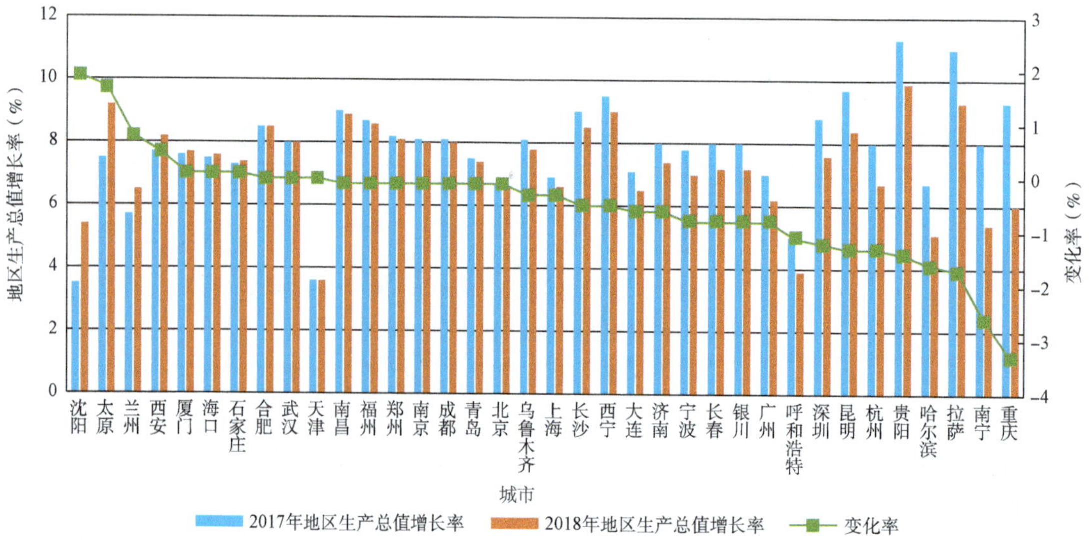

图2-9　2016—2018年36个大城市地区生产总值增长率及变化

注：数据来源于各城市统计局网站。

第三节　交通建设财政固定资产投入

本节中所用的数据来源于《中国城市建设统计年鉴2017》中城市市政公用设施建设固定资产投资的城市道路桥梁、轨道交通及本年完成投资量三项数据，为便于研究分析，本节中的交通建设投资量为城市道路桥梁和轨道交通两项数据之和，据此分析我国36个大城市交通建设财政固定资产投资情况。

2017 年，36 个大城市市政公用设施建设固定资产投资总量和交通建设固定资产年投资总量保持较快增长。2017 年，我国 36 个大城市市政公用设施建设固定资产投资总量达 11214.2 亿元，同比名义增长 7.3%；36 个大城市交通建设固定资产年投资总量达 8235.3 亿元，同比名义增长 7.6%。2017 年，36 个大城市固定资产投资总量较 2009 年增长了 4313.4 亿元，增幅达 62.5%。2009—2017 年，交通投资占城市固定资产总投资量的比例连续 9 年保持在 60% 以上，其中，2013—2017 年交通投资占比均超过 70%。2009—2017 年我国 36 个大城市交通建设固定资产总投资情况如图 2-10 所示。

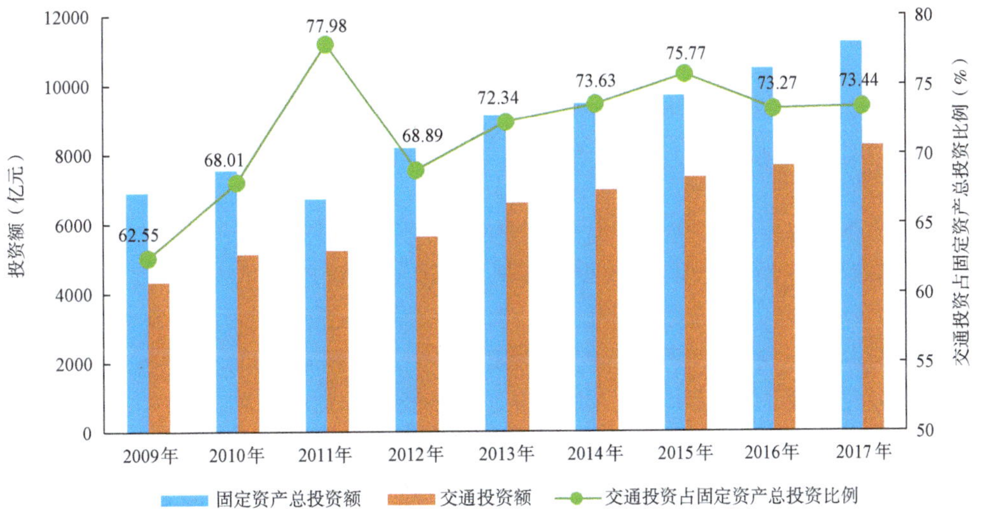

图2-10　2009—2017年我国36个大城市交通建设固定资产总投资情况

注：数据来源于《中国城市建设统计年鉴》。

7个国家中心城市的交通建设固定资产投资量超过300亿元。2017年，36个大城市中交通建设固定资产投资量平均为228.76亿元，比2016年增长16.09亿元，有12个城市超过投资平均水平。超过300亿元的城市有8个，分别为武汉、重庆、成都、北京、南京、上海、郑州和广州，较2016年增加3个，其中地处中西部的国家中心城市武汉（735.49亿元）、重庆（609.42亿元）、成都（572.49亿元）包揽前三名，北京（546.60亿元）、南京（522.11亿元）分别位居第四、五名。海口（42.96亿元）、大连（36.18亿元）、拉萨（18.19亿元）和银川（15.06亿元）4个城市交通建设固定资产投资量低于50亿元。

大部分城市交通建设固定资产投资量占总投资量的比例在 70% 以上。从交通建设固定资产投资量占总投资量的比例上看，2017 年，36 个大城市交通建设固定资产投资量占城市市政公用设施建设固定资产年投资总量的比例平均值为 75.51%，比 2016 年同比提高 2.35 个百分点，有 21 个城市超过平均水平。28 个城市的交通建设固定资产投资量占城市市政公用设施建设固定资产年投资总量的比例超过 70%，其中 5 个城市超过了超过 85%，包括贵阳、深圳、宁波、成都和太原，贵阳（100%）、深圳（97.56%）、宁波（89.32%）排名前三位。除西安（59.85%）、拉萨（59.15%）、大连（57.56%）、北京（39.85%）、银川（30.51%）5 个城市外，其余 31 个城市交通建设固定资产投资量占总投资量的比例均在 60% 以上。2017 年我国 36 个大城市交通建设固定资产投资情况如图 2-11 所示。

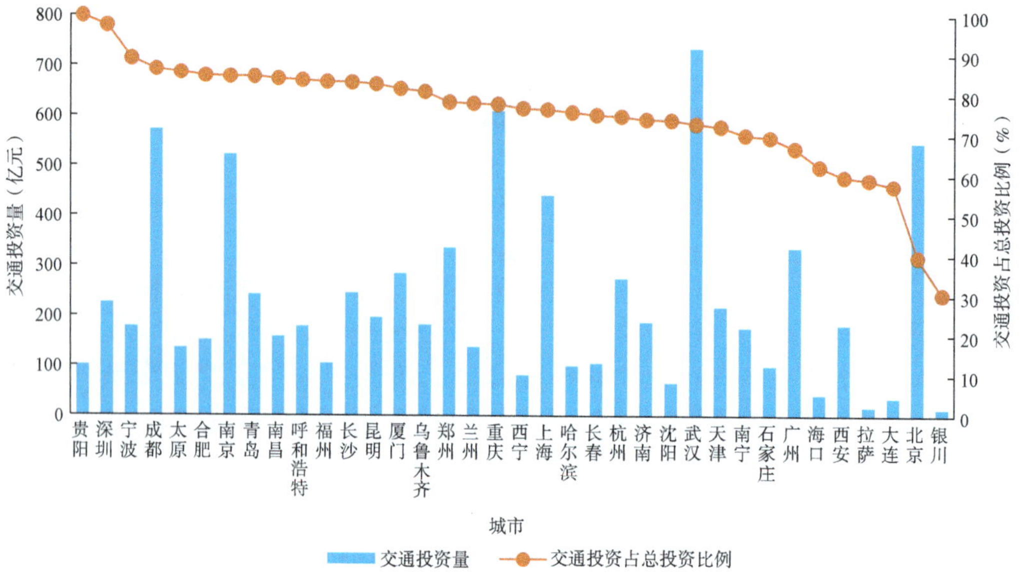

图2-11　2017年我国36个大城市交通建设固定资产投资情况

注：数据来源于《中国城市建设统计年鉴》。

从区域分布来看，南方城市交通建设固定资产投资占市政公共设施建设的比例较高。数据说明，36个大城市在交通建设固定资产投资方面均比较重视，把城市交通建设放在了城市市政公共设施建设的重要位置。从城市所在的区域上看，南方地区城市交通建设固定资产投资比例较高，在前10名城市中占到了7席，而交通投资占总固定资产投资比例较低的5个城市有4个是北方城市。我国大城市经济“南强北弱”的局面的形成，也部分源于南北方城市对交通固定资产投资重视程度的差异。

36个大城市轨道交通投资总额持续增长，轨道交通投资占交通投资总额的比例再创新高。2017年，36个大城市轨道交通建设固定资产总投资量比2017年增长829.8亿元，同比增长21.7%，轨道交通投资占交通投资比例再创新高，达到56.6%，同比上升6.6个百分点，我国城市轨道交通建设仍处于加速发展期。2009—2017年我国36个大城市轨道交通建设固定资产投资情况如图2-12所示。

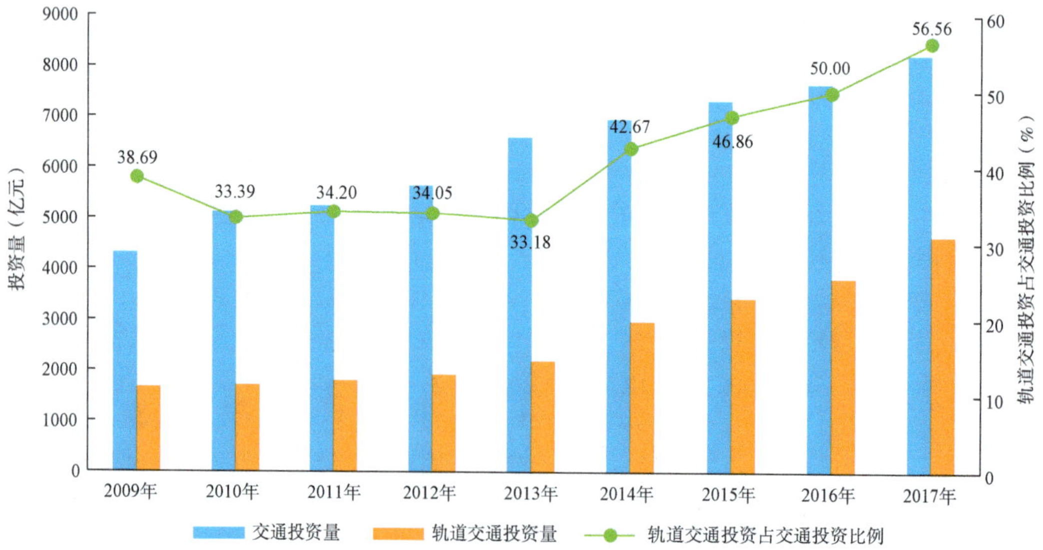

图2-12　2009—2017年我国36个大城市轨道交通建设固定资产投资情况

注：数据来源于《中国城市建设统计年鉴》。

2017年，36个大城市中有31个城市投资了轨道交通建设，平均每个城市轨道交通投资额为150.3亿元，同比增长21.7%。从轨道交通投资量上看，31个城市中有19个城市的投资量在100亿元以上，其中武汉（425.6亿元）、成都（391.8亿元）、北京（342.8亿元）、重庆（307亿元）4个城市的轨道交通投资量超过300亿元。轨道交通投资量在50亿元以下的城市有4个，分别是呼和浩特（42.8亿元）、兰州（37.2亿元）、济南（33.5亿元）、大连（4.5亿元）。

对比2016、2017年两年36个大城市的轨道交通固定资产投资量，从投资量的绝对值来看，23个城市的轨道交通投资量同比增加。其中，成都（115.1亿元）、南京（109亿元）、乌鲁木齐（100.5亿元）3个城市2017年的轨道交通投资量增加了100亿元以上；9个城市的轨道交通投资量同比减少，大连（–18.6亿元）、天津（–19.2亿元）、兰州（–23.6亿元）、深圳（–32.2亿元）减少的投资量超过15亿元。

从轨道交通投资量的变化率来看，贵阳（412.6%）、南京（84.5%）、福州（69.8%）、长沙（50.8%）4 个城市的轨道交通投资量同比增长超过 50%；呼和浩特（–24%）、兰州（–38.8%）、大连（–80.5%）、太原（–100%）4 个城市的轨道交通投资量同比减少超过 20%。海口、拉萨、西宁、银川、太原 5 个城市仍然没有投资轨道交通建设。2016—2017 年我国 36 个大城市轨道交通建设固定资产投资情况如图 2-13 所示。

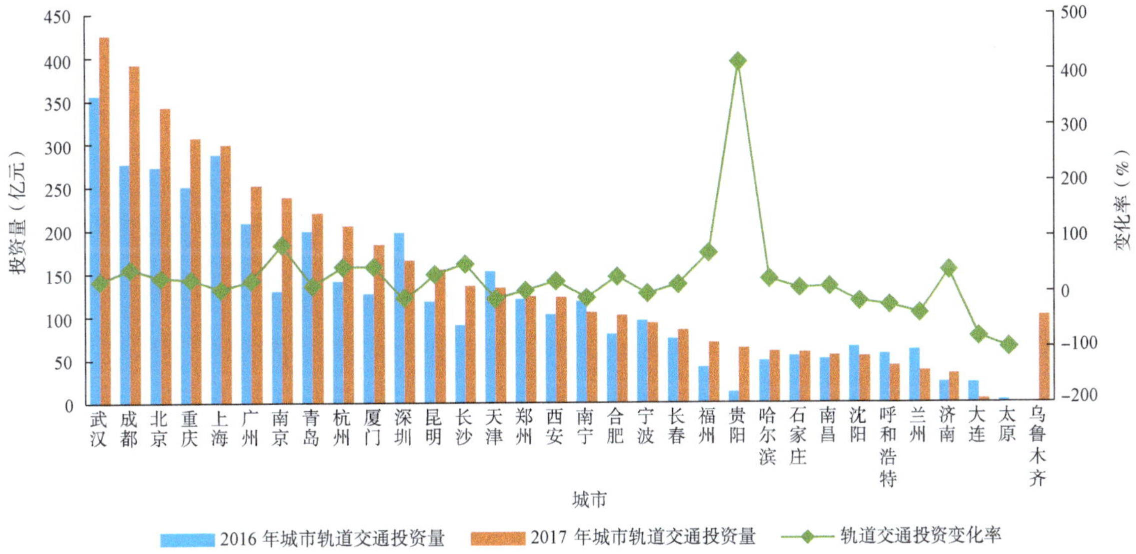

图2-13 2016—2017年我国36个大城市轨道交通建设固定资产投资情况

注：数据来源于《中国城市建设统计年鉴》。

第四节 城市规模

一、城市建成区面积

2011—2017 年，我国 36 个大城市建成区总面积保持较快增长，平均年增长面积为 816.7km^2，年增长率约为 4.91%。据《中国城市统计年鉴 2017》《中国城市建设统计年鉴 2017》数据统计，2017 年，我国 36 个大城市市域面积总计 52.90 万 km^2，约占全国国土总面积的 5.51%。如果不涉及行政区划调整，城市的市域面积不会发生变化，但随着我国新型城镇化进程的加快推进，城市开发建设范围不断扩张，城市建成区面积仍保持较快增长。2017 年，36 个大城市建成区总面积为 19620km²，同比增长了 4.1%。2011—2017 年我国 36 个大城市建成区面积如图 2-14 所示。数据显示，2011—2017 年，我国 36 个大城市建成区总面积在逐年扩张，平均年增长率约为 4.9%。2015—2017 年我国 36 个大城市建成区总面积增长率呈现逐年放缓的趋势，与我国国内生产总值的增长趋势一致。

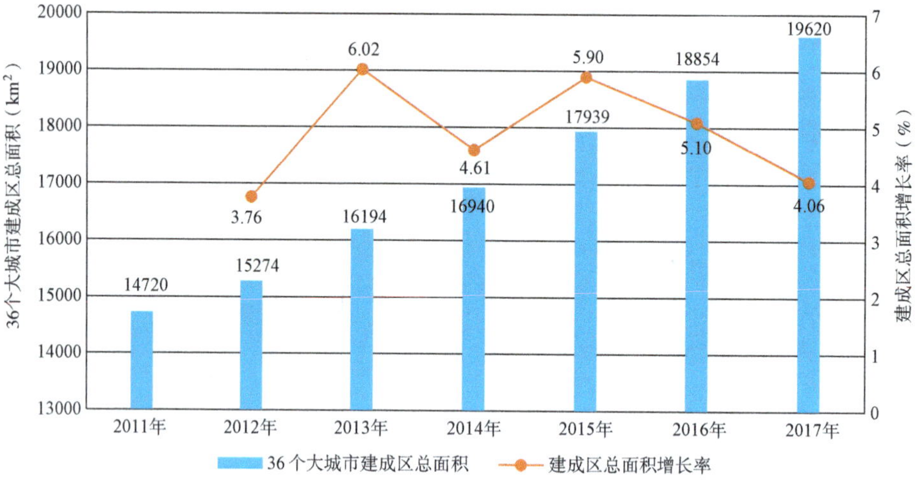

图2-14　2011—2017年我国36个大城市建成区面积

注：数据来源于《中国城市统计年鉴》《中国城市建设统计年鉴》。

截至 2017 年底，36 个大城市建成区面积超过 500km² 的城市有 15 个。城市建成区面积超过 500km² 的城市分别为北京、重庆、广州、天津、上海、深圳、成都、南京、西安、青岛、武汉、杭州、沈阳、长春和郑州，比 2016 年增加一个城市，其中北京以 1445.5km² 居首，重庆以 1423.1km² 次之，广州以 1263.3km² 排名第三。8 个城市建成区面积不到 300km²，包括贵阳、石家庄、福州、呼和浩特、银川、海口、西宁和拉萨，比 2016 年减少 1 个城市，其中海口 140.6km²，西宁 92km²，拉萨 82.8km²。2017 年我国 36 个大城市建成区面积如图 2-15 所示。

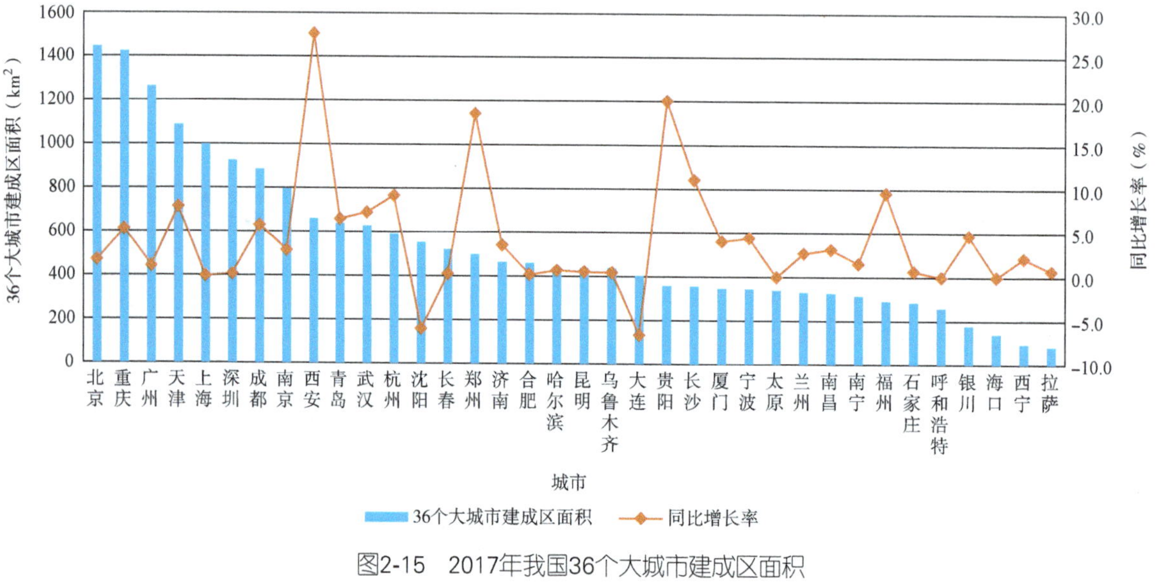

图2-15　2017年我国36个大城市建成区面积

注：数据来源于《中国城市统计年鉴》《中国城市建设统计年鉴》。

数据显示，2017年9个国家中心城市的建成区面积均在500km²以上。其中，郑州（500.8km²）建成区面积首次达到500km²。9个国家中心城市的建成区总面积为8893.9km²，占36个大城市建成区总面积的45.3%，比2016年提高0.8个百分点，这说明国家中心城市建设规模较大，且发展速度较快，在城镇化建设发展方面起到了区域城市发展引领的作用。

从城市建成区面积增长速度来看，中西部地区城市建成区面积增长较快，东北地区城市建成区面积增长最慢。2017年，36个大城市中有11个城市的建成区面积增长率在5%以上，其中7个城市是位于中西部地区的城市，包括西安（27.7%）、贵阳（20.1%）、郑州（18.6%）、长沙（11.1%）、武汉（7.3%）、成都（5.8%）、重庆（5.4%）。东北地区4个城市建成区面积增长均不足1%，包括哈尔滨（0.7%）、长春（0.3%）、沈阳（-6.0%）、大连（-6.7%），其中沈阳和大连首次出现了建成区面积收缩。从建成区面积的发展趋势可以看出东北振兴依然任重而道远。

从城市建成区占市辖区面积的比例来看，36个大城市的平均比例为14.0%。城市建成区是指城市行政区内实际已成片开发建设、市政公用设施和公共设施基本具备的地区。城市市辖区是指城市市区的区域，居民以城镇人口为主或占有很大比例，文化、经济和贸易等方面相比市辖区之外的县或县级市发达。从城市建成区占城市市辖区面积的比例来看，36个大城市的平均比例为14.0%，郑州（49.6%）、深圳（46.3%）、合肥（34.5%）3个城市比例在30%以上；16个城市的比例在10%以下，包括宁波、济南、天津、北京、银川、昆明、大连、长春、杭州、武汉、海口、乌鲁木齐、哈尔滨、重庆、南宁和拉萨，其中比例最低的3个城市为重庆（3.3%）、南宁（3.2%）和拉萨（1.9%）。2017年我国36个大城市建成区占市辖区的面积比例如图2-16所示。

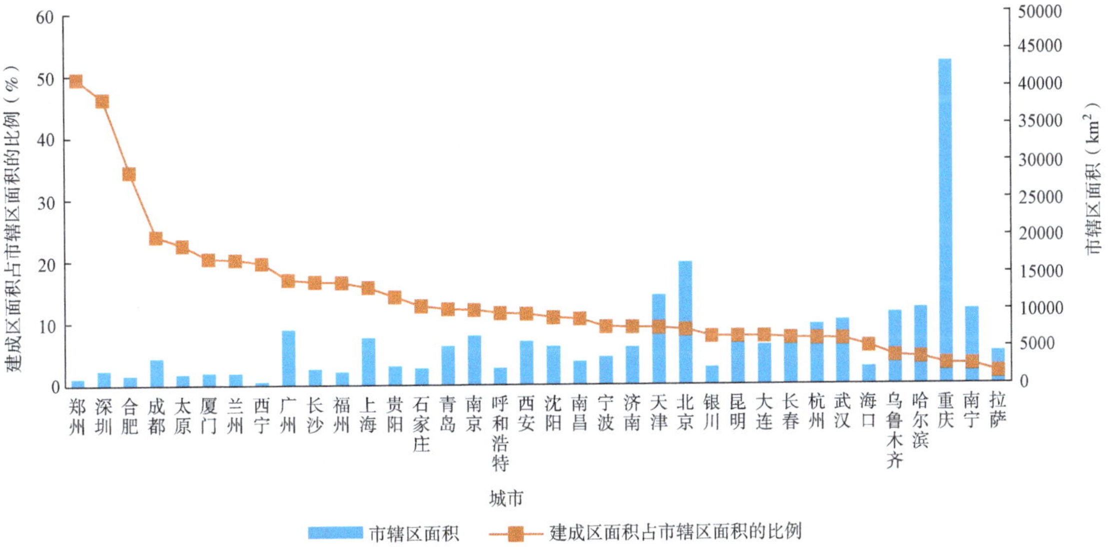

图2-16　2017年我国36个大城市建成区占市辖区的面积比例

注：数据来源于《中国城市统计年鉴》。

二、大城市人口数量

2018年，36个大城市常住人口总量继续保持较快增长。2018年，我国总人口数量为13.95亿人，比2017年增加530万人，同比增长0.38%。2018年，36个大城市常住人口总量为3.31亿人，比2017年增加414万人，同比增长1.27%，占全国人口的比例为23.71%，比2017年提高了0.21个百分点。36个大城市常住人口总量超过1000万人的城市有12个，分别为重庆、上海、北京、成都、天津、广州、深圳、西安、哈尔滨、武汉、石家庄和郑州，比2017年增加2个，其中重庆（3101.79万人）、上海（2423.78万人）、北京（2154.20万人）分别位居前三位，郑州（1013.60万人）和西安（1000.37万人）常住人口首次超过1000万人，9个国家中心城市的常住人口首次全部超过1000万人。2012—2018年我国人口和36个大城市常住人口总量情况如图2-17所示。

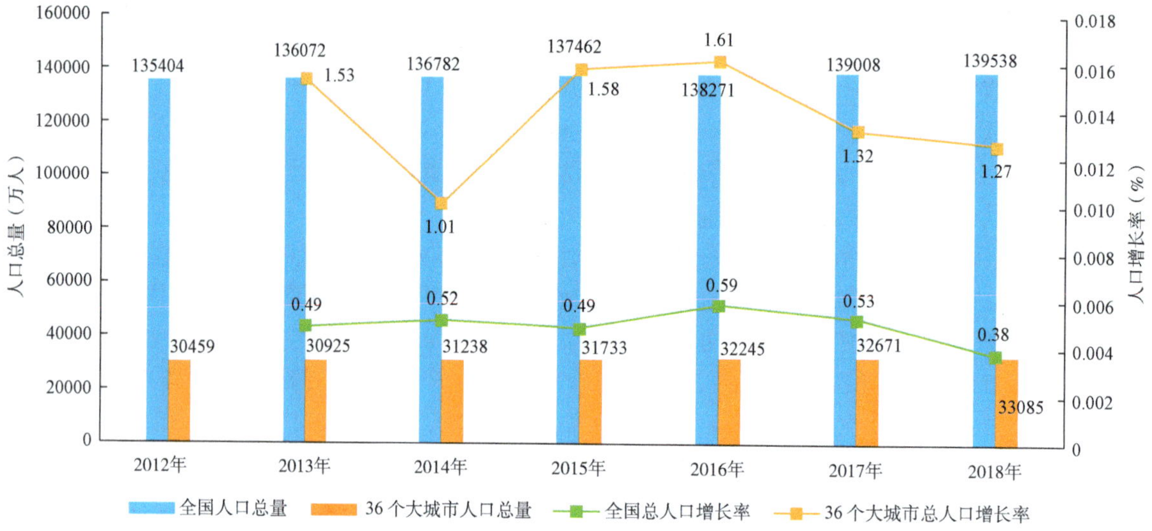

图2-17 2012—2018年我国人口和36个大城市常住人口总量情况

注：数据来源于各城市国民经济和社会发展统计公报。

截至2017年底，我国36个大城市户籍人口总量为26522万人，比2016年增加255万人，同比增长0.97%；户籍人口占城市常住人口总量的81.18%，比2016年减少0.28个百分点。2012—2017年我国36个大城市常住人口和户籍人口总量如图2-18所示。

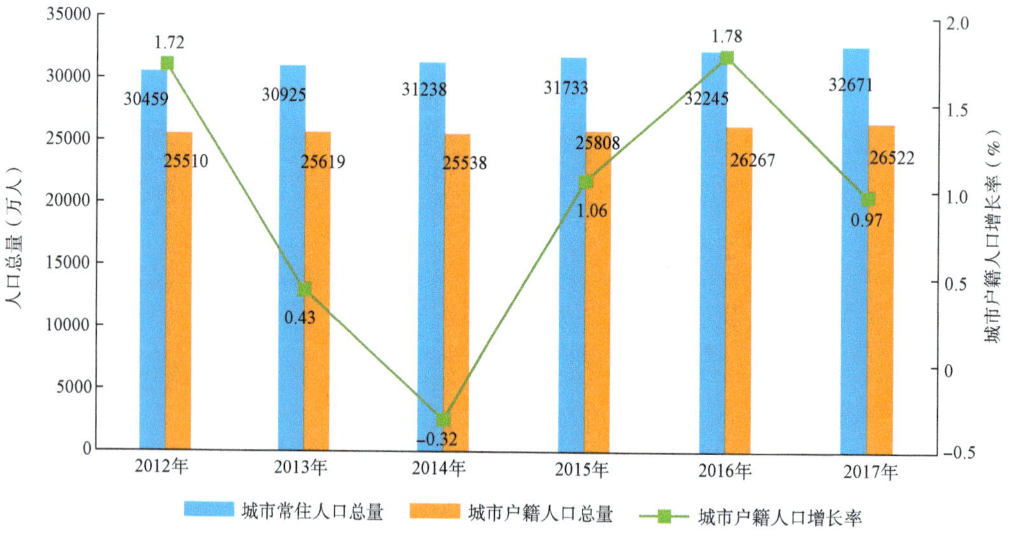

图2-18 2012—2017年我国36个大城市常住人口和户籍人口总量

注：数据来源于国家统计局网站、《中国城市统计年鉴》。

2018年，36个大城市中有13个城市的市域常住人口超过1000万人。2018年，按照城市的市域常住人口统计，13个城市常住人口超过1000万人，分别是重庆、上海、北京、成都、天津、广州、深圳、西安、武汉、石家庄、哈尔滨、郑州、西安，其中，重庆、上海、北京、成都、天津、广州、武汉、郑州、西安9个城市为国家中心城市。贵阳、太原、厦门、兰州、乌鲁木齐、呼和浩特、西宁、海口、银川、拉萨10个城市的常住人口小于500万人，其中海口为230.23万人，银川为225.06万人，拉萨为68.83万人。2018年我国36个大城市常住人口和人均国内生产总值情况如图2-19所示。

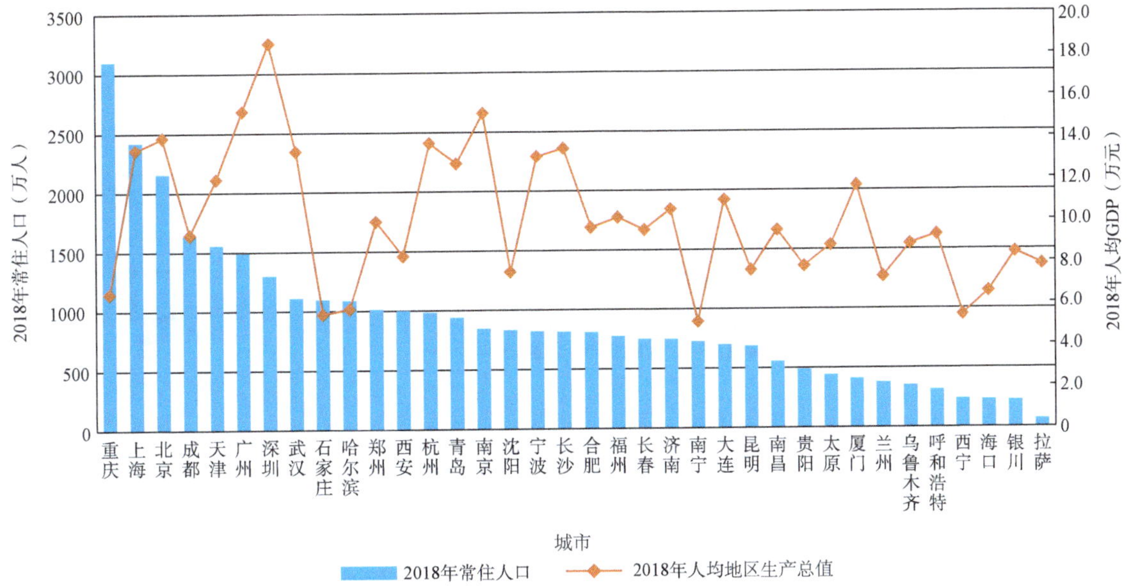

图2-19 2018年我国36个大城市常住人口和人均国内生产总值情况

注：数据来源于各城市国民经济和社会发展统计公报。

2018年，36个大城市中的大部分保持常住人口增长态势，国家发展战略进一步促进了大城市人口的增长。2018年，16个城市的常住人口净增10万人以上，其中，8个城市常住人口净增20万人以上，包括深圳、广州、西安、杭州、成都、重庆、郑州、长沙。随着粤港澳大湾区发展战略的全面推进，2015年以来，广州、深圳每年新增人口数量均超过40万人，连续多年领跑全国。中西部地区的5个国家中心城市常住人口净增量也都排在前10名，包括西安（38.70万人）、成都（28.53万人）、重庆（26.63万人）、郑州（25.50万人）、武汉（18.81万人）。长江经济带沿线的杭州、成都、重庆、长沙、宁波、武汉、合肥、南京、南昌等城市常住人口净增量都在10万人以上，呈现快速增长的势头。

2018年，36个大城市常住人口人均地区生产总值为10.75万元，比全国人均地区生产总值（6.46万元）高出66.41%。2018年，36个大城市以全国23.71%的人口创造了全国39.51%的地区生产总值。从城市区域分布来看，珠三角、长三角、环渤海地区的城市人均地区生产总值排名靠前，其中珠三角城市深圳（18.59万元）、广州（15.34万元）人均地区生产总值均在15万元以上，长三角城市南京（15.20万元）、杭州（13.78万元）、上海（13.48万元）、宁波（13.10万元）人均地区生产总值均在13万元以上，环渤海城市北京（14.07万元）、青岛（12.77万元）、天津（12.06万元）、大连（10.96万元）、济南（10.53万元）人均地区生产总值均在10万元以上。从城市区域分布来看，东部沿海区域城市人均地区生产总值普遍高于内陆中西部地区城市。东北、华北、西北、西南地区的大部分城市人均地区生产总值在10万元以下，其中哈尔滨（5.80万元）、石家庄（5.55万元）、西宁（5.43万元）、南宁（5.11万元）4个城市的人均地区生产总值还不足6万元，低于全国平均水平。

2017年，36个大城市中户籍人口超过1000万人的城市有5个，包括重庆、上海、成都、北京、天津。其中，重庆户籍人口以3390万人居首，上海户籍人口以1455万人次之，成都户籍人口以1435万排名第三，北京户籍人口以1359万排名第四，天津户籍人口以1050万排名第五。户籍人口不足500万人的城市有

11 个，包括深圳、贵阳、太原、兰州、呼和浩特、厦门、乌鲁木齐、西宁、银川、海口和拉萨，其中银川为 189 万人，海口为 171 万人，拉萨为 54 万人。2017 年我国 36 个大城市户籍人口情况如图 2-20 所示。

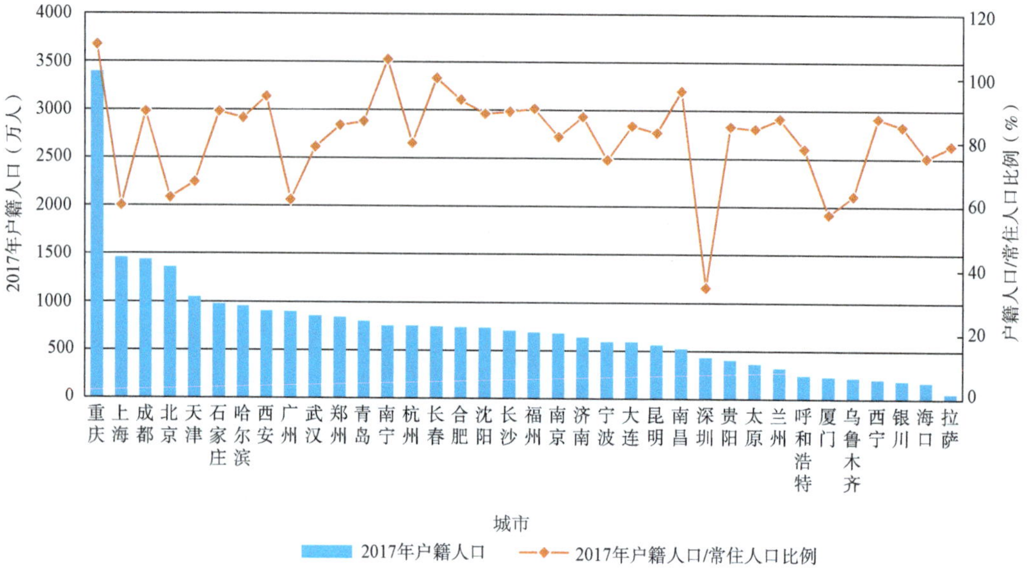

图2-20　2017年我国36个大城市户籍人口情况

注：数据来源于各城市统计局网站、《中国城市统计年鉴》。

从城市户籍人口占城市常住人口比例来看，重庆、南宁和长春3个城市超过100%，体现出这3个城市的本地人口外流较多。深圳、厦门、上海、广州、北京、乌鲁木齐和天津7个城市户籍人口占城市常住人口的比例小于70%，其中，北京为62.61%、广州为61.94%、上海为60.17%，厦门为57.61%，深圳为34.72%，说明这些城市吸引了大量外来人口工作和生活。

第三章　城市车辆发展

36个大城市机动车保有量增长速度明显放缓。2018年，我国36个大城市的机动车保有量为8850.1万辆，同比增长8.1%，增长速度同比减少1.9个百分点。从占比情况来看，36个大城市机动车保有量占全国机动车总量的27.1%，同比提高0.7个百分点。重庆、北京机动车保有量已突破600万辆，成都超过500万辆，上海、郑州、深圳、西安、武汉、天津机动车保有量超过300万辆。同时，36个大城市的机动化水平依然引领全国其他城市。2018年，36个大城市的千人机动车保有量平均值为267.5辆，比全国平均水平高出33.2辆，平均每4个城市人口中就保有1辆机动车。

36个大城市汽车保有量持续增长，但增速开始放缓。截至2018年底，我国36个大城市的汽车保有量为8026.1万辆，同比增长9.3%，已经连续第2年同比增速出现降低。2018年，36个大城市汽车保有量占全国汽车保有量的33.4%，同比降低0.4个百分点。北京汽车保有量已超过577万辆，是全国首个汽车保有量突破500万辆的城市；成都、重庆汽车保有量也超过400万辆，上海、郑州、深圳、西安汽车保有量超过300万辆。同时，36个大城市汽车保有水平远高于全国平均水平。2018年，我国36个大城市的平均千人汽车保有量为242.6辆，同比增加10.9辆，比全国平均177.2辆/千人高出65.4辆/千人。银川、呼和浩特、太原等12个城市的千人汽车保有量已超过300辆，上述城市中平均每3人就拥有1辆汽车。

第一节　车辆整体发展情况

2018年，我国机动化发展继续保持平稳增长态势，截至2018年底，全国机动车保有量达到3.3亿辆，年内净增1714.9万辆，同比增长5.5%，增幅比2017年增加了0.3个百分点。其中，汽车保有量2.4亿辆，年内净增2284.5万辆，同比增长10.5%，增幅比2017年减少了1.4个百分点；摩托车保有量6822.8万辆，年内减少602.7万辆，同比下降8.1%，降幅比2017年减少了1.8个百分点。

近 5 年来，汽车占机动车的比例进一步提高，由 2014 年的 58.6% 提高到 2018 年的 73.5%，平均每年提升 3.7 个百分点。数据显示，机动车构成结构正在发生变化，汽车占机动车比例呈现逐年增长趋势，而摩托车占比呈现逐年下降趋势。2014 年以来全国机动车总体发展情况如图 3-1 所示。

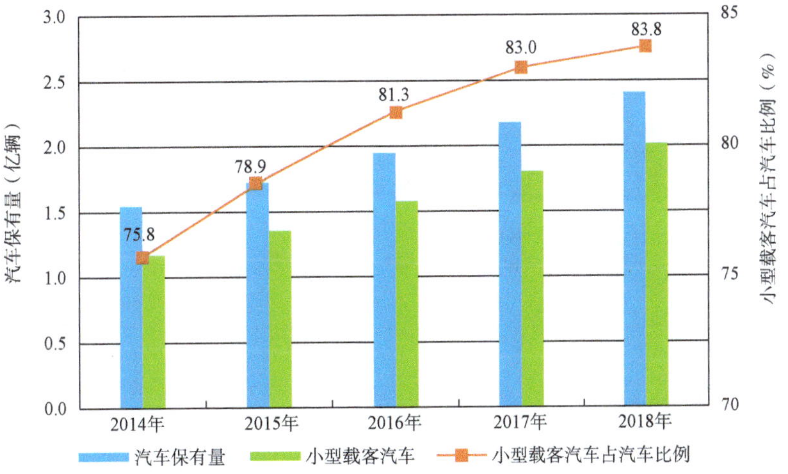

图3-1　2014年以来全国机动车总体发展情况

注：数据来源于公安部交通管理局。

在汽车保有量中占比最高的是小型载客汽车。近 5 年期间，小型载客汽车数量的增长率达到 66.7%，由 1.2 亿辆增加到 2.0 亿辆，其占汽车总量的比例也由 75.8% 提升到 83.8%，份额仍然呈现出持续上升的态势。2014 年以来全国小型载客汽车发展情况如图 3-2 所示。

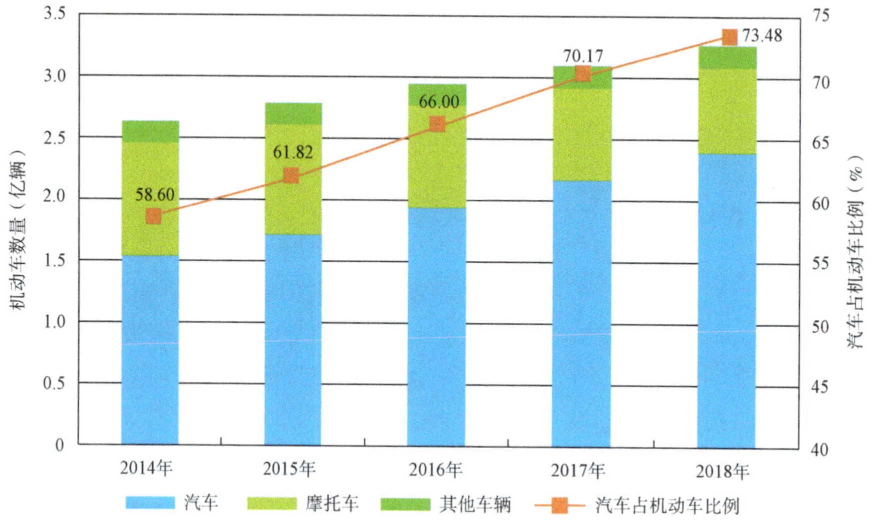

图3-2　2014年以来全国小型载客汽车发展情况

注：数据来源于公安部交通管理局。

近 5 年来，我国汽车的车型结构已发生较大的改变，在 8 种基本汽车车型中，有 4 种车型的保有量呈现增长趋势，另外 4 种车型的保有量呈现下降趋势。保有量增长的车型有小型载客汽车、重型载货汽车、轻型载货汽车和大型载客汽车，其保有量增幅分别为 71.9%、31.9%、26.0% 和 18.1%。保有量下降的车型有微型载货汽车、微型载客汽车、中型载货汽车和中型载客汽车，分别下降 52.8%、41.8%、29.2% 和 29.0%。2018 年与 2017 年相比，重型载货汽车增长 11.7%，小型载客汽车增长 11.6%，轻型载货汽车增长 10.3%，大型载客汽车增长 3.7%，而微型载货汽车下降 16.9%，微型载客汽车下降 5.5%，中型载货汽车下降 4.6%，中型载客汽车下降 4.5%，变化趋势基本与近 5 年来变化一致。从车型来看，微型和中型汽车保有量呈现下降趋势，而大型和小型汽车保有量呈现增长趋势，这种变化与社会经济发展、交通需求、车辆属性等具有直接关系。2014 年以来全国汽车保有结构发展变化趋势如图 3-3 所示。

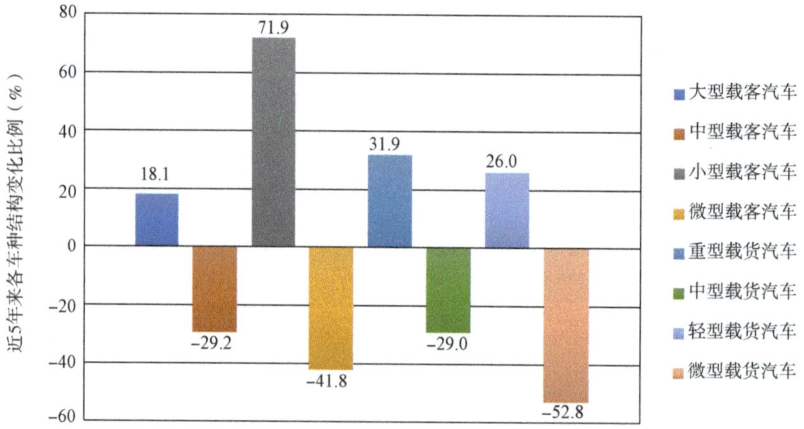

图3-3　2014年以来全国汽车保有结构发展变化趋势

注：数据来源于公安部交通管理局。

第二节 机动车保有情况

一、机动车保有量

2018年底，我国机动车保有量超过100万辆的城市已达90个，比2017年增加了8个；机动车保有量超过200万辆的城市有34个，比2017年增加了3个；机动车保有量超过300万辆的城市有11个，比2017年增加了4个。总体来看，机动车保有量超百万辆的城市数量仍在增长，除了全国36个大城市外，广东、山东、河南、江苏、河北、浙江等省份依然是我国机动车保有量分布的主要集中地，东部、南部沿海区域，以及华北、中原区域更为集中，具体如表3-1和图3-4所示。

我国机动车保有量分别超过100万辆、200万辆和300万辆的城市 表3-1

类　型	城　市
机动车超过300万辆（11个）	重庆、北京、成都、上海、苏州、郑州、深圳、西安、武汉、天津、佛山
机动车在200万~300万辆（23个）	东莞、杭州、石家庄、青岛、长沙、临沂、南京、宁波、广州、昆明、泉州、保定、潍坊、温州、沈阳、济南、江门、赣州、唐山、金华、南宁、合肥、无锡
机动车在100万~200万辆（56个）	长春、南通、哈尔滨、烟台、沧州、台州、大连、邯郸、嘉兴、茂名、南阳、福州、徐州、太原、厦门、济宁、绍兴、贵阳、中山、玉林、菏泽、常州、洛阳、肇庆、惠州、廊坊、遵义、邢台、阜阳、淄博、盐城、汕头、赤峰、常德、呼和浩特、乌鲁木齐、红河、曲靖、商丘、普洱、南昌、滨州、漳州、黄冈、运城、大理、兰州、周口、贵港、聊城、泰安、湖州、德州、新乡、龙岩、怀化

注：数据来源于公安部交通管理局。

2018年，我国36个大城市的机动车保有量为8850.1万辆，同比增长8.1%，占全国机动车保有量的27.1%，所占比例逐年提升，与2017年相比又提高了0.7%。36个大城市中机动车保有量超过了100万辆的城市有32个，其中，机动车保有量超过600万辆的城市有2个，重庆以630.3万辆居首，北京以601.7万辆次之，成都547.2万辆、上海437.1万辆紧随其后。超过300万辆的城市还有5个，分别是：郑州353.7万辆、深圳337.7万辆、西安324.7万辆、武汉312.9万辆、天津303.9万辆。另外，36个大城市中只有4个机动车保有量尚不足100万辆，分别为银川、海口、西宁、拉萨。从地域分布来看，36个大城市的机动车保有量分布亦呈现出发展不均衡的特征，中西部区域城市机动车保有量相对较小，东部沿海区域城市机动车保有量相对较大。2018年全国36个大城市市域机动车保有量如图3-5所示。

二、千人机动车保有量

2018年，我国千人机动车保有量的平均值为234.3辆，比2017年增长了11.3辆，我国36个大城市千人机动车保有量平均值为267.5辆，比全国平均水平高出33.2辆。36个大城市中超过全国千人机动车保有量平均水平的有29个城市，超过36个大城市的平均值的有23个城市。36个大城市中，千人机动车保有量超过300辆的城市有17个，即这些城市中平均约每3人就拥有1辆机动车，分别是：银川最高为394.3辆/千人，昆明次之为390.8辆/千人，其后依次为厦门382.8辆/千人，呼和浩特370.0辆/千人，拉萨364.4辆/千人，海口358.1辆/千人，太原356.4辆/千人，郑州349.0辆/千人，长沙339.3辆/千人，成都335.1辆/千人，乌鲁木齐328.5辆/千人，宁波327.6辆/千人，西安324.6辆/千人，南京323.8辆/

千人，济南 309.5 辆 / 千人，贵阳 306.4 辆 / 千人，青岛 301.0 辆 / 千人。然而，千人机动车保有量低于全国平均水平的仍有 7 个城市，分别是：福州 209.2 辆 / 千人，重庆 203.2 辆 / 千人，南昌 195.3 辆 / 千人，天津 194.8 辆 / 千人，上海 180.4 辆 / 千人，广州 179.8 辆 / 千人，哈尔滨 175.4 辆 / 千人。2018 年全国 36 个大城市千人机动车保有量如图 3-6 所示。

图3-4　2018年全国机动车保有量分布图

注：数据来源于公安部交通管理局。

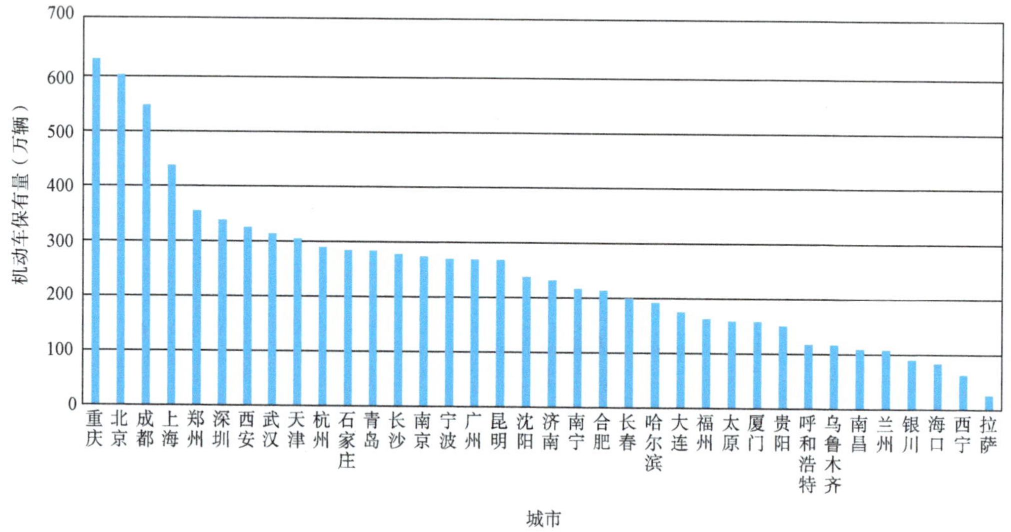

图3-5　2018年全国36个大城市市域机动车保有量

注：数据来源于公安部交通管理局。

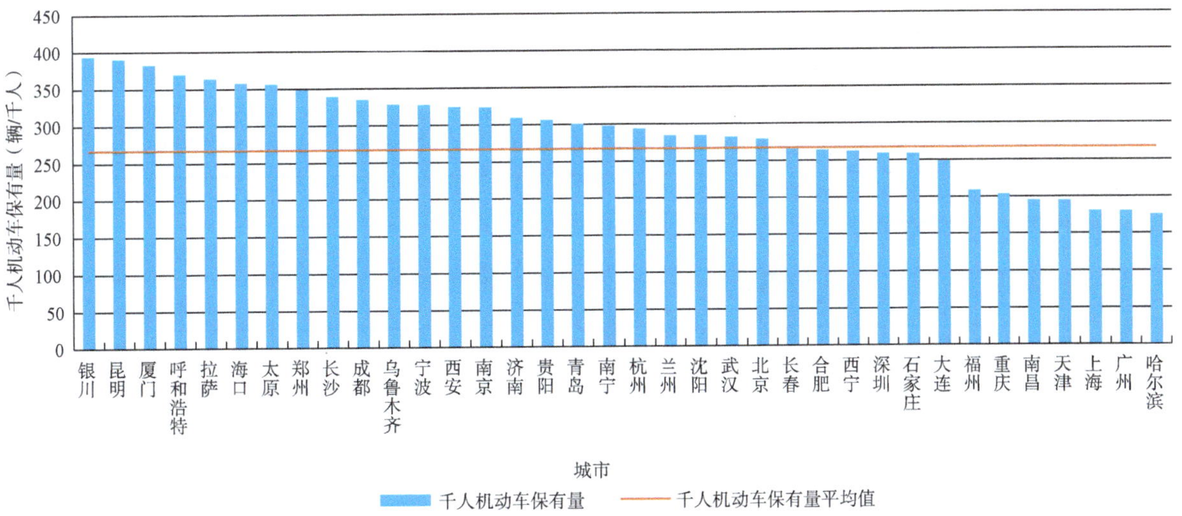

图3-6　2018年全国36个大城市千人机动车保有量

注：数据来源于公安部交通管理局、各市国民经济和社会发展统计公报。

从城市机动车保有量与千人机动车保有量的关系来看，二者并不成正比例关系，即机动车保有量高的城市未必千人机动车保有量高，而机动车保有量低的城市未必千人机动车保有量低，这与城市人口数量有较大关系。例如，东部沿海区域城市虽然保有量较高，但是这些城市人口相对比较密集，导致千人机动车保有量相对不高。

从城市规模类型来看，城区常住人口在 300 万 ~500 万人的 I 型大城市平均千人机动车保有量最高，达到 306 辆 / 千人，即城市中平均每 3 人就保有 1 辆机动车。而城区常住人口超过 1000 万人的超大型城市平均千人机动车保有量最低，为 225 辆 / 千人，即城市中平均每 5 人保有 1 辆机动车。这种情况与北京、上海、广州、深圳 4 个超大型城市均已实施的汽车限购、限行政策有直接关系，特别是限购政策实施较早的上海（1994 年实施）、广州（2012 年实施）千人机动车保有量为 180 辆 / 千人，在 36 个大城市中处于较低水平，仅次于哈尔滨的 175 辆 / 千人。城区常住人口在 500 万 ~1000 万人的特大城市平均千人机动车保有量为 289 辆 / 千人，成都、郑州、南京、西安城市规模相当，且均没有实施汽车限购政策，千人机动车保有量均超过 300 辆 / 千人。从 2014—2018 年的近 5 年千人机动车保有量增长来看，成都、郑州、南京、西安年均增长分别为 17 辆 / 千人、22 辆 / 千人、20 辆 / 千人、20 辆 / 千人，年均增幅分别为 5.8%、7.5%、7.3%、7.2%，增幅和增速均领先于其他大城市。城区常住人口在 100 万 ~300 万人的 II 型大城市平均千人机动车保有量为 302 辆 / 千人，银川千人机动车保有量已达到 394 辆 / 千人，位居 36 个大城市首位。我国各类型城市千人机动车保有量分布情况见表 3-2。

我国各类型城市千人机动车保有量分布情况　　表3-2

城市类型	城　市	千人机动车保有量（辆 / 千人）	平均值（辆 / 千人）	城市类型	城　市	千人机动车保有量（辆 / 千人）	平均值（辆 / 千人）
超大城市	北京 *	279	225	特大城市	成都	335	289
	上海 *	180			杭州 *	294	
	广州 *	180			重庆	203	
	深圳 *	259			郑州	349	

续上表

城市类型	城　　市	千人机动车保有量(辆/千人)	平均值(辆/千人)	城市类型	城　　市	千人机动车保有量(辆/千人)	平均值(辆/千人)
特大城市	天津*	195	289	Ⅰ型大城市	济南	309	306
	武汉	282			乌鲁木齐	328	
	南京	324		Ⅱ型大城市	福州	209	302
	西安	325			宁波	328	
	青岛	301			南宁	298	
	沈阳	285			南昌	195	
Ⅰ型大城市	厦门	383	306		贵阳*	306	
	昆明	391			海口*	358	
	合肥	264			石家庄	259	
	长沙	339			西宁	263	
	大连	249			银川	394	
	长春	265			呼和浩特	370	
	太原	356			兰州	285	
	哈尔滨	175			拉萨	364	

注：数据来源于公安部交通管理局。表中*为已经实施小客车限购政策的城市。

三、机动车保有量和经济发展关系

1.机动车保有量与地区生产总值关系

从2018年城市地区生产总值和机动车保有量两项指标数据的拟合分析可知，两者呈线性关系（图3-7），即城市地区生产总值越高，机动车保有量相对较高，机动化发展程度相对较快；反之，地区生产总值越低，机动车保有量相对较低，机动车发展程度相对缓慢。例如，城市地区生产总值超过10000亿元的14个城市（分别为上海、北京、深圳、广州、重庆、天津、成都、武汉、杭州、南京、青岛、长沙、宁波、郑州），其城市机动车保有量均超过260万辆；而地区生产总值不足2000亿元的4个城市（分别为银川、海口、西宁、拉萨），其城市机动车保有量均不足100万辆。

2. 千人机动车保有量与城镇居民可支配收入关系

城镇居民可支配收入与机动车千人保有量的相关性逐渐减弱，如图3-8所示。从36个大城市城镇居民可支配收入与机动车千人保有量散点分布图可以看出，2013—2015年，城镇居民可支配收入与机动车千人保有量呈正相关关系，即城镇居民千人机动车保有量随城镇居民可支配收入的提高而增加。2016—2018年，图3-8中显示散点分布较为离散，说明除了城镇居民可支配收入外，城镇居民汽车可购买能力还受城市地理地貌特征、交通出行习惯、机动车购置限制及限行措施等因素影响。36个大城市中汽车限购的城市共有8个，北京、上海、广州、贵阳、石家庄、天津、杭州和深圳；汽车尾号限行的城市有11个，包括北京、天津、南昌、长春、贵阳、杭州、成都、兰州、石家庄、西安和郑州。

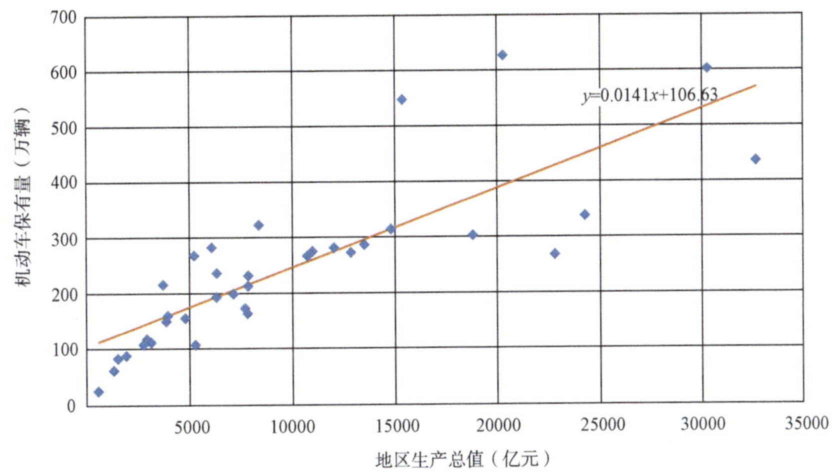

图3-7　2018年全国36个大城市经济发展与机动车保有量分布图

注：数据来源于公安部交通管理局、各市国民经济和社会发展统计公报。

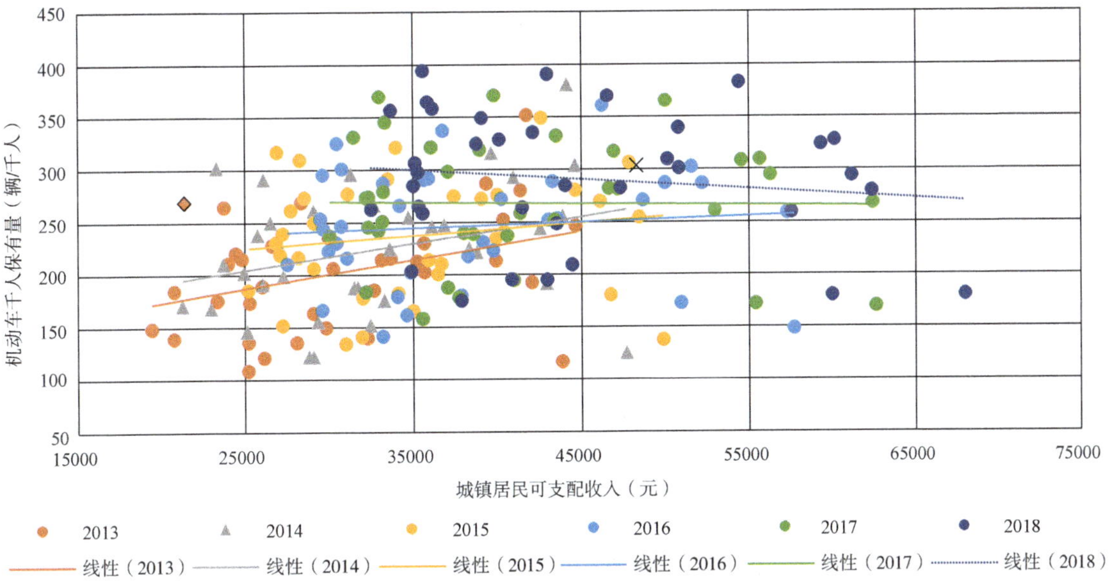

图3-8　2013—2018年36个大城市城镇居民可支配收入与千人机动车保有量散点分布

注：数据来源于公安部交通管理局。

四、机动车保有量变化情况

2018 年，全国机动车实际增量达 1715 万辆（扣除报废注销量），同比实际增加了 198.7 万辆。全年新机动车注册登记量为 3172 万辆，较 2017 年减少 180 万辆，下降 5.4%。近 5 年来，全国机动车保有量共增长 7686.8 万辆，总体增幅高达 28.3%，年均增长率为 5.5%。2014 年以来全国机动车年增长情况如图 3-9 所示，2014 开始机动车保有量年增长率逐渐升高，2017 年出现下降，2018 年又有所回升。

2018年，我国机动车保有量增幅超过20万辆的城市有18个，与2017年相比减少了10个。其中重庆全年增长64.8万辆，是全国机动车增幅最大的城市，另外，还有6个城市增幅超过30万辆，分别为西安增幅38.2万辆，武汉增幅38.0万辆，郑州增幅36.1万辆，成都增幅35.5万辆，苏州增幅33.7万辆，东莞增幅32.7万辆。

总体上来看，除了36个大城市外，机动车保有量增幅最集中的区域在广东、江苏和浙江等沿海省份的部分城市。由于摩托车数量和黄标车数量的下降，有30个城市机动车保有量出现降幅，与2017年相比增加了12个城市，如表3-3和图3-10所示。

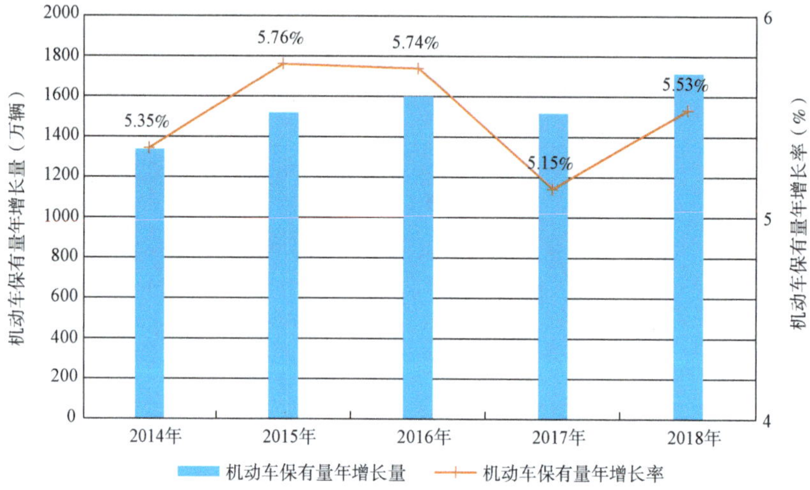

图3-9　2014年以来全国机动车年增长情况

注：数据来源于公安部交通管理局。

2018年我国机动车年度增幅超过20万的城市　　表3-3

类　型	城　市
年度增幅超过 20 万辆的城市（18 个）	重庆、西安、武汉、郑州、成都、苏州、东莞、上海、长沙、济南、合肥、沈阳、青岛、佛山、宁波、赣州、石家庄、北京

2018 年，我国 36 个大城市机动车保有量增长量达 665.6 万辆，占全国机动车总增长量的 39.8%，整体增长幅度和所占全国比例同比均有所降低，增幅超过 30 万辆的城市有 5 个，同比减少 2 个。36 个大城市中有 14 个城市的机动车保有量增幅超过 10%；贵阳机动车保有量增长率最高为 13.9%，武汉次之为 13.8%，其次为西安 13.3%。2018 年我国 36 个大城市机动车变化量及变化幅度如图 3-11 所示。

2014 年以来，我国 36 个大城市的机动车保有量共计增长了 2335.1 万辆，年平均增长率达到了 10.6%，其中在 5 年内机动车保有量增长超过 100 万辆的城市共有 6 个，分别为重庆居首为 191.6 万辆，成都次之为 165.1 万辆，武汉位居第三位为 133.4 万辆，之后依次为上海增长了 131.8 万辆，西安增长了 114.7 万辆，郑州增长了 111.0 万辆。有 5 个城市的机动车保有量年均增长率超过 15%，分别为合肥增幅最大为 19.3%，兰州次之为 18.8%，武汉位居第三位为 18.6%，之后依次为贵阳增长 16.1%，西宁增长 15.3%。我国 36 个大城市 2014 年以来机动车增长量及年均增幅如图 3-12 所示。

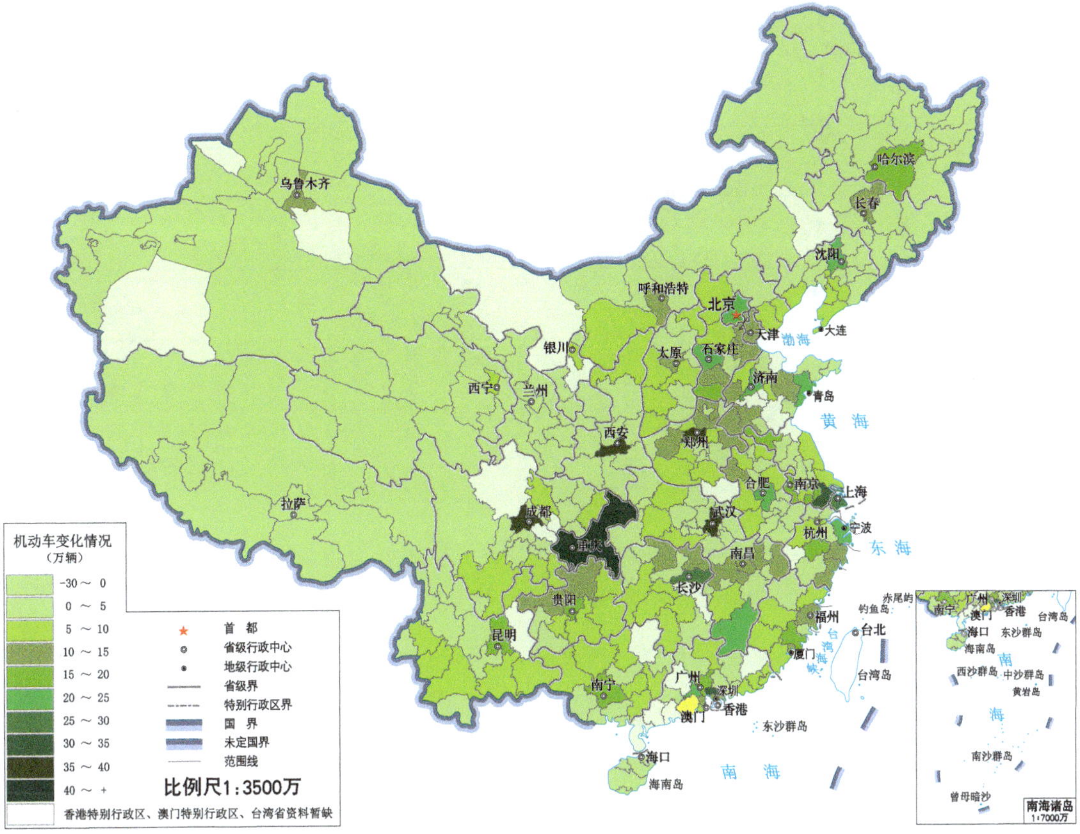

图3-10 2018年全国机动车变化情况分布图

注：数据来源于公安部交通管理局。

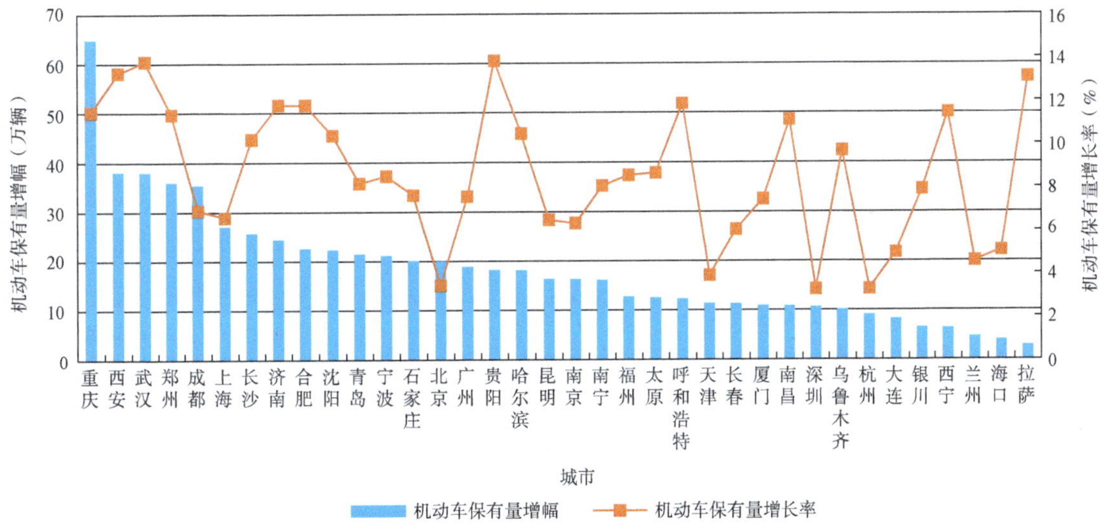

图3-11 2018年我国36个大城市机动车变化量及变化幅度

注：数据来源于公安部交通管理局。

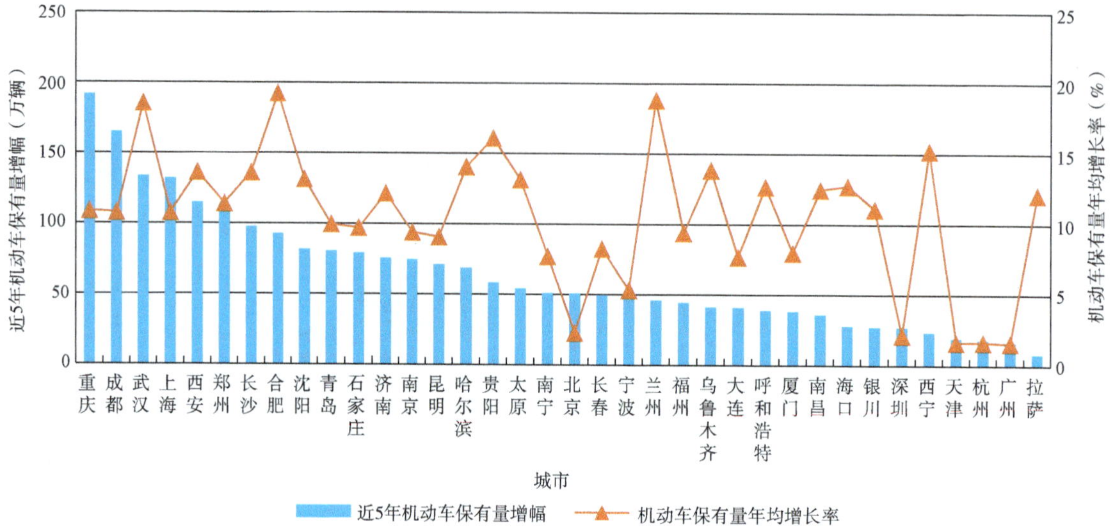

图3-12　我国36个大城市2014年以来机动车增长量及年均增幅

注：数据来源于公安部交通管理局。

第三节　汽车保有状况

一、汽车保有量

截至2018年底，我国共有61个城市的汽车保有量超过100万辆，比2017年增长了8个，其中有27个城市的汽车保有量超过200万辆，比2017年增长了3个，有8个城市的汽车保有量超过300万辆，分别为北京577.0万辆、成都488.7万辆、重庆419.8万辆、上海391.9万辆、苏州391.8万辆、郑州344.7万辆、深圳331.7万辆、西安310.3万辆。在36个大城市之外，汽车保有量数据有较为明显的地域差异，中西部地区的汽车保有量相对较低，东部沿海地区的汽车保有量则普遍较高，如表3-4和图3-13所示。

2018年我国汽车保有量分别超100万、200万和300万的城市　　表3-4

类　型	城　市
汽车保有量在 100 万 ~200 万辆的城市（34 个）	无锡、合肥、金华、哈尔滨、长春、南通、沧州、烟台、台州、大连、太原、南宁、邯郸、泉州、济宁、绍兴、徐州、福州、廊坊、常州、厦门、嘉兴、惠州、邢台、贵阳、呼和浩特、乌鲁木齐、中山、洛阳、南昌、淄博、菏泽、南阳、商丘
汽车保有量在 200 万 ~300 万辆的城市（19 个）	天津、武汉、东莞、石家庄、青岛、广州、南京、杭州、宁波、佛山、长沙、临沂、保定、昆明、沈阳、潍坊、温州、济南、唐山
汽车保有量超过 300 万辆的城市（8 个）	北京、成都、重庆、上海、苏州、郑州、深圳、西安

注：数据来源于公安部交通管理局。

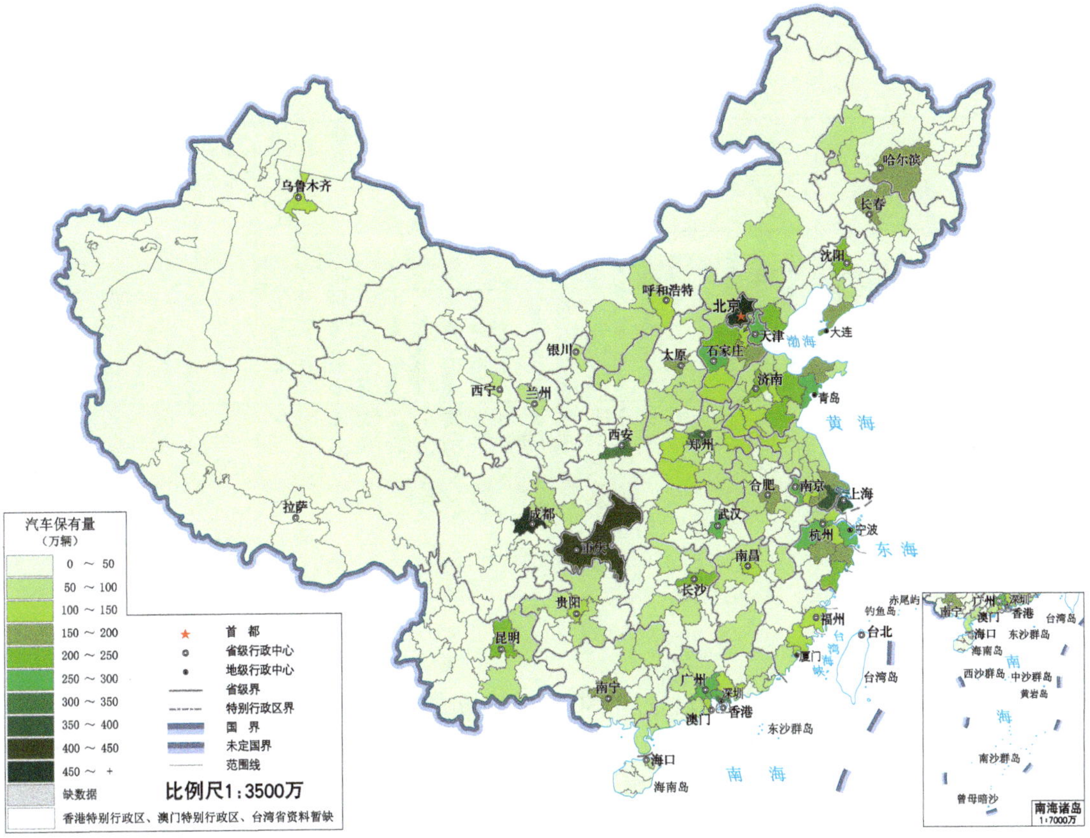

图3-13　2018年全国汽车保有量分布图

注：数据来源于公安部交通管理局。

截至2018年底，我国36个大城市的汽车保有量为8026.1万辆，比2017年增长了9.3%，占全国汽车保有量的33.4%，比其机动车保有量占全国的比例（27.1%）高出了6.3个百分点。汽车保有量超过了300万辆的城市共有7个，比2017年增加了1个，北京以577.0万辆继续稳居榜首，成都次之为488.7万辆，重庆位居第三位为419.8万辆，之后依次为上海391.9万辆、郑州344.6万辆、深圳331.7万辆、西安310.3万辆。

我国汽车保有量超过 200 万辆的城市有 19 个，实施汽车限购政策的 7 个城市，除了贵阳（116.1 万辆）之外，其他 6 个城市保有量均超过 200 万辆，超过 200 万辆未实施限购的城市为成都、重庆、郑州、西安、武汉、石家庄、青岛、南京、宁波、长沙、昆明、沈阳、济南。2018 年我国 36 个大城市汽车保有量如图 3-14 所示。

二、千人汽车保有量

2018年，我国36个大城市的平均千人汽车保有量为242.6辆，同比增加了10.9辆。其中千人汽车保有量超过250辆的城市有22个，超过300辆的城市有12个，分别为银川最高为378.3辆，呼和浩特次之为364.1辆，太原位居第三位为352.5辆，之后依次为海口、昆明、郑州、拉萨、厦门、乌鲁木齐、西安、宁波、南京。另外，汽车千人保有量低于36个大城市的平均水平的城市有13个，分别为合肥、贵阳、兰州、长春、大连、南宁、南昌、天津、福州、广州、哈尔滨、上海、重庆，其中实施了汽车限购政策的城市有4个，分别为贵阳、天津、广州和上海。

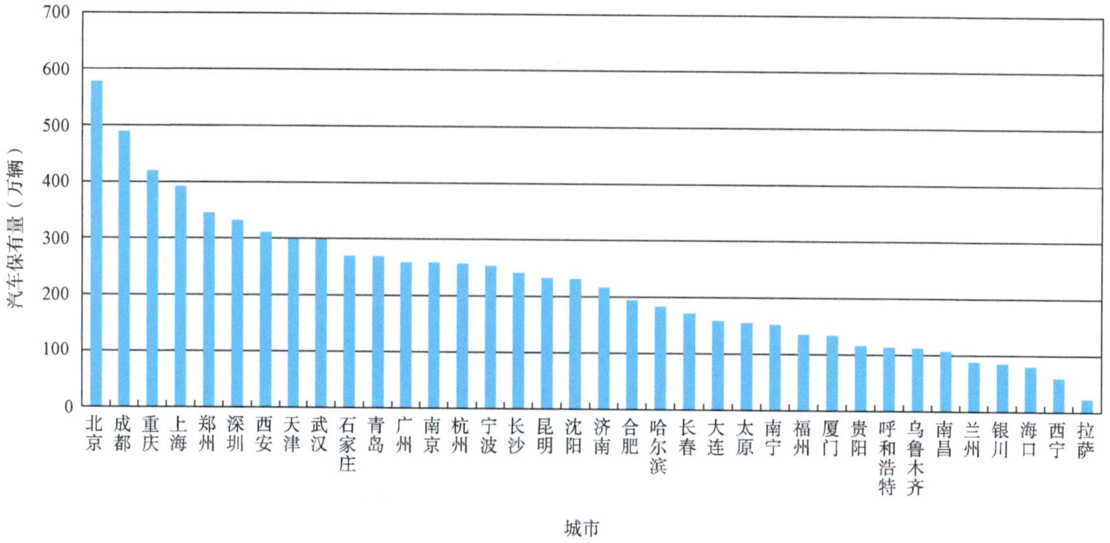

图3-14　2018年我国36个大城市汽车保有量

注：数据来源于公安部交通管理局。

与 2017 年相比，千人汽车保有量增量超过了 30 辆的城市有 6 个，增幅最大的呼和浩特市为 38.8 辆，银川次之为 37.1 辆，郑州位居第三位为 32.6 辆，之后依次为贵阳 30.4 辆、乌鲁木齐 30.0 辆、武汉 30.0 辆。36 个大城市中只有深圳和拉萨 2 个城市的汽车千人保有量出现下降。2018 年我国 36 个大城市千人汽车保有量如图 3-15 所示。

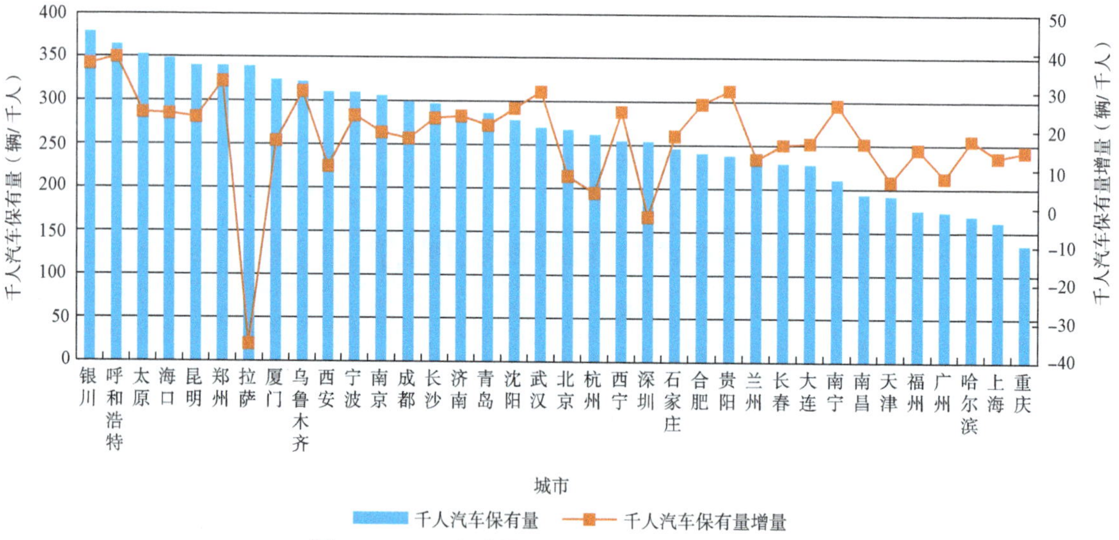

图3-15　2018年我国36个大城市千人汽车保有量

注：数据来源于公安部交通管理局、各市国民经济和社会发展统计公报。

从城市规模类型来看，城区常住人口在 300 万 ~500 万人的 I 型大城市平均千人汽车保有量最高，达到 279 辆。其次是城区常住人口在 100 万 ~300 万人的 II 型大城市，平均千人汽车保有量达到 274 辆。城区常住人口超过 1000 万人的超大型城市平均千人汽车保有量最低，为 214 辆，这与汽车限购政策的影响密不可分。我国第一个实施汽车限购政策的城市上海千人汽车保有量为 162 辆，在 36 个大城市中最低；广州从 2012 年开始实行汽车配额指标有偿竞拍和无偿摇号模式，截至 2018 年底，其千人汽车保有量为

174 辆，仅次于上海，在 36 个大城市中处于较低水平；深圳从 2014 年开始实施汽车配额指标竞价模式，截至 2018 年底，其千人汽车保有量为 255 辆，并且已连续第 5 年下降，是 36 个大城市中唯一千人汽车保有量呈现明显下降趋势的城市；北京从 2010 年开始实施汽车配额摇号方式，截至 2018 年底，其千人汽车保有量为 268 辆，仍高于 36 个大城市平均水平。城区常住人口在 500 万 ~1000 万人的特大型城市，平均千人汽车保有量为 268 辆，其中，郑州千人汽车保有量为 340 辆，几乎是上海、广州的 2 倍；西安、南京千人汽车保有量也已突破 300 辆；成都千人汽车保有量已接近 300 辆。我国各类型城市千人汽车保有量分布情况见表 3-5。

我国各类型城市千人汽车保有量分布情况　　表3-5

城市类型	城市	千人汽车保有量（辆 / 千人）	平均值（辆 / 千人）	城市类型	城市	千人汽车保有量（辆 / 千人）	平均值（辆 / 千人）
超大城市	北京 *	268	214	Ⅰ型大城市	大连	228	279
	上海 *	162			长春	229	
	广州 *	174			太原	353	
	深圳 *	255			哈尔滨	169	
特大城市	成都	299	268		济南	290	
	杭州 *	262			乌鲁木齐	322	
	重庆	135		Ⅱ型大城市	福州	175	274
	郑州	340			宁波	310	
	天津 *	192			南宁	211	
	武汉	270			南昌	194	
	南京	306			贵阳 *	238	
	西安	310			海口 *	348	
	青岛	287			石家庄	246	
	沈阳	278			西宁	255	
Ⅰ型大城市	厦门	324	279		银川	378	
	昆明	340			呼和浩特	364	
	合肥	240			兰州	236	
	长沙	297			拉萨	339	

注：数据来源于公安部交通管理局。表中*为已经实施小客车限购政策的城市。

从2013—2018年近6年的千人汽车保有量变化趋势来看，36个大城市中除深圳外几乎均呈现逐年上升的趋势，见表3-6。海口、银川、呼和浩特、郑州千人汽车保有量增长最快，年均增幅超过30辆/千人；乌鲁木齐、太原、厦门、武汉、南京、昆明、合肥、长沙、沈阳千人汽车保有量年均增幅也超过25辆/千人；杭州、北京、天津、广州千人汽车保有量增长速度较为缓慢，年均增幅低于10辆/千人。值得注意的是，深圳从2014年开始实施汽车限购政策，千人汽车保有量连续5年呈现逐年下降的趋势，但是2018年千人汽车保有量同比降幅已明显放缓；广州在2014—2016年期间千人汽车保有量呈现逐年下降的趋势，从2017年开始，千人汽车保有量出现反弹趋势，到2018年千人汽车保有量已达到174辆，为近6年的最高值；天津在2013年12月开始实施汽车限购政策，在2014—2016年期间千人汽车保有量呈现逐年下降的趋势，从2017年开始，千人汽车保有量出现反弹趋势，到2018年千人汽车保有量已达到192辆，达到近6年的最高水平；宁波在2014年千人汽车保有量出现明显下降，同比减少了37辆/千人，从2015年开始，千人汽车保有量开始逐年上升，截至2018年底，千人汽车保有量已达到310辆；拉萨在2013—2017年期间千人汽车保有量呈现逐年上升的趋势，截至2017年，千人汽车保有量达到375辆，为36个大城市中的最高值，2018年，千人汽车保有量开始呈现下降趋势，同比减少了36辆/千人。

2013—2018年36个大城市千人汽车保有量变化情况　　表3-6

城　市	2013 年	2014 年	2015 年	2016 年	2017 年	2018 年	近 6 年变化趋势
北京	245	247	246	252	260	268	
天津	178	181	177	175	185	192	
石家庄	134	130	184	210	227	246	
太原	209	236	260	293	328	353	
呼和浩特	199	225	246	265	325	364	
沈阳	151	176	199	227	253	278	
大连	173	172	182	196	211	228	
长春	130	145	163	190	213	229	
哈尔滨	101	114	118	152	151	169	
上海	98	105	118	133	149	162	
南京	171	210	240	268	287	306	
杭州	230	246	249	255	258	262	
宁波	246	209	230	260	286	310	
合肥	108	127	150	182	213	240	
福州	99	116	132	146	160	175	
厦门	181	215	248	283	307	324	
南昌	108	118	139	160	177	194	
济南	173	195	216	241	266	290	
青岛	170	190	214	240	265	287	
郑州	188	233	250	275	307	340	

续上表

城 市	2013 年	2014 年	2015 年	2016 年	2017 年	2018 年	近 6 年变化趋势
武汉	129	158	186	214	240	270	
长沙	165	195	225	252	273	297	
广州	167	170	166	164	166	174	
深圳	243	289	277	267	257	255	
南宁	106	122	145	164	184	211	
海口	179	209	238	278	324	348	
重庆	65	79	92	108	121	135	
成都	182	217	250	259	281	299	
贵阳	144	164	182	195	207	238	
昆明	205	231	259	288	317	340	
拉萨	229	257	289	348	375	339	
西安	190	223	251	277	300	310	
兰州	118	143	169	197	223	236	
西宁	135	157	178	205	230	255	
银川	213	243	268	303	341	378	
乌鲁木齐	178	203	237	261	292	322	

注：数据来源于公安部交通管理局。

三、汽车保有量与经济发展关系

1. 汽车保有量与地区生产总值关系

城市汽车保有量与地区生产总值的关系与城市机动车保有量和地区生产总值的关系类似，也呈现一定的线性关系，并且线性相关性更为明显一些。2018 年，从城市地区生产总值来看，地区生产总值超过 1 万亿元的 14 个城市，汽车保有量均超过 240 万辆；地区生产总值低于 5000 亿元的 11 个城市，汽车保有量均不足 160 万辆。从城市汽车保有量来看，保有量超过 300 万辆的 7 个城市，除了西安地区生产总值为 8349.9 亿元未到达万亿元外，其他 6 个城市的地区生产总值均过万亿元，分别为北京、成都、重庆、上海、郑州、深圳。汽车保有量不足 100 万辆的 5 个城市，地区生产总值均未达到 3000 亿元。2018 年我国 36 个大城市汽车保有量与地区生产总值分布图如图 3-16 所示。

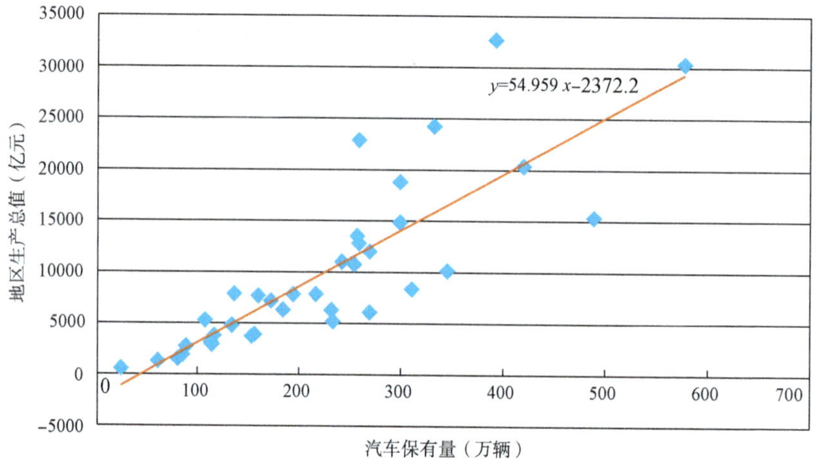

图3-16　2018年我国36个大城市汽车保有量与地区生产总值分布图

注：数据来源于公安部交通管理局及各市国民经济和社会发展统计公报。

2. 千人汽车保有量与人均地区生产总值关系

对我国36个大城市人均地区生产总值和千人汽车保有量的关系进行分析后发现，两者并未呈现线性相关的关系特征，2018年我国36个大城市千人汽车保有量与人均地区生产总值关系图如图3-17所示。仅通过统计数据并不能得出“人均地区生产总值高，则千人汽车保有量高，人均地区生产总值低，则千人汽车保有量低”的结论。从数据分析可知，部分城市社会经济发展水平相对高于汽车发展水平，即虽然人均地区生产总值相对较高，但是千人汽车保有量相对并不高，如广州、上海、深圳、天津、福州、杭州、北京等；部分城市社会经济发展水平相对低于汽车发展水平，即虽然人均地区生产总值相对不高，但是千人汽车保有量相对较高，如海口、西宁、银川、昆明、石家庄、拉萨等。2018年我国千人汽车保有量和人均地区生产总值关系城市列表见表3-7。

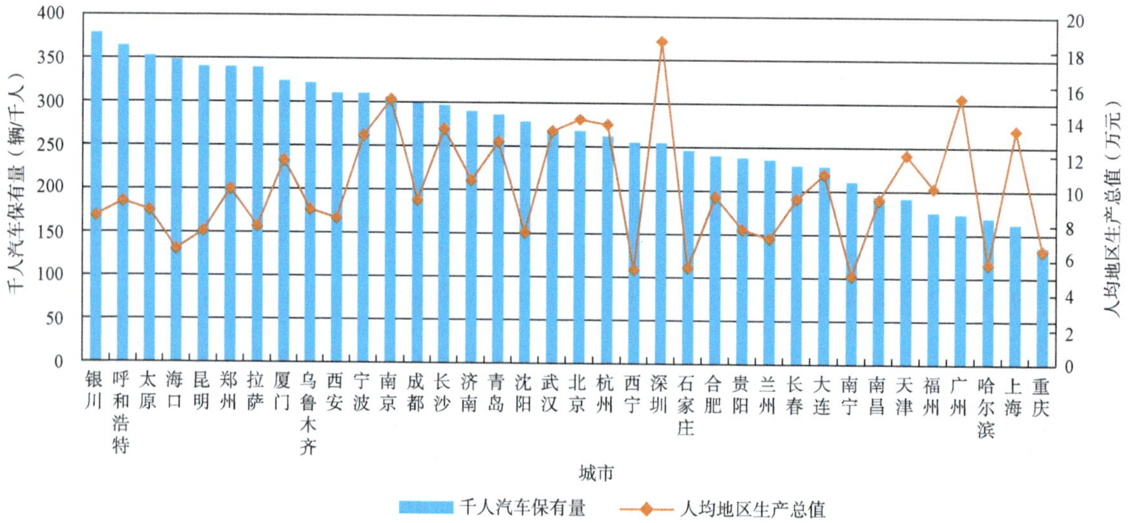

图3-17　2018年我国36个大城市千人汽车保有量与人均地区生产总值关系图

注：数据来源于公安部交通管理局及各市国民经济和社会发展统计公报。

2018年我国千人汽车保有量和人均地区生产总值关系城市列表 表3-7

类型	城市
社会经济发展水平相对高于汽车发展水平的城市（19个）	广州、上海、深圳、天津、福州、杭州、北京、武汉、南京、南昌、重庆、大连、长沙、青岛、宁波、长春、合肥、济南、厦门
社会经济发展水平相对低于汽车发展水平的城市（17个）	海口、西宁、银川、昆明、石家庄、拉萨、南宁、太原、呼和浩特、西安、沈阳、乌鲁木齐、郑州、兰州、成都、贵阳、哈尔滨

注：数据来源于公安部交通管理局。

3. 千人汽车保有量与城镇居民可支配收入关系

汽车千人保有量受到机动车购置限制及限行措施等多重因素影响。2013—2018年36个大城市城镇居民可支配收入与千人汽车保有量，呈现散点分布，如图3-18所示。可以看出，图3-18中显示的散点分布较为离散，说明除了城镇居民可支配收入外，城镇居民汽车可购买能力还受城市地理地貌特征、交通出行习惯、机动车购置限制及限行措施等因素影响。

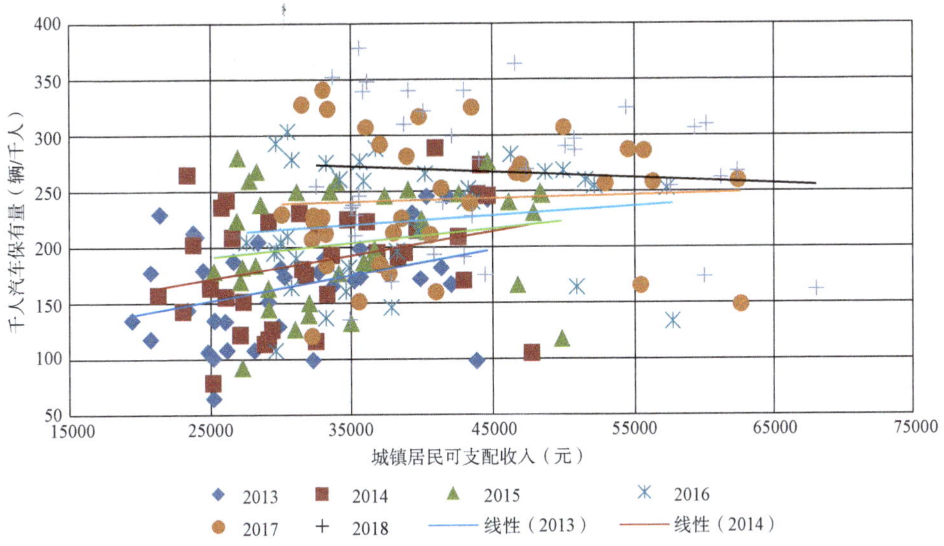

图3-18 2013—2018年36个大城市城镇居民可支配收入与千人汽车保有量呈散点分布

注：数据来源于各城市统计局网站。

四、大城市汽车占机动车保有量的比例

截至2018年底，我国汽车保有量占机动车保有量的比例为73.5%，较之2017年增长超过3.3个百分点。从数据分析来看，汽车保有量占比与社会经济发展、气候环境情况、地形地貌特征等具有相关性，经济相对发达的城市，汽车占比相对较高，如江苏和浙江等的部分地区；气候相对温暖的地区，如广西和重庆等的部分地区，摩托车保有量相对较大，汽车保有量相对不高。2018年全国汽车占机动车比例分布图如图3-19所示。

我国36个大城市的汽车保有量占机动车保有量的比例为90.7%，高出全国平均水平17.2个百分点，可见，36个大城市的汽车保有量平均占比明显高于其他城市。其中，汽车占机动车比例超过95%的城市有18个，比例最高的南昌超过99%，太原、呼和浩特、天津、深圳、乌鲁木齐5个城市比例超过98%。

但是，36 个大城市中仍有南宁和重庆两个城市的汽车保有量占比低于全国平均水平。2018 年我国 36 个大城市汽车占机动车比例如图 3-20 所示。

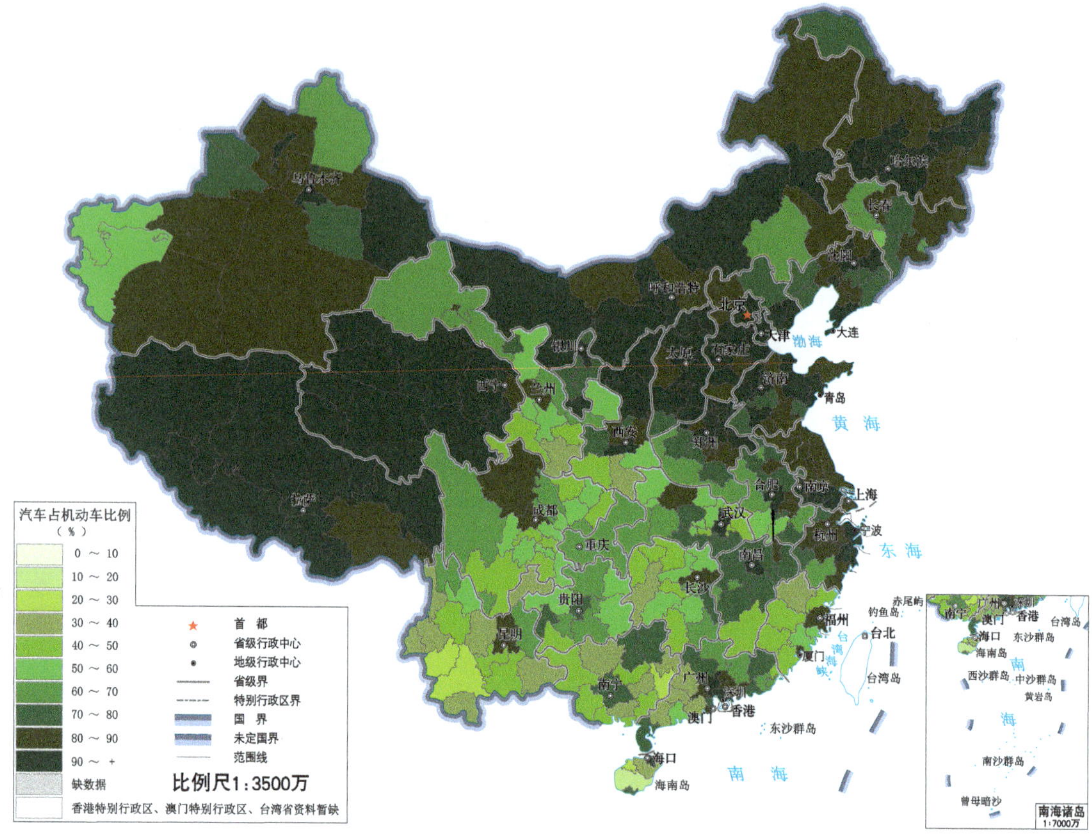

图3-19　2018年全国汽车占机动车比例分布图

注：数据来源于公安部交通管理局。

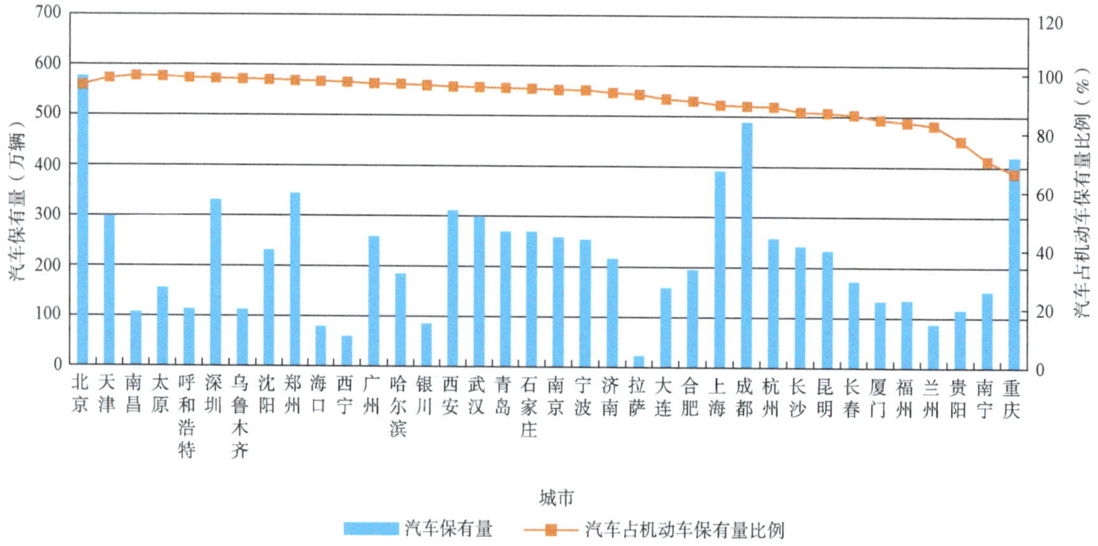

图3-20　2018年我国36个大城市汽车占机动车比例

注：数据来源于公安部交通管理局。

从 2018 年我国 36 个大城市汽车保有量占机动车保有量比例的同比增幅来看，有 3 个城市的增幅超过 3%，分别为南宁增幅为 4.9%，银川为 3.6%，海口为 3.4%，有 12 个城市增幅不足 0.5%，一定程度上也说明，汽车所占机动车比例逐渐在趋于稳定化。2018 年我国 36 个大城市汽车占机动车比例同比增幅如图 3-21 所示。

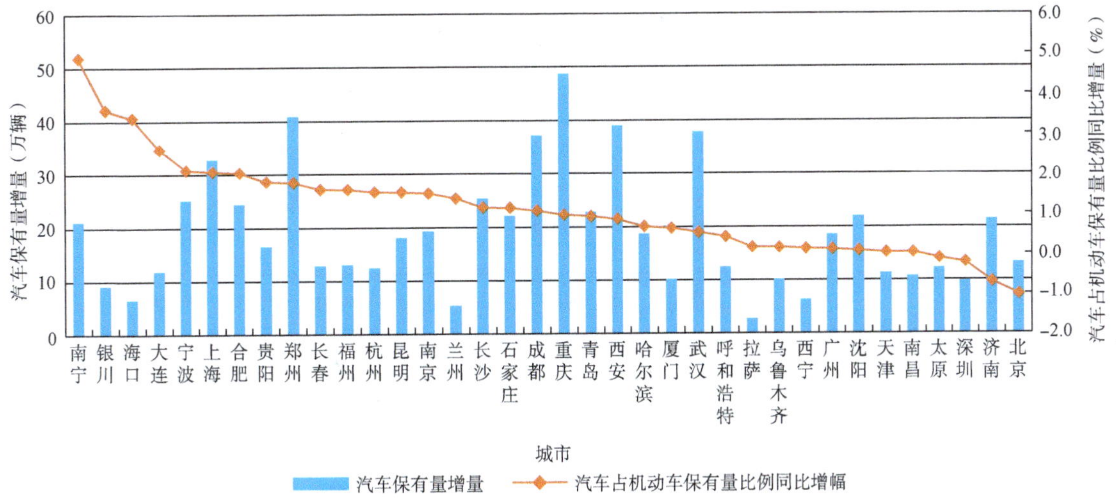

图3-21　2018年我国36个大城市汽车占机动车保有量比例同比增幅

注：数据来源于公安部交通管理局。

五、大城市汽车保有量变化情况

2018 年，全年汽车新注册登记 2670 万辆，同比减少 143 万辆。全年汽车实际增加汽车 2285 万辆（扣除报废数量），同比减少 19 万辆。近 5 年来，我国汽车保有量共增长 8580.8 万辆，年均增长率为 11.8%，明显高于机动车的增幅（7686.8 万辆）和年均增长率（5.5%），近 5 年我国汽车保有量增长情况如图 3-22 所示。

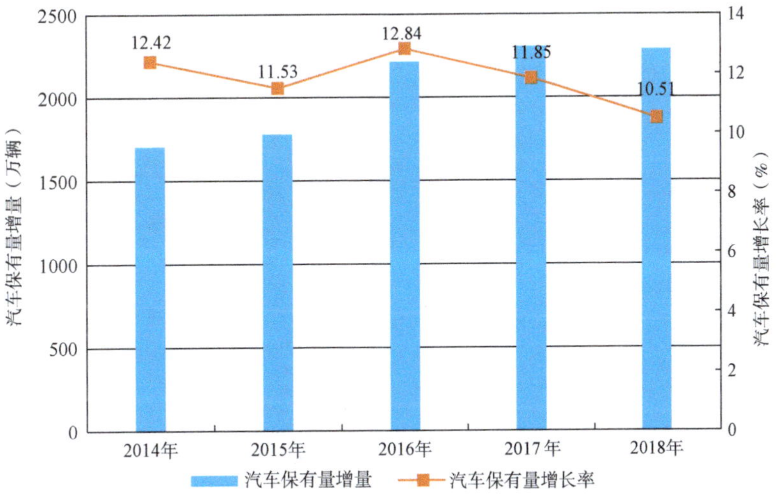

图3-22　近5年我国汽车保有量增长情况

注：数据来源于公安部交通管理局。

2018年，我国汽车保有量增幅超过10万辆的城市有60个，比2017年减少了7个，增幅超过30万辆的城市有7个，分别是：重庆居首为64.8万辆，西安次之为38.2万辆，武汉位居第三位为38.0万辆，之后依次为郑州36.1万辆、成都35.5万辆、苏州33.7万辆、东莞32.7万辆。从分布范围来看，增幅超过10万辆的城市中，东部沿海区域的城市居多，这与其经济发展较快具有直接关系，如表3-8和图3-23所示。

2018年我国汽车年度增幅超过10万辆的城市 表3-8

类　型	城　市
年度增幅超过 30 万辆（7 个）	重庆、西安、武汉、郑州、成都、苏州、东莞
年度增幅在 20 万 ~30 万辆（11 个）	上海、长沙、济南、合肥、沈阳、青岛、佛山、宁波、赣州、石家庄、北京
年度增幅在 10 万 ~20 万辆（42 个）	广州、泉州、贵阳、哈尔滨、昆明、南京、徐州、金华、邯郸、南宁、无锡、儋州、济宁、常德、宜春、中山、沧州、福州、太原、菏泽、邢台、呼和浩特、台州、潍坊、遵义、毕节、洛阳、天津、新乡、长春、温州、商丘、厦门、阜阳、南昌、岳阳、深圳、廊坊、乌鲁木齐、上饶、安阳、聊城

注：数据来源于公安部交通管理局。

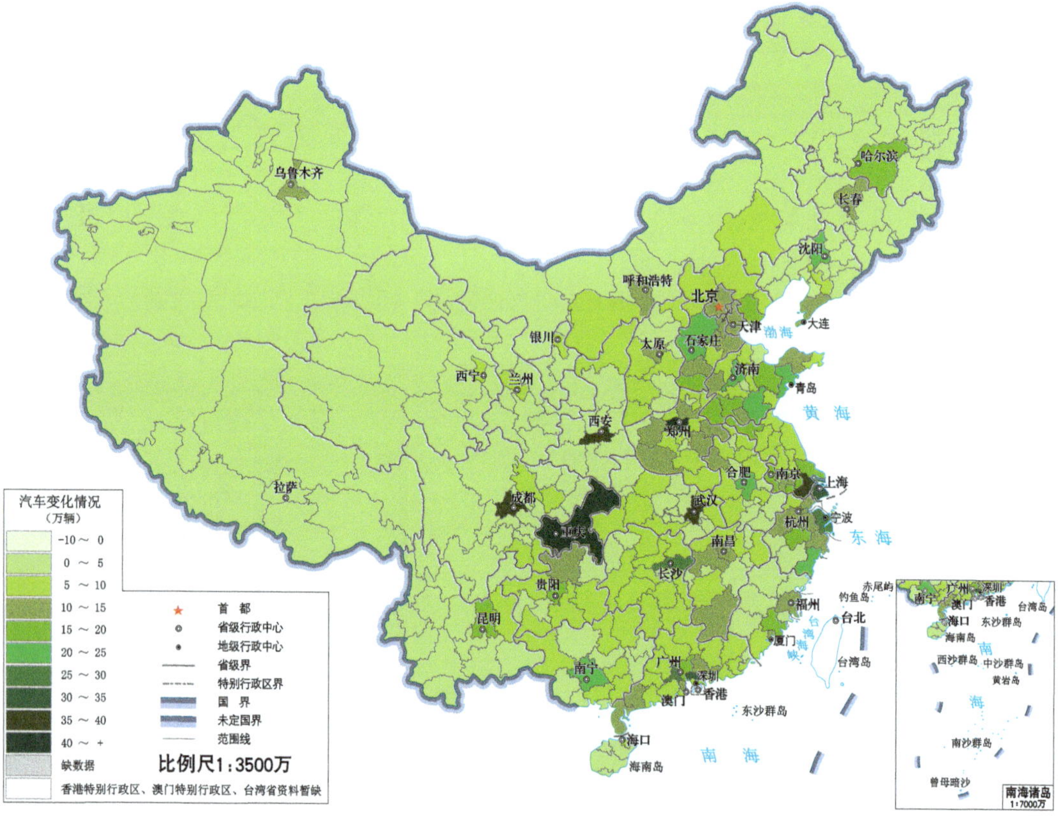

图3-23　2018年全国汽车保有量变化情况分布图

注：数据来源于公安部交通管理局。

2018 年，我国 36 个大城市汽车保有量共增长 682.3 万辆，占全国汽车保有量增长的 33.4%，每个城市年平均增量为 19 万辆。36 个大城市中，年增量超过平均值的城市有 15 个，年增量超过 30 万辆的城市有 6 个。年增量未超过 10 万辆的城市也有 6 个，其中只有深圳为实施了汽车限购政策的城市。从汽车保有量增长率来看，2 个城市增长率超过 15%，贵阳增长率最快为 16.6%，南宁次之为 16.1%。有 18 个城市增长率低于 10%，除贵阳之外的其他实施汽车限购政策的城市增长率均低于 10%。2018 年我国 36 个大城市汽车保有量增量及增长率如图 3-24 所示。

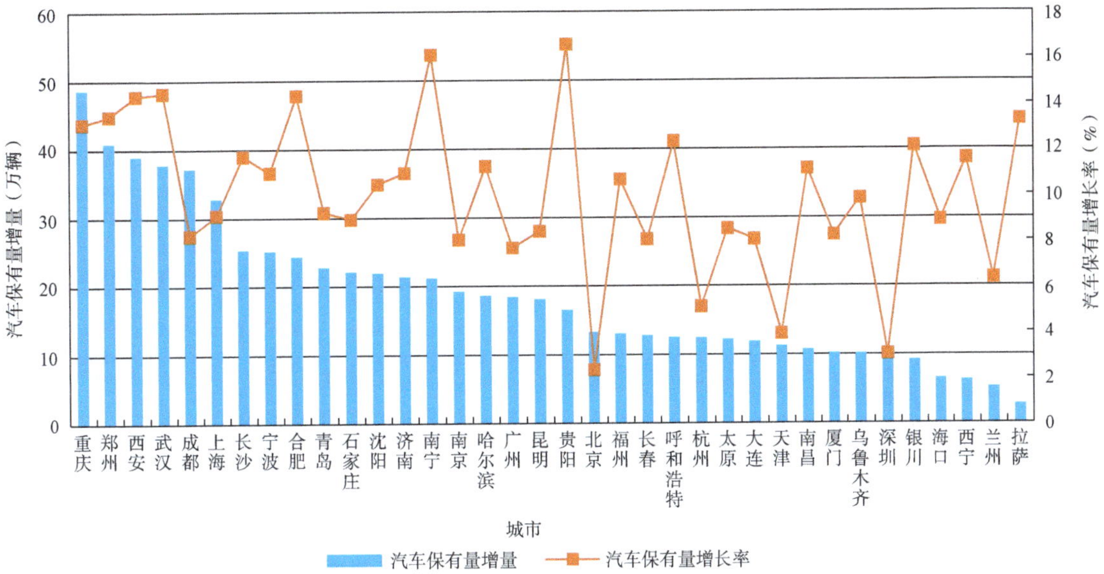

图3-24　2018年我国36个大城市汽车保有量增量及增长率

注：数据来源于公安部交通管理局。

2014—2018 年，我国 36 个大城市汽车保有量共增长 2589.6 万辆，年均增长率达到 10.9%。有 8 个城市 5 年增量超过了 100 万辆，重庆位居首位为 183.0 万辆，成都次之为 179.1 万辆，郑州位居第三位为 137.8 万辆，之后依次为武汉 137.3 万辆、上海 134.6 万辆、西安 120.0 万辆、石家庄 103.1 万辆、长沙 100.8 万辆。近 5 年我国 36 个大城市汽车保有量增量如图 3-25 所示。

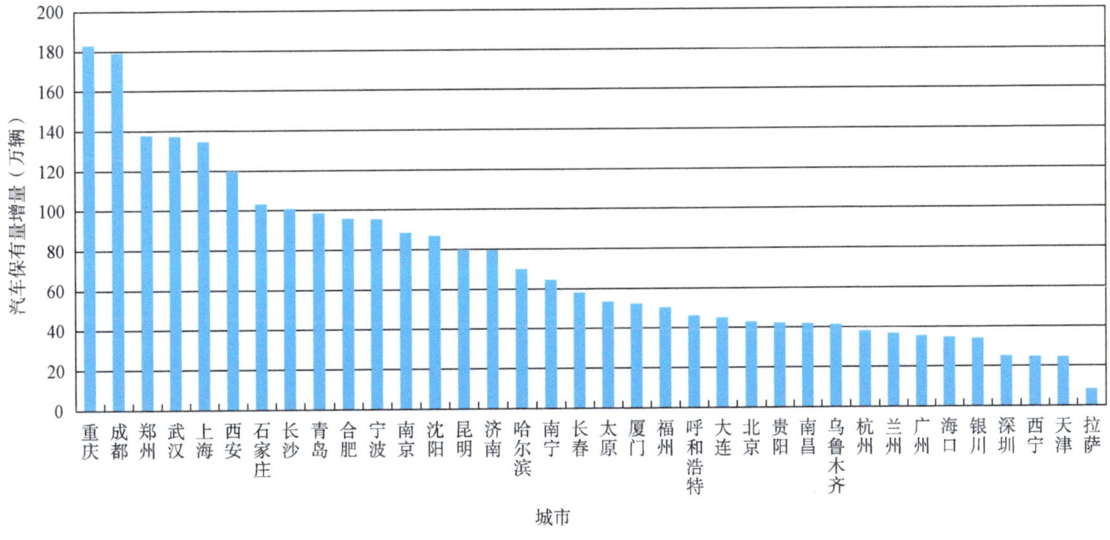

图3-25　近5年我国36个大城市汽车保有量增量

注：数据来源于公安部交通管理局。

第四节 摩托车保有状况

2018年，全国摩托车保有量为6822.8万辆，同比减少602.7万辆，继续保持减少趋势。近5年，全国摩托车保有量总量减少2330.2万辆，逐步成为机动车保有量的次要组成部分，这与国家发展政策和交通需求特征变化等有直接关系。

2018年，36个大城市摩托车保有量为755.9万辆，同比减少24.9万辆，与2017年相比出现下降趋势，占36个大城市机动车保有量的8.5%，同比下降了1个百分点。其中有7个城市的摩托车保有量超过30万辆，重庆位居榜首为207.4万辆，南宁次之为62.5万辆，成都排名第三位为57.1万辆，之后依次为上海37.1万辆、昆明34.3万辆、长沙33.9万辆、杭州33.3万辆。从气候特征来看，这些城市普遍位于我国中部或南部地区，气候较为宜人，适合摩托车骑行。

从城市摩托车保有量变化情况来看，2018 年 36 个大城市中共有 23 个城市出现降幅，同比增加 16 个，其中上海降幅最大为 6.3 万辆，南宁次之降幅为 5.2 万辆，郑州降幅位居第三位为 5.1 万辆。虽然这些城市气候相对适合摩托车骑行，但是受城市交通管理政策措施、交通需求特征等的变化影响，摩托车交通方式逐渐向汽车交通方式转移，所以摩托车保有量也呈现出下降趋势。2018 年我国 36 个大城市摩托车保有量变化情况如图 3-26 所示。

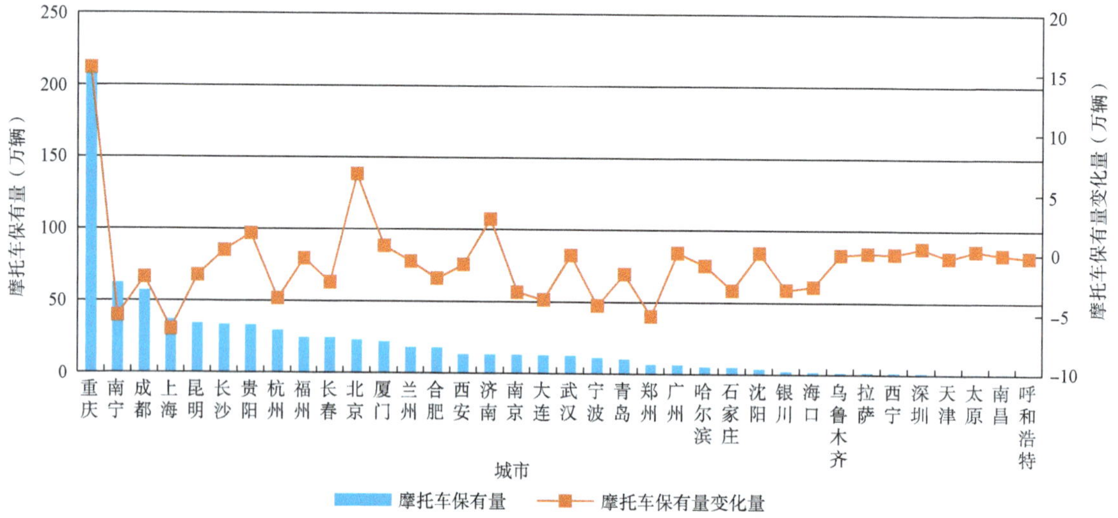

图3-26　2018年我国36个大城市摩托车保有量变化情况

注：数据来源于公安部交通管理局。

第四章　城市机动车驾驶人发展

36个大城市机动车驾驶人数量接近全国机动车驾驶人总量的30%。2018年，我国36个大城市的机动车驾驶人总量1.2亿人，占全国机动车驾驶人总量的29.5%，高于36个大城市机动车保有量占全国机动车保有量总量的比例（27.1%）。北京、重庆、上海、成都机动车驾驶人超过500万人，广州、天津、深圳等18个城市机动车驾驶人超过300万人。从机动车驾驶人与机动车保有量的比例看，36个大城市的平均比例是1.4 :1，其中，南昌机动车驾驶人与机动车保有量的比例超过2 :1，北京、广州、上海、哈尔滨、天津机动车驾驶人与机动车保有量的比例超过1.5 :1。

36个大城市汽车驾驶人数量超过全国汽车驾驶人总量的30%。2018年，我国36个大城市汽车驾驶人总量为1.16亿人，占全国汽车驾驶人总量的31.5%。北京汽车驾驶人数量达到1118.7万人，是全国首个汽车驾驶人突破千万的城市，超过一半以上的城市居民取得了汽车驾驶资格；上海、重庆汽车驾驶人数量超过700万人。36个大城市汽车驾驶人数量依然保持快速增长。2018年，我国36个大城市中，有19个城市的汽车驾驶人数量同比增幅超过20万人，其中重庆、成都、深圳、上海、广州、北京的汽车驾驶人数量增幅超过了30万人。

第一节　驾驶人整体发展情况

2018年，我国机动车驾驶人达到了4.1亿人，同比增长2455.2万人，增长了6.4%。其中汽车驾驶人为3.69亿人，占驾驶人总量的90.3%，同比增长2689.1万人，增长了7.9%。随着我国机动车保有量的快速增长，近5年来，机动车驾驶人数量亦呈现大幅增长趋势，年均增量达2675.8万人。近5年我国机动车驾驶人总体发展情况如图4-1所示。

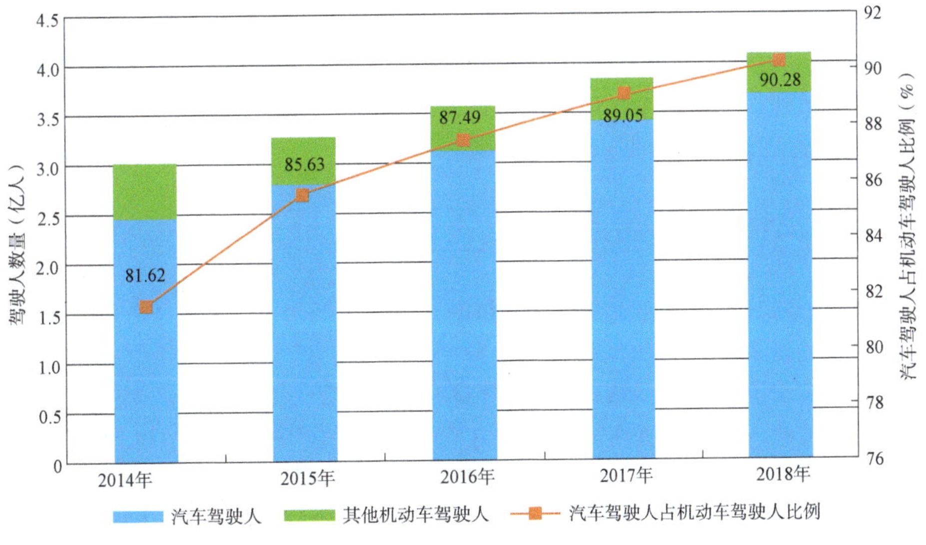

图4-1　近5年我国机动车驾驶人总体发展情况

注：数据来源于公安部交通管理局。

第二节　机动车驾驶人

一、大城市机动车驾驶人数量

2018 年，全国机动车驾驶人占总人口的 29.3%，与 2017 年相比，提高了 1.5 个百分点。截至 2018 年底，我国已有 54 个城市的机动车驾驶人超过 200 万人，其中 22 个城市的机动车驾驶人超过 300 万人，有 4 个城市的机动车驾驶人超过了 500 万人，依次为北京 1123.4 万人、重庆 872.9 万人、上海 755.1 万人、成都 727.1 万人，我国机动车驾驶人超过 200 万人的城市见表 4-1。总体来看，全国机动车驾驶人分布与人口分布相对一致，大城市因人口众多，机动车驾驶人数量也较多。2018 年我国机动车驾驶人总量分布图如图 4-2 所示。

我国机动车驾驶人超过200万人的城市　　表4-1

类　型	城　市
机动车驾驶人超过 500 万人（4 个）	北京、重庆、上海、成都
机动车驾驶人在 300 万 ~500 万人（18 个）	广州、天津、深圳、武汉、杭州、西安、郑州、苏州、南京、佛山、青岛、石家庄、宁波、保定、潍坊、昆明、长沙、赣州
机动车驾驶人在 200 万 ~300 万人（32 个）	东莞、哈尔滨、沈阳、临沂、泉州、南通、南阳、长春、温州、唐山、金华、济南、徐州、南宁、无锡、合肥、大连、烟台、周口、福州、邯郸、台州、南昌、贵阳、盐城、沧州、惠州、商丘、济宁、洛阳、邢台、绍兴

注：数据来源于公安部交通管理局。

2018 年，36 个大城市中有 32 个城市机动车驾驶人超过了 100 万人，其中 27 个城市超过了 200 万人。从 36 个大城市机动车驾驶人占城市人口的比例来看，36 个大城市机动车驾驶人总数量占总人口的 36.4%，有 10 个城市的比例超过了 40%，其中，北京最高为 52.1%，昆明次之为 46.8%，成都位居第三位为 44.5%，之后依次为杭州、贵阳、西安、南京、郑州、呼和浩特、宁波。2018 年我国 36 个大城市机动车驾驶人数量与城市人口比例如图 4-3 所示。

二、大城市机动车驾驶人与机动车保有量关系

2018 年，我国机动车驾驶人数量与机动车保有量的比例为 1.25 ：1，从全国来看，有 200 多个城市的机动车驾驶人数量与机动车保有量的比例超过了全国平均水平，其中 19 个城市的比例超过了 2 ：1，驾驶人数量明显高于机动车保有量，这些城市主要分布在西部地区、东北地区等，这在一定程度上说明，这些城市机动化水平还具有较大的发展空间。2018 年全国机动车驾驶人数量与机动车保有量比例分布如图 4-4 所示。

2018 年，我国 36 个大城市机动车驾驶人总量与机动车保有量总量的比例为 1.36 ：1，有 12 个城市的比例超过了 36 个大城市的平均水平，分别为南昌、北京、广州、上海、哈尔滨、天津、杭州、贵阳、福州、武汉、重庆、大连，其中只有南昌（2.01 ：1）的比例超过了 2 ：1。2018 年我国 36 个大城市机动车驾驶人与机动车保有量的比值如图 4-5 所示。

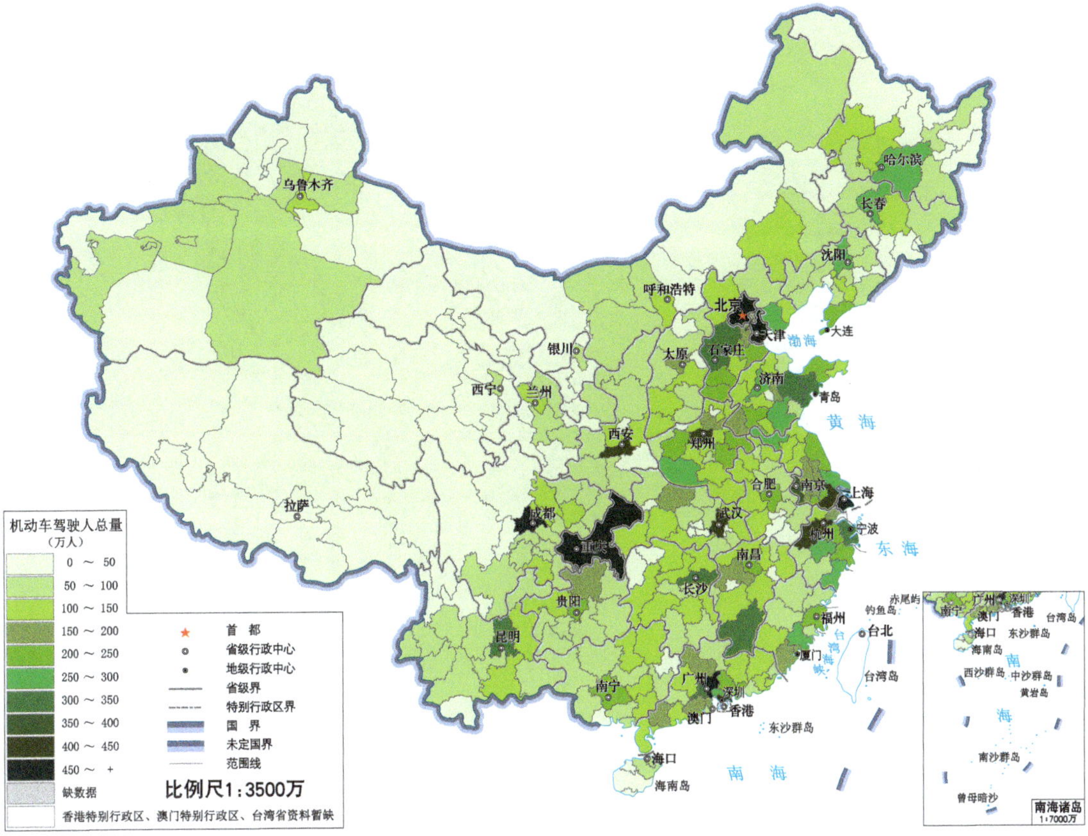

图4-2 2018年我国机动车驾驶人总量分布图

注：数据来源于公安部交通管理局。

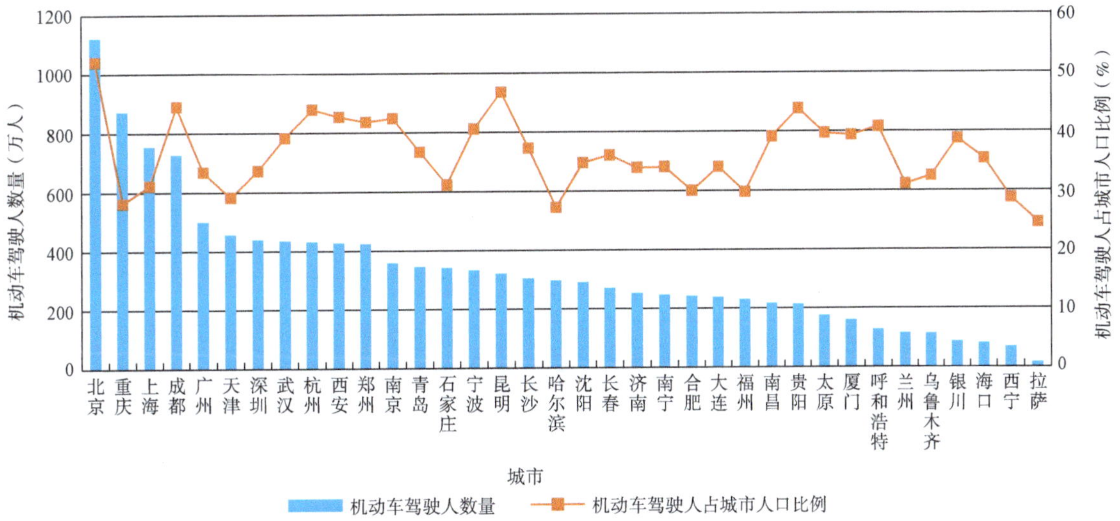

图4-3 2018年我国36个大城市机动车驾驶人数量与城市人口比例

注：数据来源于公安部交通管理局。

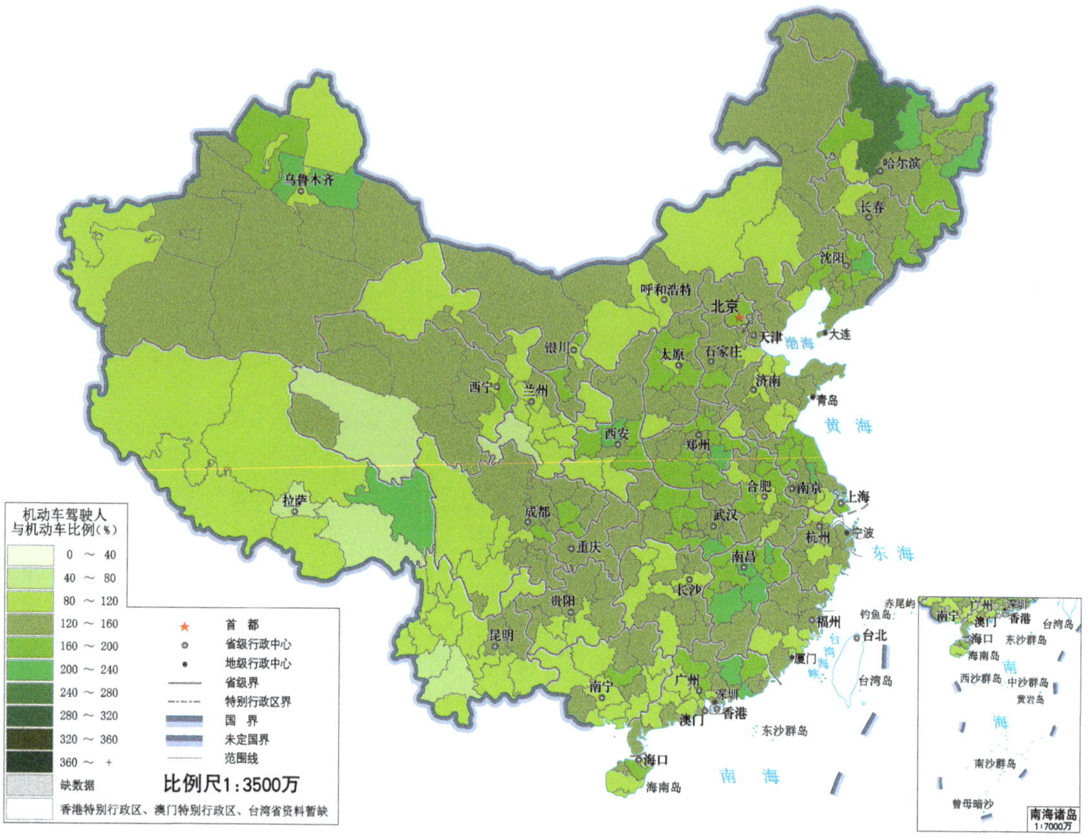

图4-4　2018年全国机动车驾驶人数量与机动车保有量比例分布

注：数据来源于公安部交通管理局。

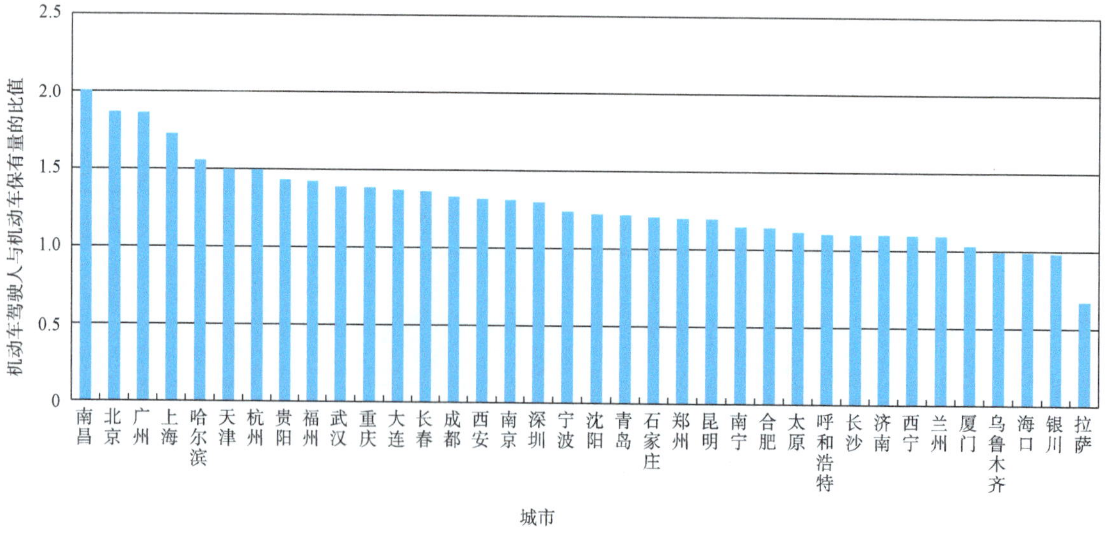

图4-5　2018年我国36个大城市机动车驾驶人与机动车保有量的比值

注：数据来源于公安部交通管理局。

三、大城市机动车驾驶人数量变化情况

2018 年，全国机动车驾驶人数量达到 4.09 亿人，与 2017 年相比，增加 2455 万人（扣除注销量），增长 6.4%，高于机动车保有量的增长速度。近 5 年来，我国新增驾驶人 1.3 亿人，总体增幅达到了 35.4%。从每年增量变化来看，2016 年之后开始出现增幅放缓的情况，2017 年增幅同比下降了 1.7 个百分点，2018 年同比下降了 1.2 个百分点，这与全国驾考政策的变化具有一定关系，驾驶人考试要求的提高对考试通过率造成了影响。2014 年以来全国机动车驾驶人年增长情况如图 4-6 所示。

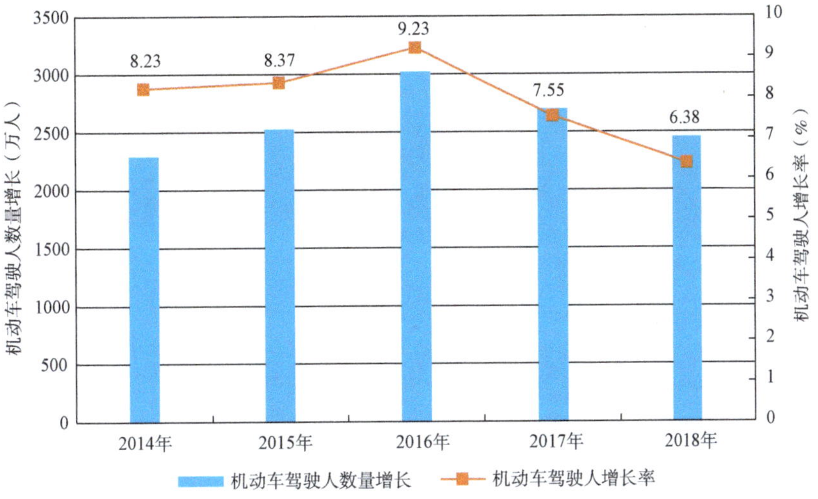

图4-6　2014年以来全国机动车驾驶人年增长情况

注：数据来源于公安部交通管理局。

2018年，全国机动车驾驶人增幅超过10万人的城市有70个，与2017年相比减少了15个。增幅超过20万人的城市有28个，与2017年相比减少了3个。从地域分布来看，东部沿海区域机动车驾驶人的增幅相对较大，如表4-2和图4-7所示。

2018年我国机动车驾驶人年度增幅超过20万人的城市　　表4-2

类　型	城　市
机动车驾驶人年度增幅超过 20 万人（28 个）	重庆、成都、深圳、清远、苏州、北京、广州、上海、郑州、西安、惠州、武汉、东莞、昆明、杭州、商丘、周口、长沙、合肥、南阳、石家庄、温州、贵阳、天津、南宁、宁波、南京、河源
机动车驾驶人年度增幅超过 10 万 ~20 万人（42 个）	临沂、新乡、佛山、哈尔滨、保定、泉州、赣州、邢台、邯郸、青岛、中山、福州、济南、驻马店、遵义、长春、菏泽、揭阳、济宁、无锡、六安、沧州、阳江、金华、绍兴、徐州、厦门、南昌、洛阳、毕节、湛江、嘉兴、唐山、平顶山、南通、阜阳、沈阳、乌鲁木齐、信阳、焦作、大连、曲靖

注：数据来源于公安部交通管理局。

2018 年，我国 36 个大城市机动车驾驶人共增长 751.8 万人，占全国总增长人数的 30.6%。有 19 个城市机动车驾驶人增幅超过了 20 万人，其中 6 个城市增幅超过了 30 万人，重庆最高为 60.8 万人，成都次之为 56.9 万人，深圳位居第三位为 45.3 万人，之后依次为北京 35.4 万人、广州 33.5 万人、上海 32.1 万人。2018 年我国 36 个大城市机动车驾驶人数量及增量如图 4-8 所示。

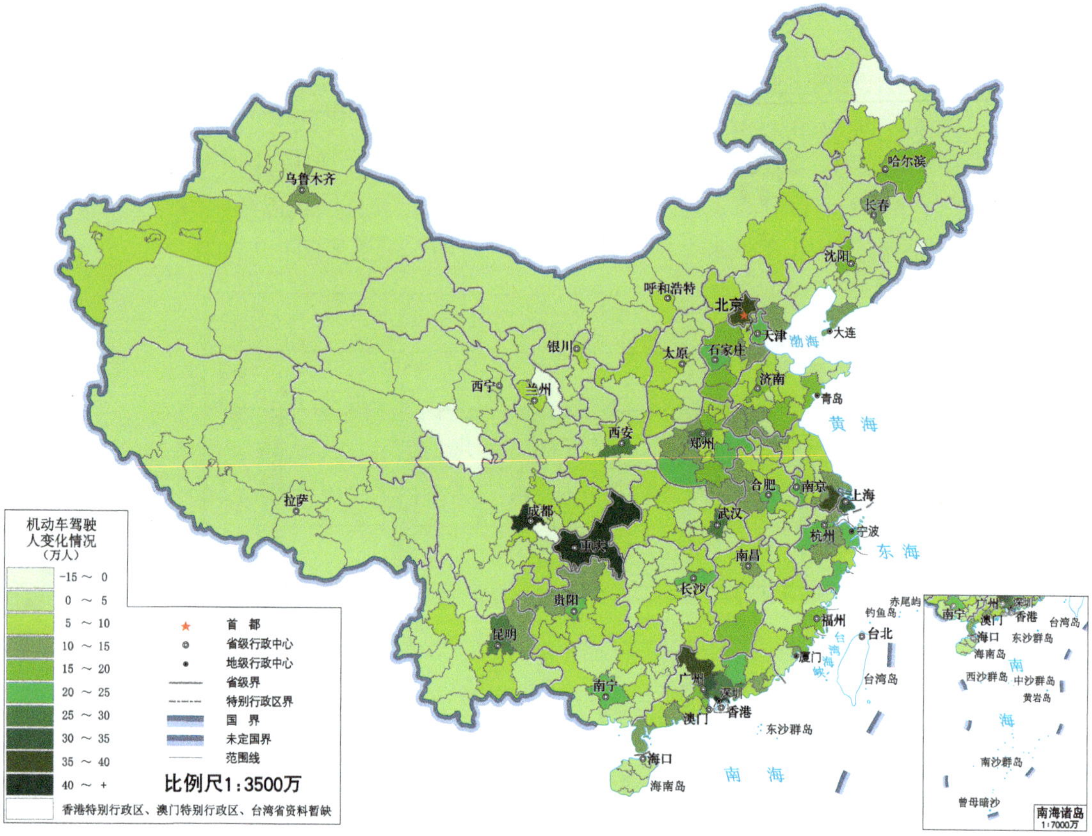

图4-7　2018年全国机动车驾驶人变化情况分布图

注：数据来源于公安部交通管理局。

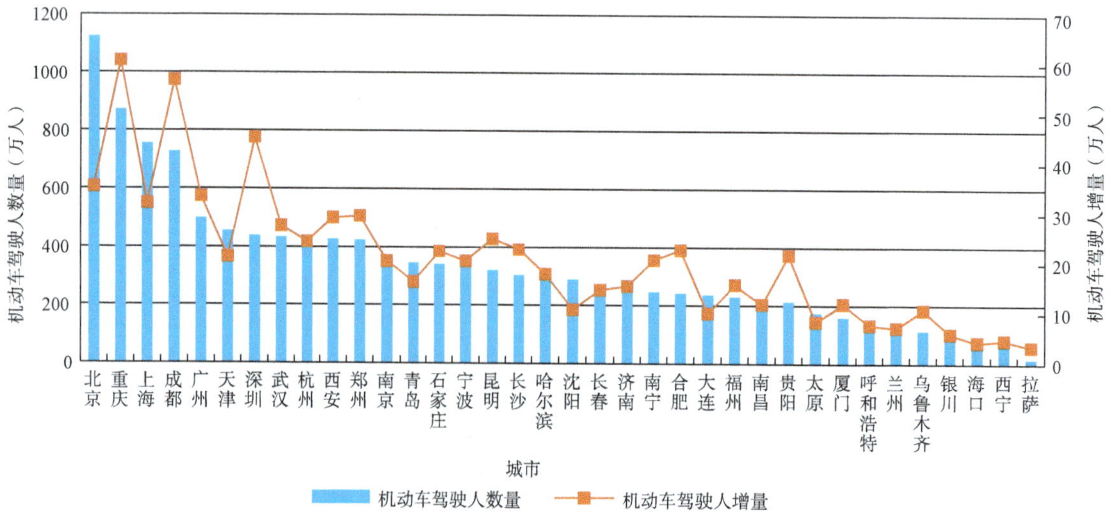

图4-8　2018年我国36个大城市机动车驾驶人数量及增量

注：数据来源于公安部交通管理局。

第三节 汽车驾驶人

一、大城市汽车驾驶人数量

2018 年，我国汽车驾驶人总量占全国人口总量的比例为 26.5%，有 50 个城市汽车驾驶人数量超过了 200 万人，其中有 20 个城市超过了 300 万人，2018 年我国汽车驾驶人数量超过 200 万人的城市见表 4-3。从地域分布来看，与机动车驾驶人分布较为相似，东部沿海区域城市汽车驾驶人数量更为密集一些。2018 年全国汽车驾驶人总量分布图如图 4-9 所示。

2018年我国汽车驾驶人数量超过200万人的城市 表4-3

类　型	城　市
汽车驾驶人数量超过 300 万的城市（20 个）	北京、上海、重庆、成都、广州、天津、深圳、武汉、西安、郑州、杭州、苏州、南京、石家庄、青岛、保定、宁波、潍坊、佛山、昆明
汽车驾驶人在 200 万 ~300 万的城市（30 个）	长沙、东莞、哈尔滨、沈阳、临沂、温州、长春、唐山、济南、金华、南阳、南通、徐州、合肥、大连、无锡、烟台、周口、南宁、泉州、南昌、福州、邯郸、沧州、赣州、商丘、济宁、台州、贵阳、邢台

注：数据来源于公安部交通管理局。

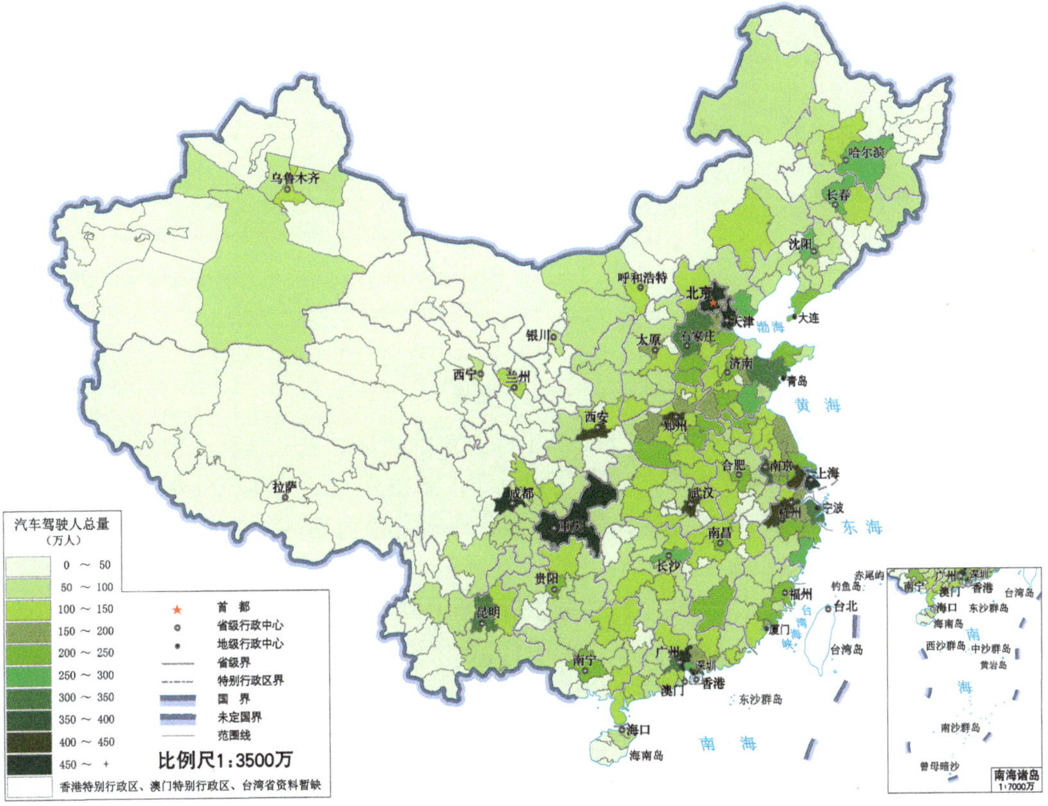

图4-9 2018年全国汽车驾驶人总量分布图

注：数据来源于公安部交通管理局。

2018 年，我国 36 个大城市汽车驾驶人总量为 1.16 亿人，占全国汽车驾驶人总量的 31.5%，有 16 个城市的汽车驾驶人数量超过了 300 万人，分别是：北京最高为 1118.7 万人，上海次之为 740.2 万人，重庆排名第三位为 734.4 万人，之后依次为成都、广州、天津、深圳、武汉、西安、郑州、杭州、南京、石家庄、青岛、宁波、昆明。从城市汽车驾驶人数量占城市人口数量的比例来看，有 21 个城市的比例超过了三分之一，即城市人口中平均每 3 人就有 1 人取得了汽车驾驶证，其中有 9 个城市的比例超过 40%，分别是：北京最高为 51.9%，昆明次之为 44.1%，杭州位居第三位为 42.9%，之后依次为成都、西安、贵阳、南京、郑州、呼和浩特，这些城市平均每 5 个人中就有 2 人取得汽车驾驶证。2018 年我国 36 个大城市汽车驾驶人数量与城市人口比例如图 4-10 所示。

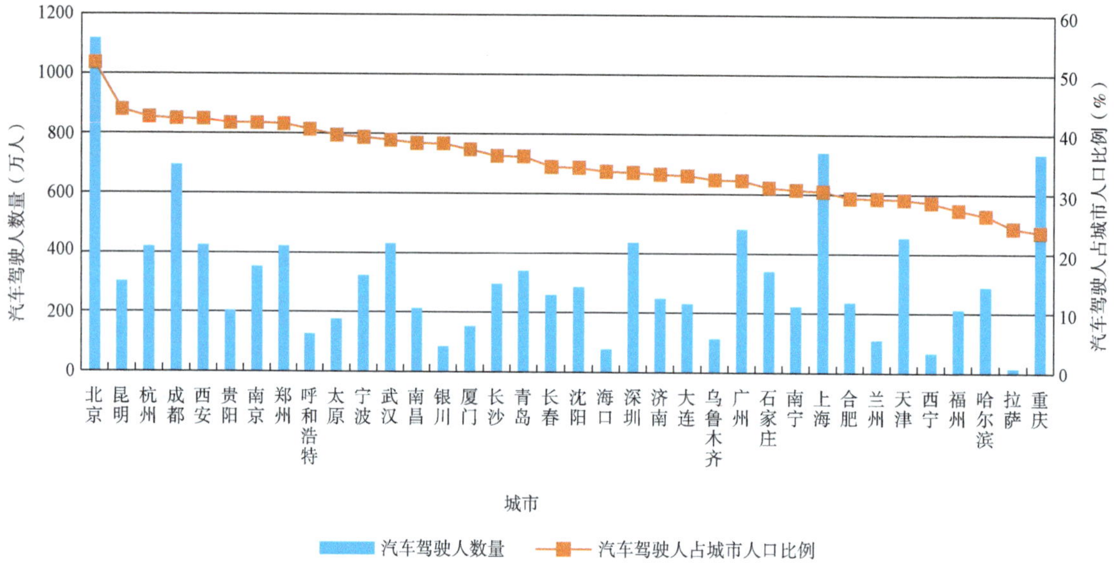

图4-10　2018年我国36个大城市汽车驾驶人数量与城市人口比例

注：数据来源于公安部交通管理局。

二、大城市汽车驾驶人数量与汽车保有量关系

2018 年，全国汽车驾驶人与汽车保有量的比例为 1.54：1，有近百个城市汽车驾驶人数量占汽车保有量的比例大于 2：1，即汽车驾驶人的数量超出了汽车保有量的一倍以上，这在一定程度上表明，我国许多城市的汽车保有量还有较大的增长潜力，并未达到汽车增长的拐点。从地域分布来看，我国西部、中南部地区城市的汽车驾驶人与汽车保有量的比例，一般高于东部沿海地区的城市。2018 年全国汽车驾驶人数量与汽车保有量比例分布图如图 4-11 所示。

我国 36 个大城市汽车驾驶人总量占汽车保有量总量的比例为 1.45：1，与 2017 年相比，下降了 3 个百分点。有 12 个城市的比例超过了 36 个大城市的平均值，分别是：南昌最高为 1.98：1，北京次之为 1.94：1，上海位居第三为 1.89：1，之后依次为广州、贵阳、重庆、杭州、哈尔滨、福州、天津、长春、南宁。数据分析显示，我国 36 个大城市的汽车驾驶人与汽车保有量比例相对全国其他城市偏低，这与 36 个大城市的机动化发展水平相对较高具有一定关系。2018 年 36 个大城市汽车驾驶人数量与汽车保有量的比值如图 4-12 所示。

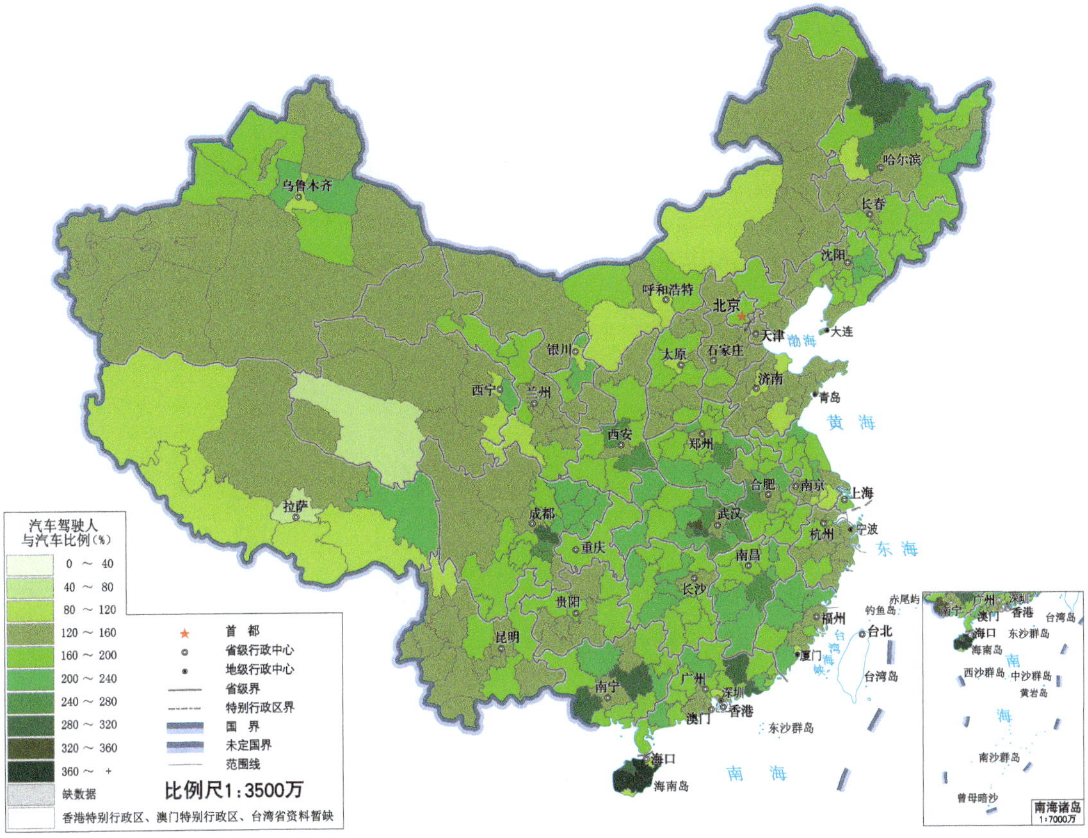

图4-11　2018年全国汽车驾驶人数量与汽车保有量比例分布图

注：数据来源于公安部交通管理局。

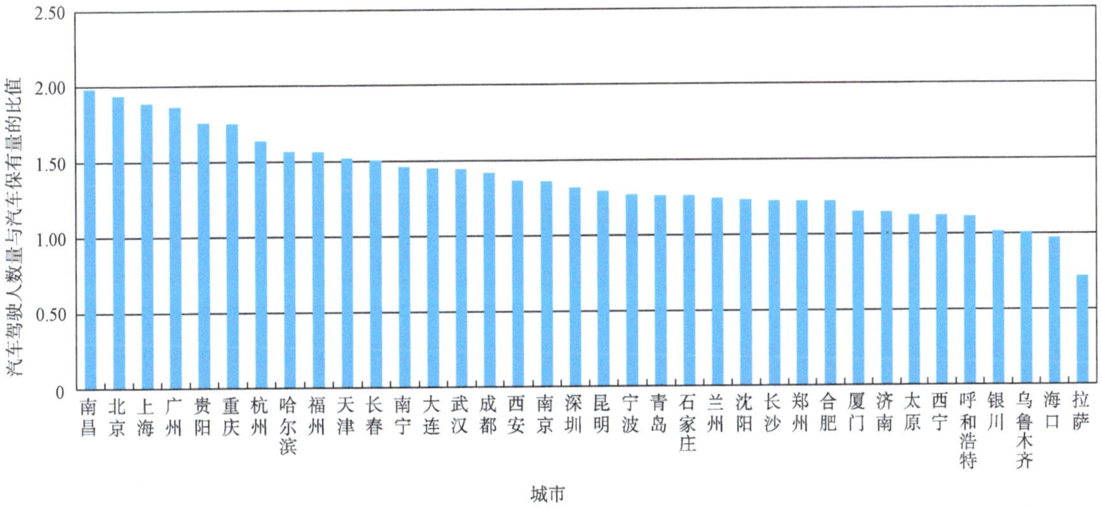

图4-12　2018年36个大城市汽车驾驶人数量与汽车保有量的比值

注：数据来源于公安部交通管理局。

三、大城市汽车驾驶人数量变化情况

2018 年，全国新增汽车驾驶人 2689.1 万人，同比增长了 7.9%。近 5 年来，我国汽车驾驶人增长了 1.50 亿人，总体增幅高达 68.9%，远高于机动车驾驶人的增幅（35.4%）。从增长率的变化趋势来看，2015 年之后增长率逐渐下降，这与机动车驾驶证考试政策的调整具有一定关系。2014 年以来全国汽车驾驶人年增长情况如图 4-13 所示。

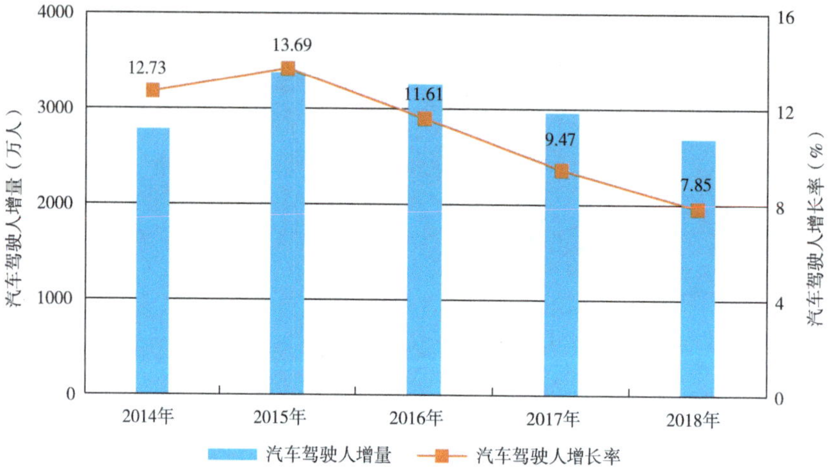

图4-13　2014年以来全国汽车驾驶人年增长情况

注：数据来源于公安部交通管理局。

2018 年，全国共有 79 个城市的汽车驾驶人增幅超过了 10 万人，与 2017 年相比减少了 13 个城市；有 30 个城市的增幅超过了 20 万人，与 2017 年相比减少了 2 个城市；有 8 个城市的增幅超过了 30 万人，与 2017 年相比减少了 2 个城市，汽车驾驶人增幅逐渐放缓，2018 年我国汽车驾驶人增幅超过 20 万人的城市见表 4-4。从地域分布来看，东部沿海区域人口密集城市的增幅相对高于西部地区城市，这与东部沿海区域人口较多有一定的关系。2018 年全国汽车驾驶人变化情况分布图如图 4-14 所示。

2018年我国汽车驾驶人增幅超过20万人的城市　　表4-4

类　型	城　市
增幅超过 30 万人的城市（8 个）	重庆、成都、深圳、苏州、清远、上海、广州、北京
增幅 20 万 ~30 万人的城市（22 个）	郑州、武汉、西安、惠州、东莞、南阳、昆明、杭州、周口、商丘、合肥、南宁、长沙、佛山、温州、石家庄、贵阳、泉州、天津、宁波、南京、临沂

2018 年，我国 36 个大城市中，有 19 个城市的汽车驾驶人数量同比增幅超过 20 万人，与 2017 年相比减少了 2 个城市；其中有 6 个城市的增幅超过了 30 万人，分别是：重庆最高为 68.4 万人，成都次之为 59.7 万人，深圳位居第三位为 45.4 万人，之后依次为上海 35.6 万人、广州 35.5 万人、北京 35.1 万人。2018 年我国 36 个大城市汽车驾驶人数量及增幅如图 4-15 所示。

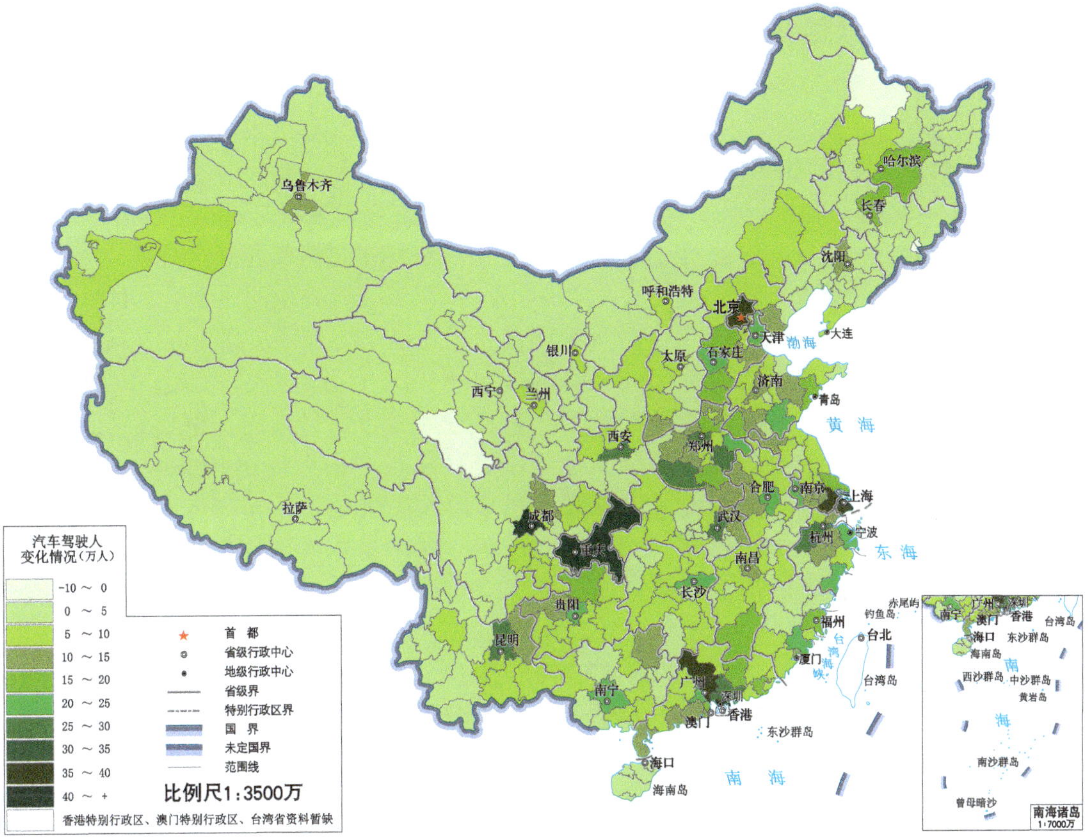

图4-14　2018年全国汽车驾驶人变化情况分布图

注：数据来源于公安部交通管理局。

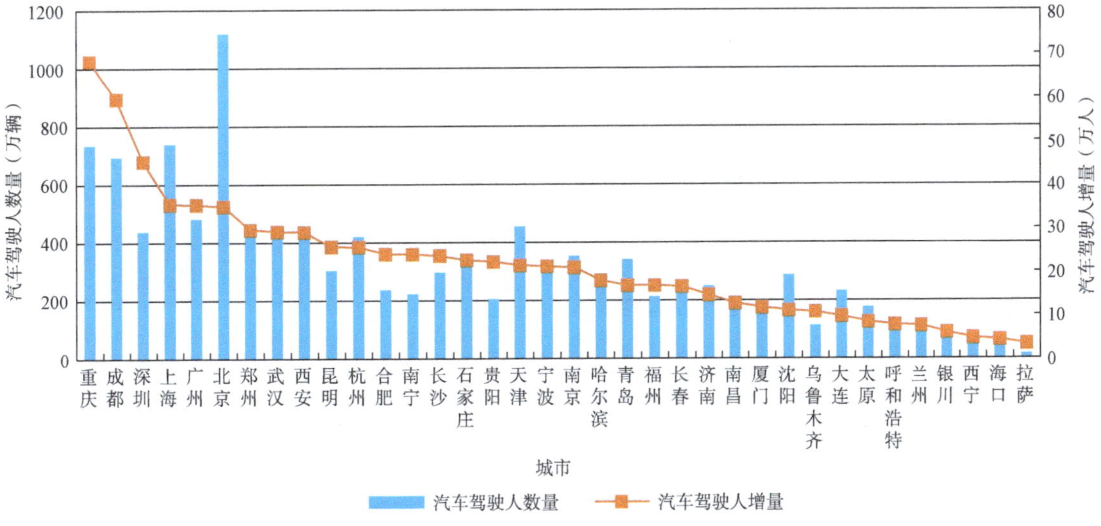

图4-15　2018年我国36个大城市汽车驾驶人数量及增幅

注：数据来源于公安部交通管理局。

第五章 城市道路交通管理执法

2018年，全国公安交通管理部门主动适应道路交通管理工作新形势、新变化，紧紧围绕“防风险、破难题、补短板”目标任务，以党的十九大安保为主题主线，大力开展道路交通安全整治，尤其在城市中及时查纠严重影响道路通行秩序和安全的交通违法行为，有力保障了道路交通安全畅通。

2018年，36个大城市道路交通违法查处量占全国总量的27.1%，查处量同比上升了11%，其中现场与非现场查处比例分别为20.7%和79.3%。36个大城市道路交通违法车均查处次数为2.2次/辆，同比上升0.1个百分点；道路交通人均违法查处次数为1.59次/人，同比上升0.1个百分点。

36个大城市道路交通执法根据现实情况呈现出不同的执法特点与倾向。例如武汉高度重视停车管理，不按规定停车违法行为查处量在道路交通违法查处总量中的占比达49.3%，重庆、西安、沈阳等12个城市查处占比也超过了30%；大连高度重视车道秩序管理，不按导向车道行驶违法行为查处量在道路交通违法查处总量中的占比达17.8%，青岛、成都查处占比均超过15%；南昌、南京、长沙高度重视交叉口通行秩序管理，机动车违反信号灯通行违法行为查处量在道路交通违法查处总量中的占比超过10%。同时，36个大城市加大对非机动车、行人交通秩序管理力度。2018年，36个大城市非机动车交通违法查处量同比上升了27.3%，其中，上海、杭州非机动车交通违法查处量超过100万起；36个大城市行人交通违法查处量同比上升了6.1%，其中，上海行人交通违法查处量超过50万起。

第一节 道路交通违法查处总体情况

2018年，全国道路交通违法查处总量同比增长了6.6%，其中现场与非现场查处比例分别为25.6%和74.4%。城市道路交通违法查处量占全国总量的82.8%，查处量同比上升了11%，其中现场与非现场查处比例分别为20.1%和79.9%，非现场查处率仍有小幅提升（图5-1）。

图5-1 2018年全国及城市道路交通违法现场和非现场查处情况

注：数据来源于公安部交通管理局。

2018年，全国36个大城市道路交通违法查处量占全国总量的27.1%，查处量同比上升了11%，其中现场与非现场查处比例分别为20.7%和79.3%。道路交通违法查处量排名前五的城市依次为北京（1314.5万起）、上海（1241.5万起）、成都（1064.8万起）、武汉（1005.1万起）和杭州（962.5万起），而拉萨、西宁、海口、南宁等城市的查处量不足100万起（图5-2）。

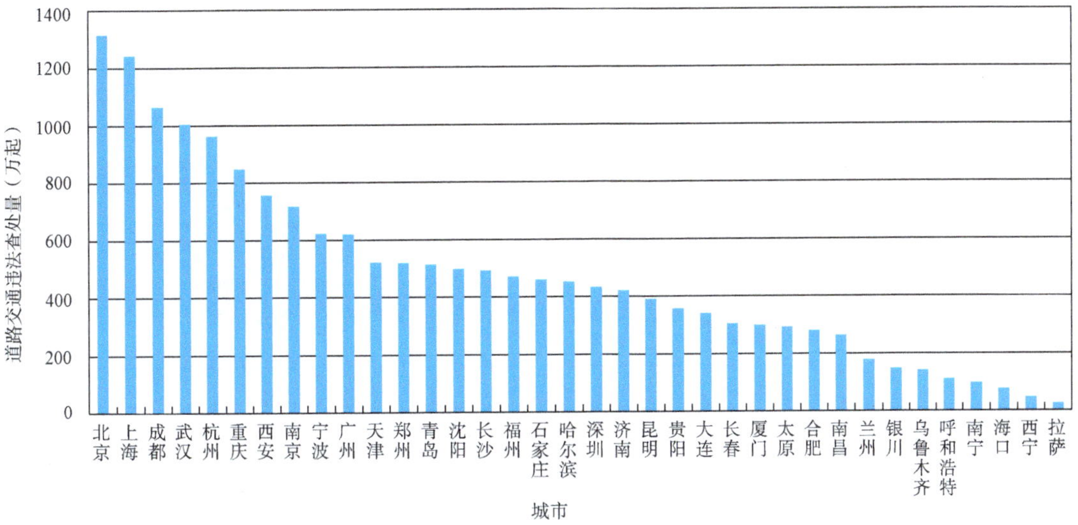

图5-2　2018年全国36个大城市道路交通违法查处量情况

注：数据来源于公安部交通管理局。

一、道路交通违法行为查处情况

2018年，全国道路交通违法查处量排名前十的违法行为依次为不按规定停车（17%）、超速行驶（13.1%）、违反禁令标志指示（11.5%）、违反禁止标线指示（8.5%）、不按导向车道行驶（6.5%）、驾驶机动车违反道路交通信号灯通行（5.3%）、驾驶人未按规定使用安全带（3.4%）、不按规定车道行驶（2.3%）、逆向行驶（2.2%）、人行道不停车让行（2.1%，首次进入违法前十）（图5-3）。在超速行驶违法行为中，最主要的两类违法是驾驶中型以上载客载货汽车、校车、危险物品运输车辆以外的其他机动车行驶超过规定时速10%以上未达20%，以及驾驶中型以上载客载货汽车、校车、危险物品运输车辆以外的其他机动车行驶超过规定时速20%以上未达到50%的，两者占所有超速行驶的80%。

二、道路交通违法现场查处情况

2018年，全国道路交通违法现场查处量同比上升5.1%，现场查处比例同比下降了0.6个百分点。从违法种类看，现场查处量占比位列前五位的违法行为依次为不走非机动车道（9%）、变更车道影响其他车辆行驶（5.2%）、违反禁令标志指示（5%）、驾驶人未按规定使用安全带的（4.6%）、不按规定停车（4.2%）（图5-4）。

2018年，全国36个大城市道路交通违法现场查处量同比上升7.6%，现场查处比例同比下降了0.9个百分点（图5-5）。

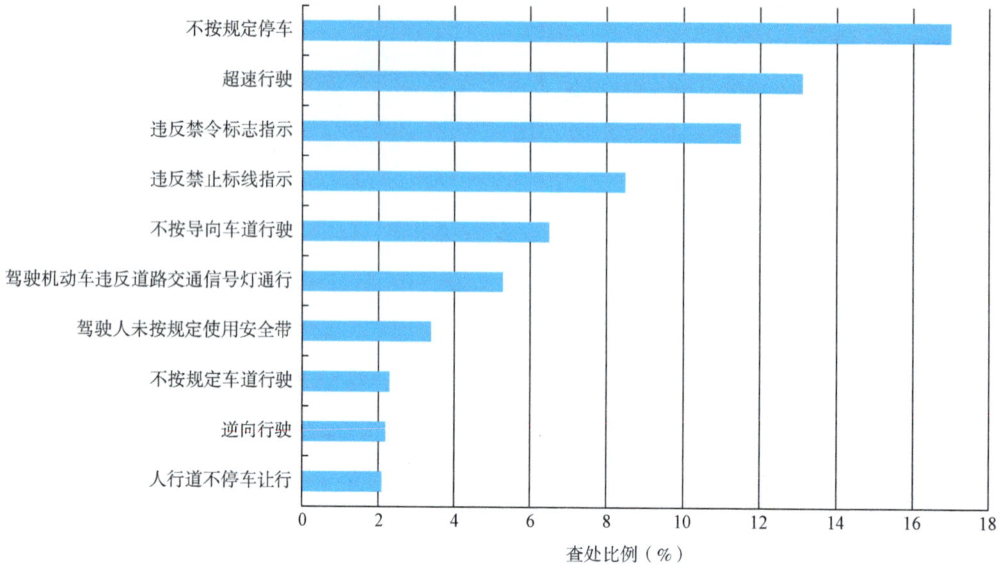

图5-3　2018年全国查处的道路交通主要违法行为占比情况

注：数据来源于公安部交通管理局。

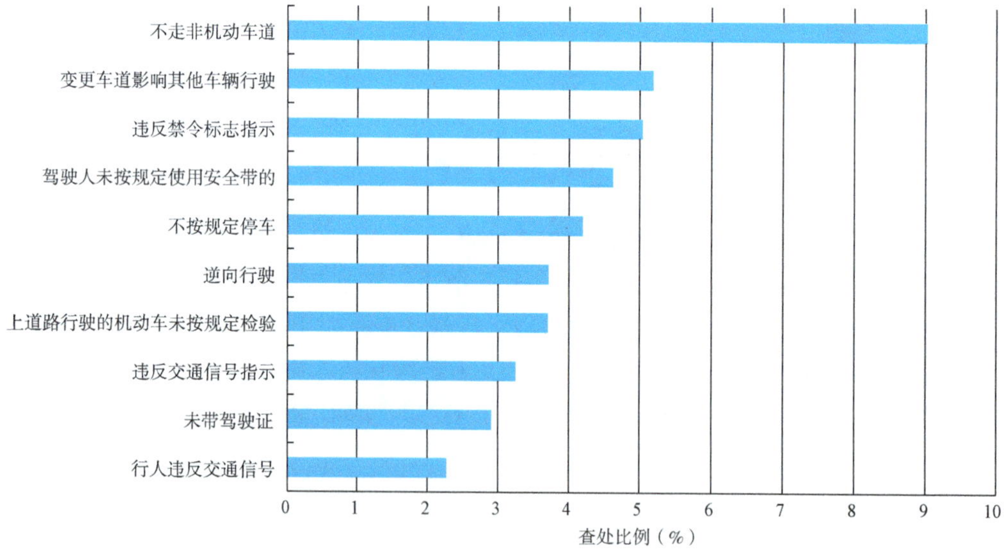

图5-4　2018年全国现场查处的主要道路交通违法行为占比情况

注：数据来源于公安部交通管理局。

道路交通违法现场查处比例前五位的城市依次为乌鲁木齐（56.5%）、上海（51.2%）、南宁（45.2%）、深圳（43.3%）、呼和浩特（42.1%），上海和深圳是超大城市中现场查处比例较高的城市，而沈阳、长沙、大连等城市的现场查处比例不足10%（图5-6）。

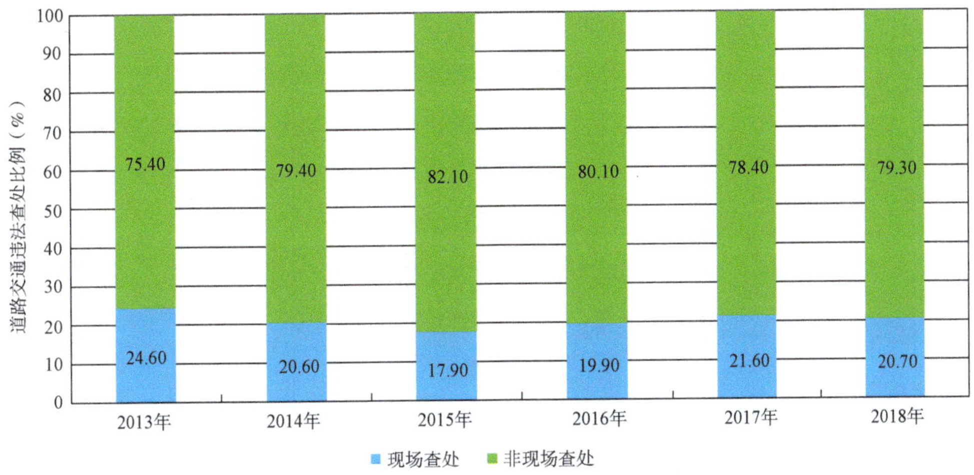

图5-5 2013年以来全国36个大城市道路交通违法现场和非现场查处情况

注：数据来源于公安部交通管理局。

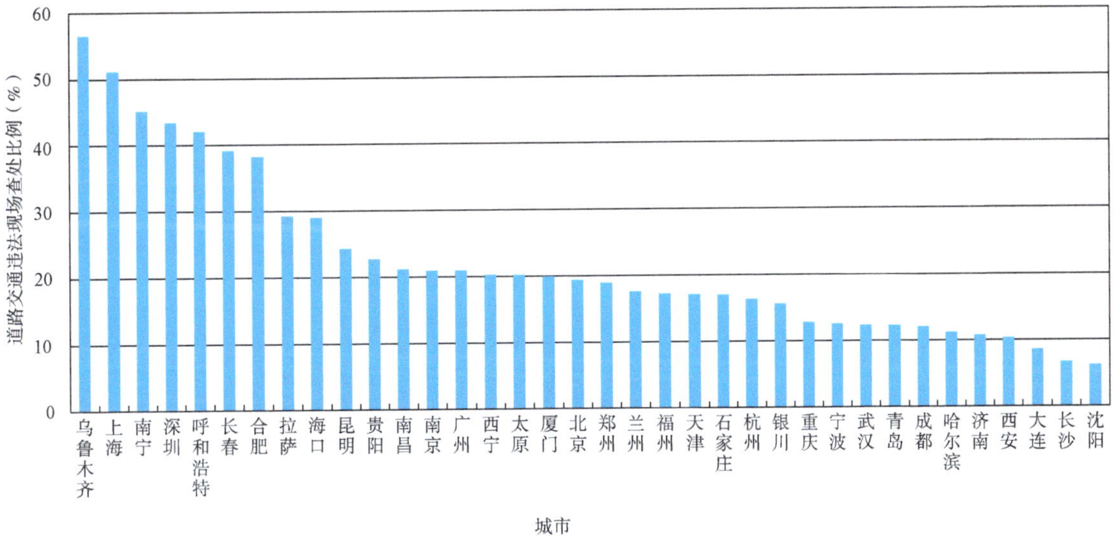

图5-6 2018年全国36个大城市道路交通违法现场查处比例情况

注：数据来源于公安部交通管理局。

三、道路交通违法非现场查处情况

2018年，全国道路交通违法非现场查处量同比上升11.6%，非现场查处比例同比上升了0.6个百分点。从违法种类看，非现场查处比例位列前五位的违法行为依次为不按规定停车（20.3%），违反禁令标志指示（13.4%），违反禁止标线指示（10.5%），不按导向车道行驶（8.2%），驾驶中型以上载客载货汽车、危险物品运输车辆以外的其他机动车行驶超过规定时速10%未达20%（7.4%）（图5-7）。

2018年，全国36个大城市道路交通违法非现场查处量同比上升13.4%，非现场查处比例同比上升了0.9个百分点，达到79.3%。在非现场比例下降方面，长春、乌鲁木齐、南宁、长沙、哈尔滨等城市有大幅下降，均超过10%，而南昌、呼和浩特等城市非现场查处比例则大幅上升，也超过10%，而北京、上海等城市基本持平（图5-8）。

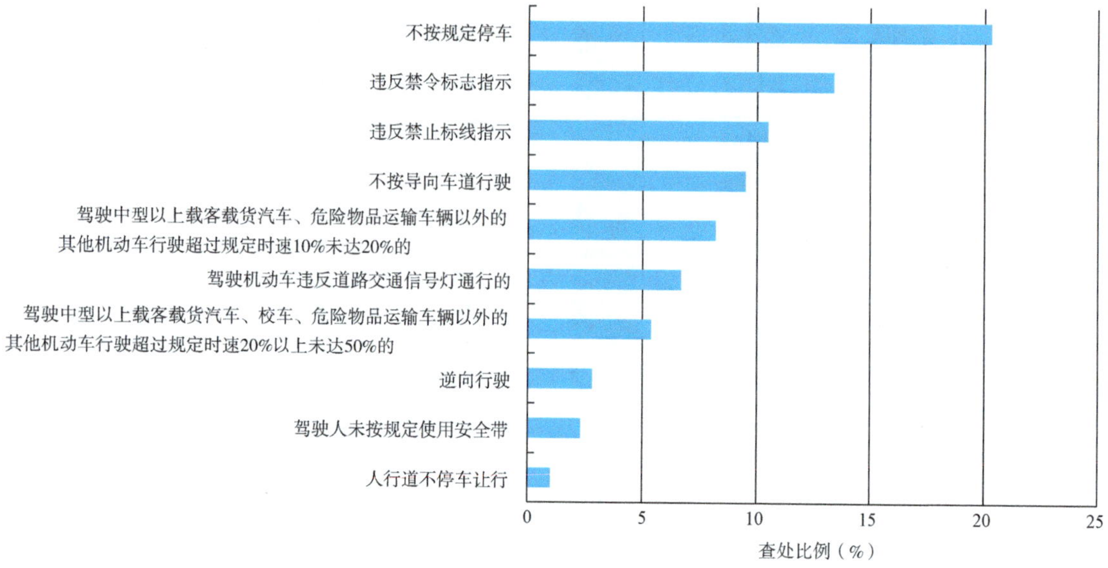

图5-7　2018年全国非现场查处的主要道路交通违法行为占比情况

注：数据来源于公安部交通管理局。

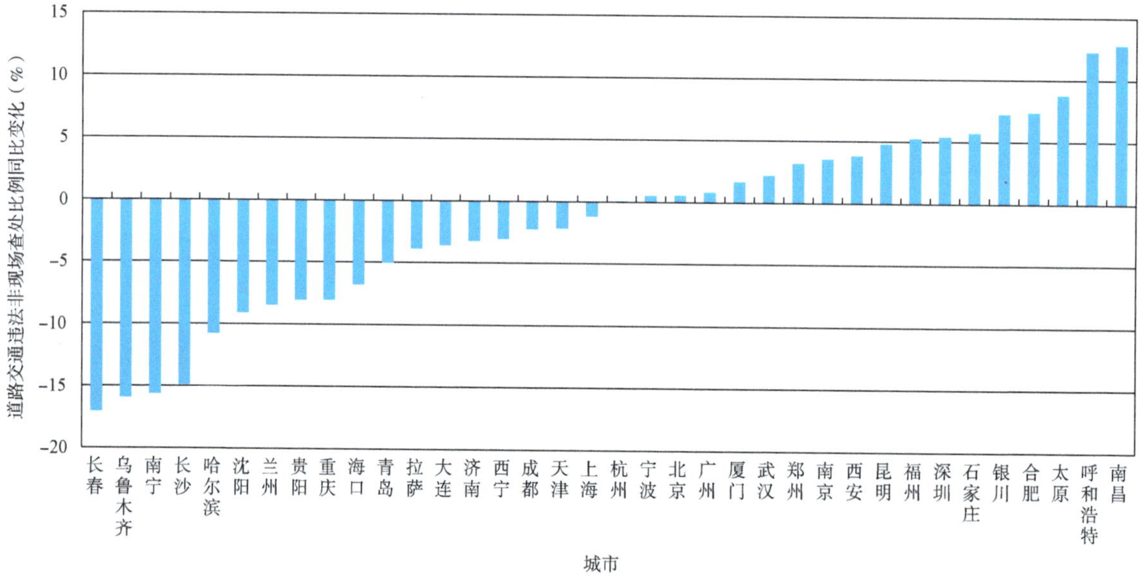

图5-8　2018年全国36个大城市道路交通违法非现场查处比例同比变化情况

注：数据来源于公安部交通管理局。

四、非机动车和行人交通违法查处情况

2018年，全国机动车交通违法查处量占全部查处量的92%，同比上升0.5个百分点；非机动车交通违法查处量占全部查处量的4.7%，同比下降0.3个百分点；行人交通违法查处量占全部查处量的2%，同比下

降0.1个百分点；其他交通违法查处量占全部查处量的1.3%。总的来看，非机动车和行人查处量均有小幅回落（图5-9）。

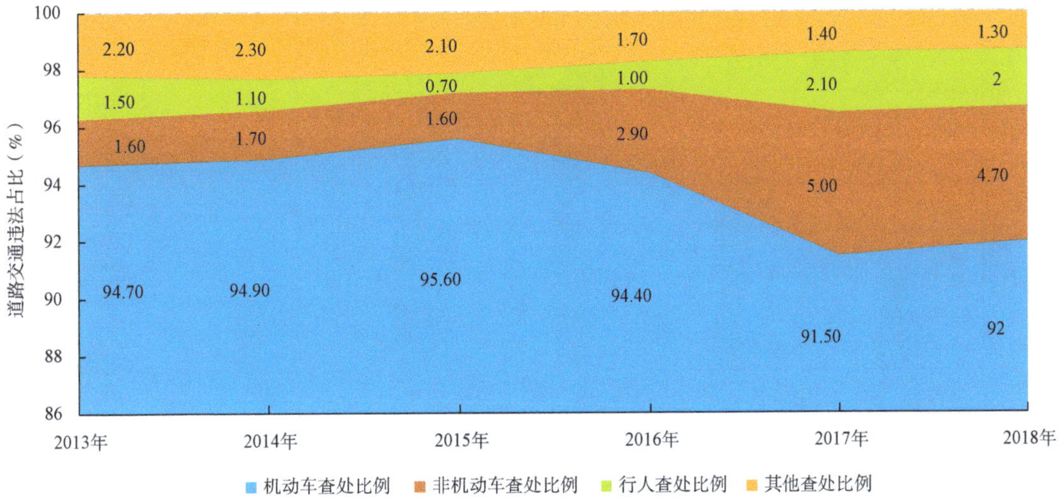

图5-9　近6年各类交通参与者道路交通违法查处占比情况

注：数据来源于公安部交通管理局。

五、采取强制措施和处罚手段情况

2018年，全国查处道路交通违法过程中同时采取强制措施比例为2.5%，同比上升0.1个百分点。其中针对机动车的道路交通违法查处中，扣留机动车比例为1.8%、扣留驾驶证比例为0.2%、拖移机动车比例为0.2%、血液检查比例为0.041%、收缴非法物品比例为0.012%。

在处罚手段方面，罚款占95.2%，警告占4.2%，暂扣、吊销驾驶证和行政拘留各占0.1%。

第二节　机动车道路交通违法查处情况

2018年，全国机动车道路交通违法查处总量同比上升14.1%，车均违法查处次数为2.13次/辆。其中大型中型客车车均违法查处0.99次/辆，小型微型客车车均违法查处2.69次/辆，重型中型货车车均违法查处4.01次/辆，轻型微型货车车均违法查处2次/辆，挂车车均违法查处0.8次/辆，摩托车车均违法查处0.24次/辆，除轻型微型货车和摩托车外，较2017年均有一定程度下降（图5-10）。

2018年，全国36个大城市机动车交通违法查处量位列前五位的城市依次为北京（1412.1万起）、成都（1268.5万起）、杭州（1261.6万起）、武汉（1182.8万起）、上海（1077.6万起），而拉萨、西宁等城市的查处量不足100万起（图5-11）。

2018年，全国36个大城市道路交通违法车均查处次数为2.2次/辆，同比上升0.1个百分点。车均违法查处次数位列前五的城市依次为杭州（4.4次/辆）、武汉（3.8次/辆）、福州（3.5次/辆）、南昌（3.2次/辆）和贵阳（2.8次/辆），而南宁、西宁等城市的车均违法查处次数不足1次/辆（图5-12和图5-13）。

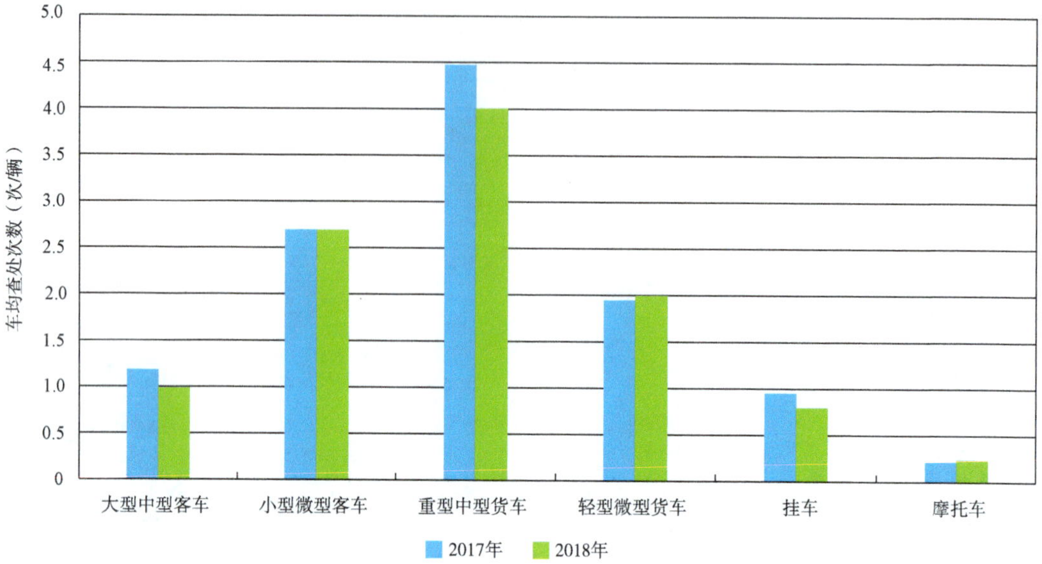

图5-10　2017—2018年全国机动车道路交通违法不同类型车均查处次数情况

注：数据来源于公安部交通管理局。

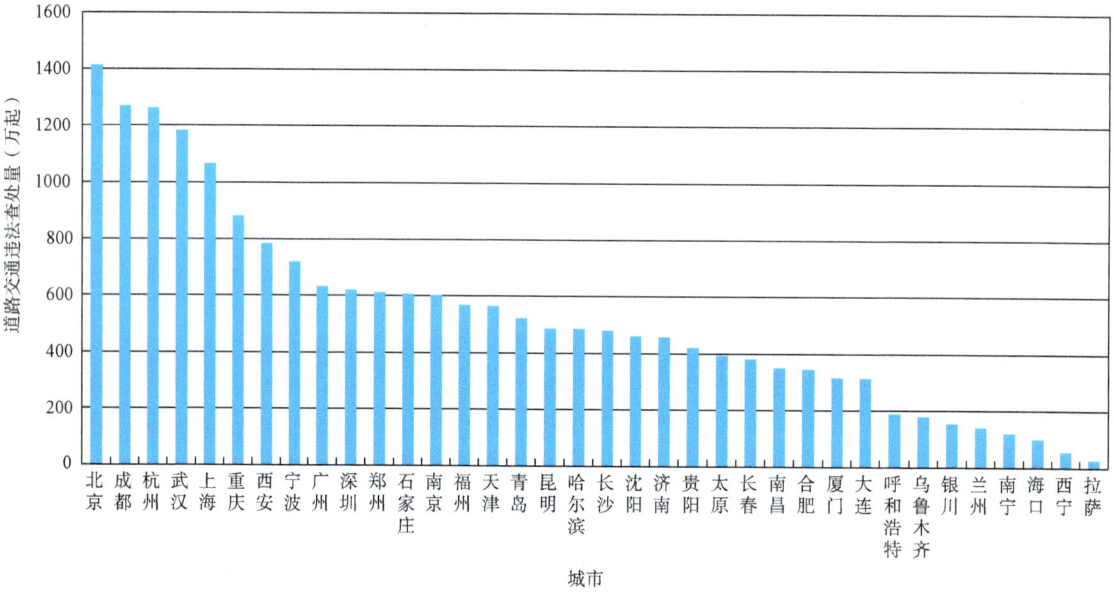

图5-11　2018年全国36个大城市机动车道路交通违法查处量情况

注：数据来源于公安部交通管理局。

2018年，全国机动车道路交通违法人均查处次数为1.72次/人，下降0.13个百分点。其中男性机动车驾驶人人均违法查处1.72次/人、女性机动车驾驶人人均违法查处1.17次/人；驾龄1年以内的驾驶人人均违法查处2.33次/人，驾龄1~5年的驾驶人人均违法查处1.21次/人，驾龄6~10年的驾驶人人均违法查处1.62次/人，驾龄10年以上的驾驶人人均违法查处1.74次/人。

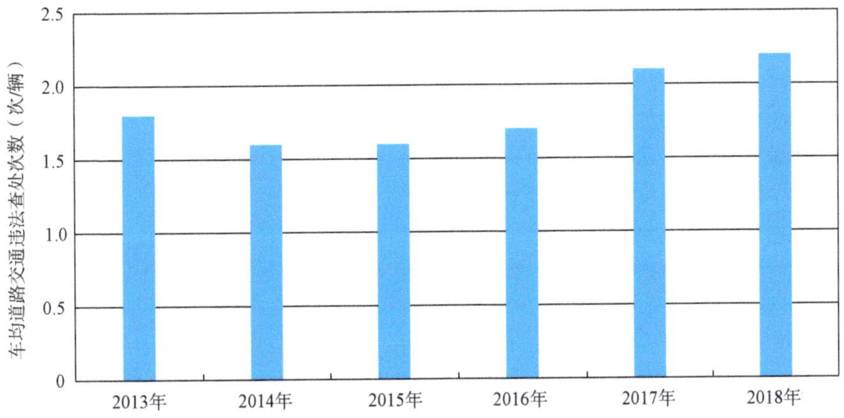

图5-12 近6年全国36个大城市车均道路交通违法查处次数情况

注：数据来源于公安部交通管理局。

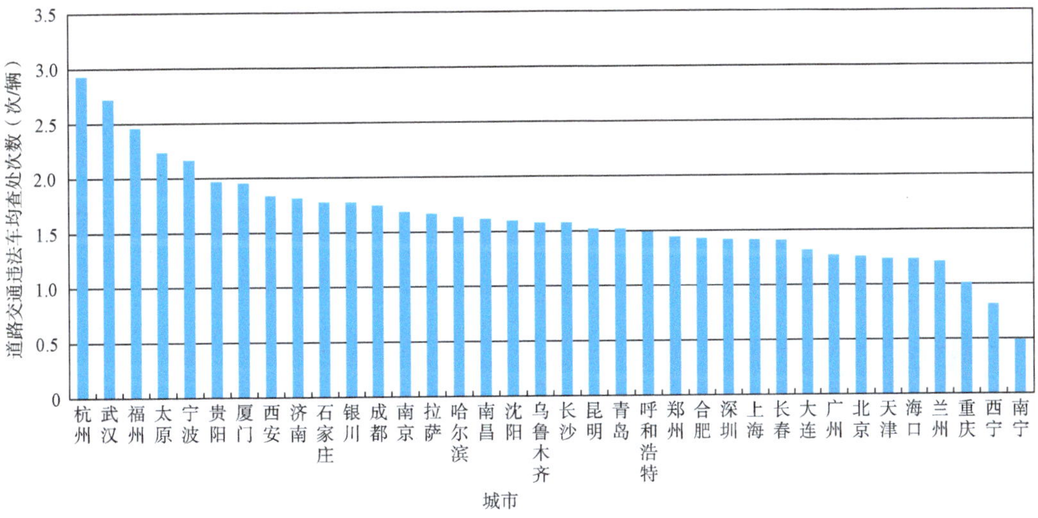

图5-13 2018年全国36个大城市机动车道路交通违法车均查处次数情况

注：数据来源于公安部交通管理局。

2018年，全国36个大城市机动车道路交通人均违法查处次数为1.59次/人，同比上升0.1个百分点。人均违法查处次数位列前五的城市依次为杭州（2.9次/人）、武汉（2.7次/人）、福州（2.5次/人）、太原（2.2次/人）和宁波（2.2次/人），而南宁、西宁等城市的人均违法查处次数不足1次/人（图5-14）。

一、大城市机动车交通违法行为查处情况

2018年，全国36个大城市机动车道路交通违法查处比例最高的是不按规定停车，占所有查处总量的24.3%，保持持平。其后依次为违反禁令标志指示（14.2%）、违反禁止标线指示（10.6%）、不按导向车道行驶（6.5%）、机动车违反信号灯通行（4.1%）、超速行驶（2.4%）。

36个大城市中，对各项机动车道路交通违法查处重点也不尽相同。如查处比例最高的不按规定停车违法行为，武汉对此违法行为查处比例高达49.3%，西宁、拉萨、重庆、西安、沈阳、南昌、呼和浩特、青

岛、郑州、海口、哈尔滨、北京等城市也超过了30%，而深圳、厦门、宁波、昆明、银川、杭州等城市的比例不足10%（图5-15），由此也可以发现不同城市不同的执法特点与倾向。

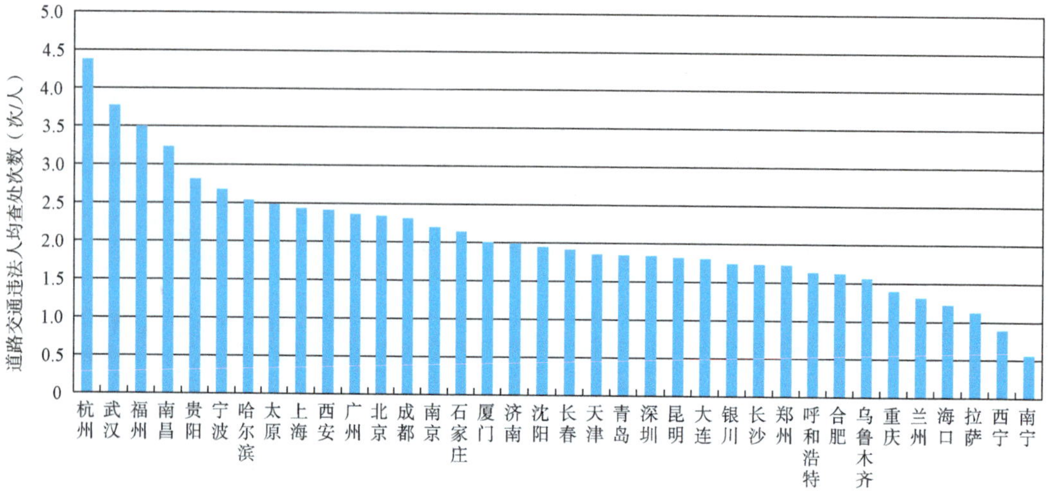

图5-14　2018年全国36个大城市机动车道路交通违法人均查处次数情况

注：数据来源于公安部交通管理局。

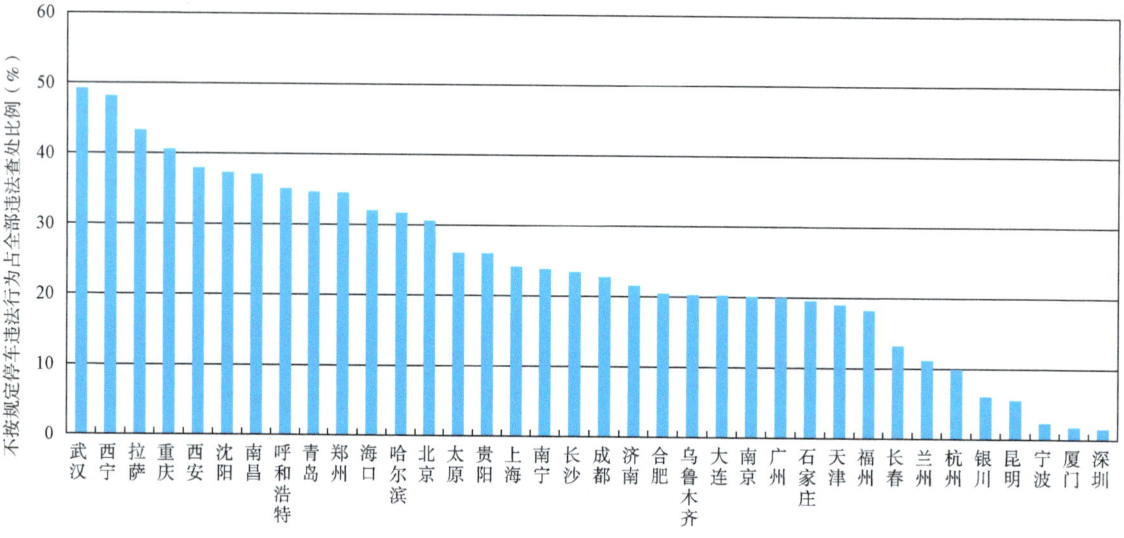

图5-15　2018年全国36个大城市查处不按规定停车违法行为占全部机动车道路交通违法查处比例情况

注：数据来源于公安部交通管理局。

在查处违反禁令标志指示违法行为中，兰州、昆明的比例超过37%，广州、福州、银川的比例均超过20%，而深圳、大连、沈阳、厦门、拉萨、武汉等城市的比例不足5%（图5-16）。

在查处违反禁止标线指示违法行为中，银川的比例高达22.5%，西宁、天津、哈尔滨、长沙、昆明、成都、福州、石家庄、上海的比例均超过15%，而沈阳、呼和浩特、贵阳、大连等城市的比例不足2%（图5-17）。

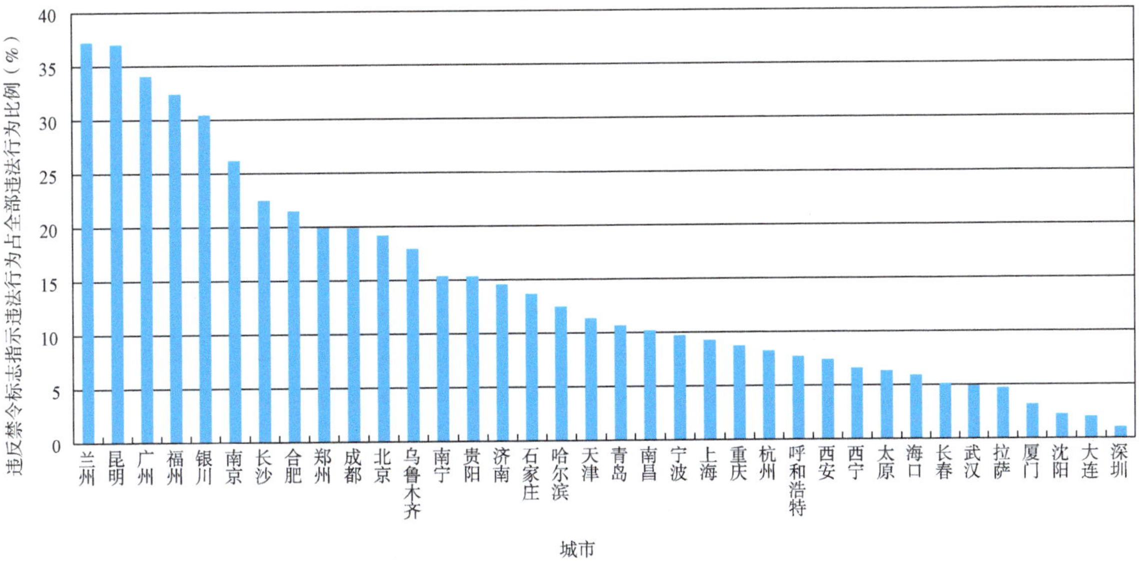

图5-16　2018年全国36个大城市查处违反禁令标志指示违法行为占全部机动车道路交通违法查处比例情况

注：数据来源于公安部交通管理局。

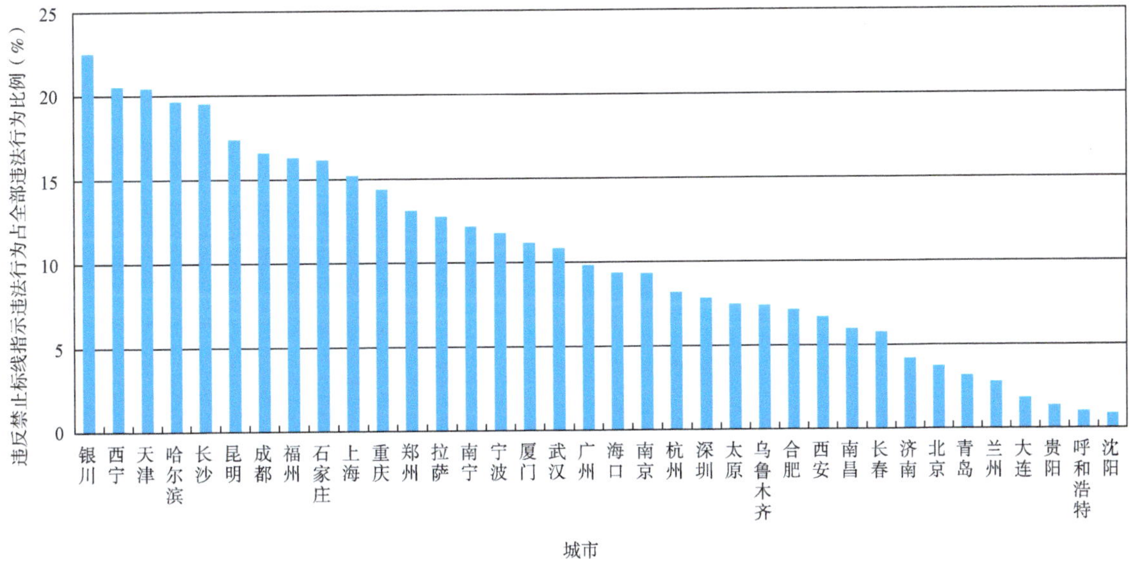

图5-17　2018年全国36个大城市查处违反禁止标线指示违法行为占全部机动车道路交通违法查处比例情况

注：数据来源于公安部交通管理局。

在查处不按导向车道行驶违法行为中，大连的比例高达17.8%，青岛、成都的比例均超过15%，而北京、沈阳、深圳等城市的比例不足1%（图5-18）。

在查处机动车违反信号灯通行违法行为中，南昌、南京和长沙的比例超过10%，而西安、厦门、深圳等城市的比例不足1%（图5-19）。

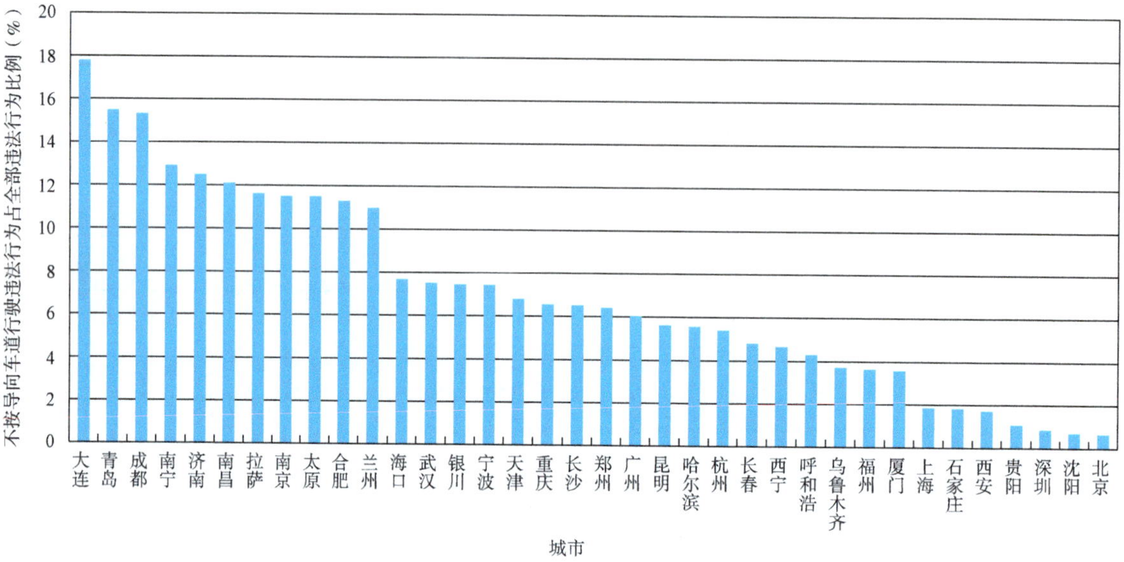

图5-18　2018年全国36个大城市查处不按导向车道行驶违法行为占全部机动车道路交通违法查处比例情况

注：数据来源于公安部交通管理局。

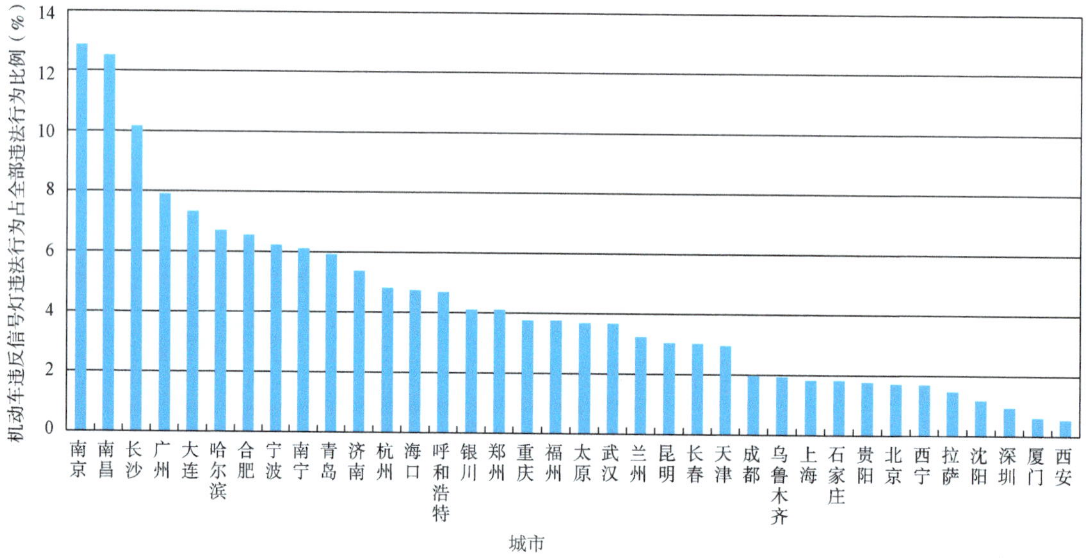

图5-19　2018年全国36个大城市查处机动车违反信号灯违法行为占全部机动车道路交通违法查处比例情况

注：数据来源于公安部交通管理局。

在查处超速行驶违法行为中，大连的比例高达9.8%，而昆明、哈尔滨、长春、郑州等城市的比例不足1%（图5-20）。

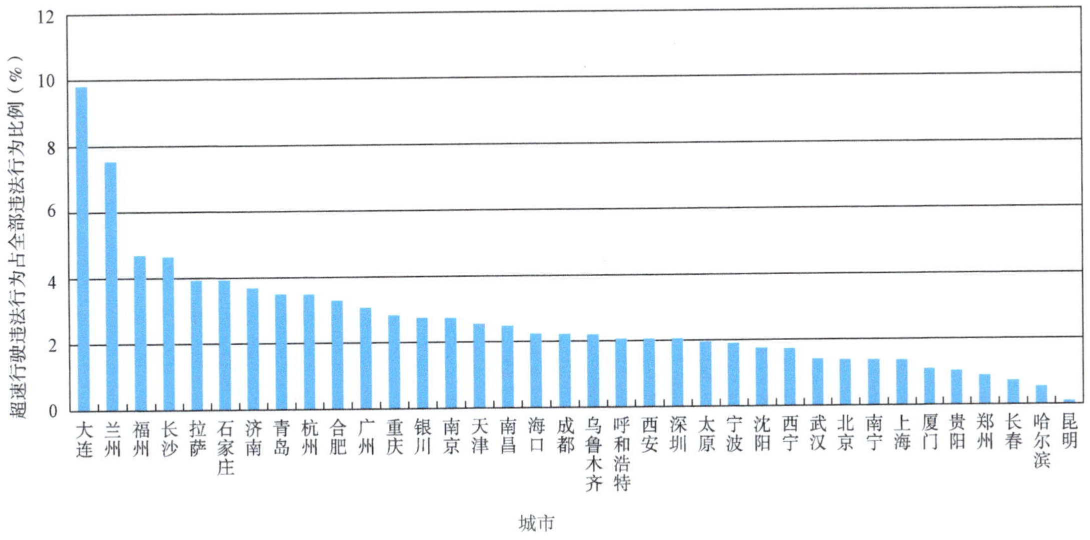

图5-20　2018年全国36个大城市查处超速行驶违法行为占全部机动车道路交通违法查处比例情况

注：数据来源于公安部交通管理局。

二、大城市机动车道路交通违法记分情况

2018年，全国道路交通违法记分总量占违法查处总量的50.7%，同比持平，其中一次记3分占比最大，为58.8%，同比上升3.8个百分点，其余分别为一次记6分、一次记2分、一次记1分和一次记12分（图5-21）。

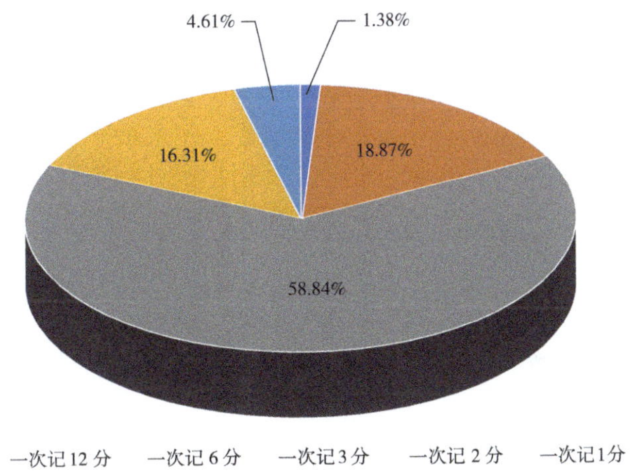

图5-21　2018年全国道路交通违法记分分布情况

注：数据来源于公安部交通管理局。

2018年，全国非现场道路交通违法记分率为80.4%，同比上升7.9个百分点，上升10.9%（图5-22）。

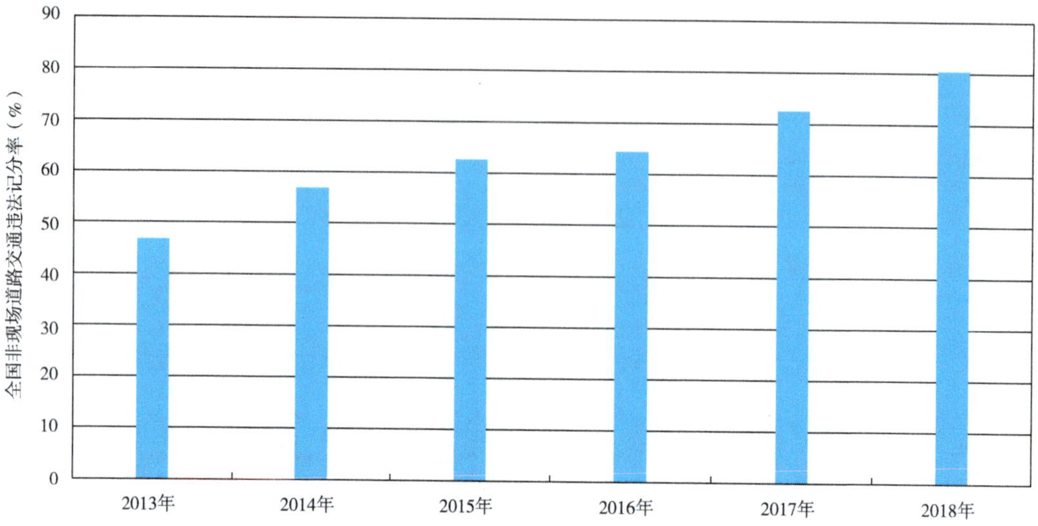

图5-22 近6年全国非现场道路交通违法记分率情况

注：数据来源于公安部交通管理局。

2018年，全国36个大城市非现场道路交通违法记分率为85.3%，其中记分率95%以上的城市24个，福州、昆明、郑州、南昌、厦门等城市的非现场道路交通违法记分率不足50%（图5-23）。

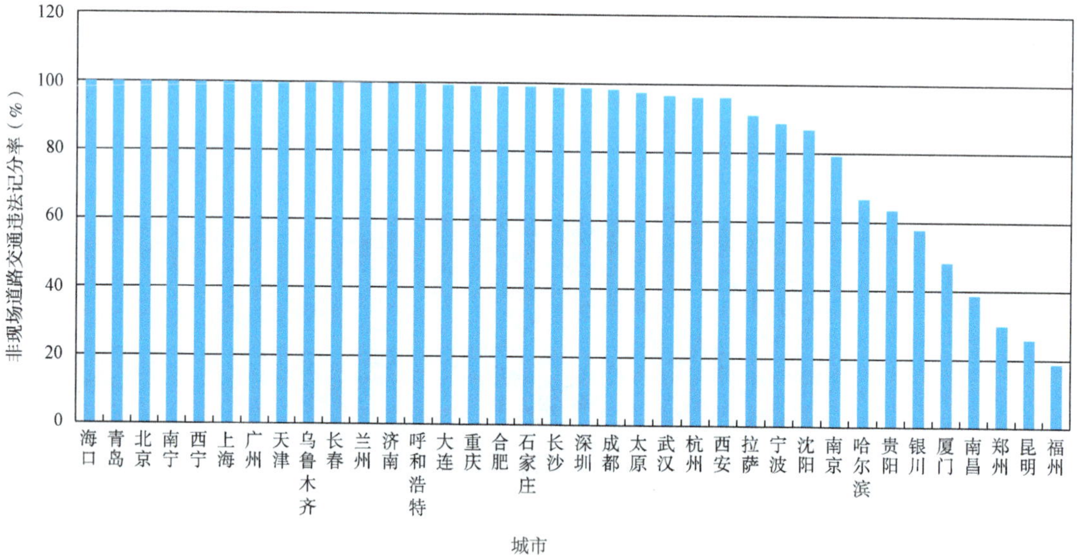

图5-23 2018年全国36个大城市非现场道路交通违法记分率情况

注：数据来源于公安部交通管理局。

2018年，全国36个大城市机动车交通违法车均记分量为0.74分/辆。其中广州最高，为1.47分/辆，杭州、成都、武汉、长沙、南京、济南、宁波均超过了1分/辆，而厦门、郑州、沈阳、深圳、南宁的城市的机动车交通违法车均记分量不足0.3分/辆（图5-24）。

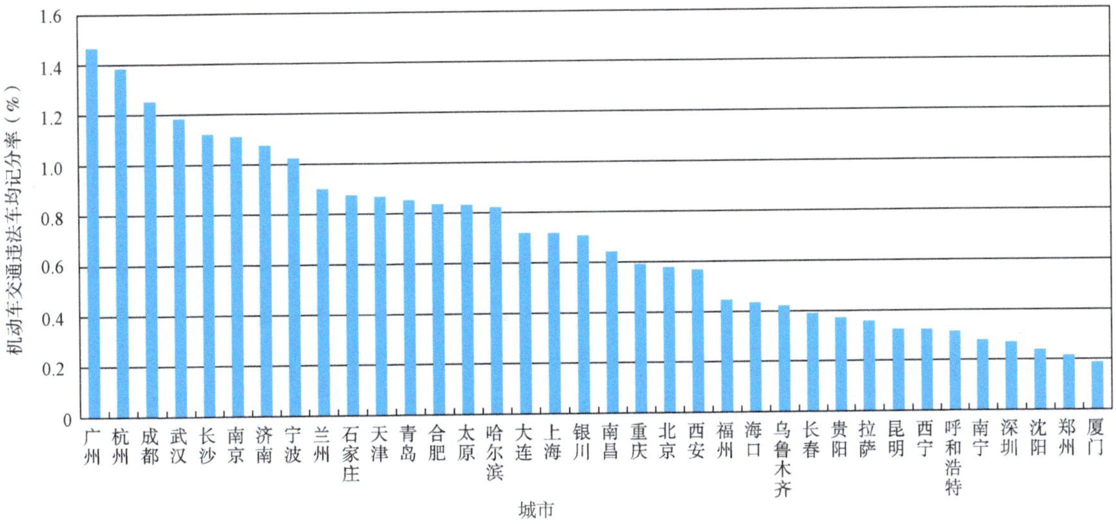

图5-24　2018年全国36个大城市机动车道路交通违法车均记分量情况

注：数据来源于公安部交通管理局。

三、机动车重点道路交通违法行为查处情况

1. 大城市酒驾、醉驾查处量

2018年全国共查处酒驾（含酒后驾驶、醉酒驾驶）146.2万起，其中醉驾29.9万起，查处毒驾1.2万起，同比分别上升14.4%、28.4%和11.7%。其中36个大城市共查处酒驾23.5万起，同比上升4.4%，其中醉驾7万起，同比上升25%，醉驾比例为23%，其中乌鲁木齐、沈阳、深圳、西宁的醉驾比例高于40%，而贵阳、成都、南宁、太原等城市的醉驾比例低于20%（图5-25）。在车均酒驾查处方面，广州、石家庄、昆明、贵阳、深圳、哈尔滨、太原、青岛万车酒驾查处量高达40起/万辆以上，而西宁、上海、海口、银川、天津等城市的万车酒驾查处量不足15起/万辆（图5-26）。

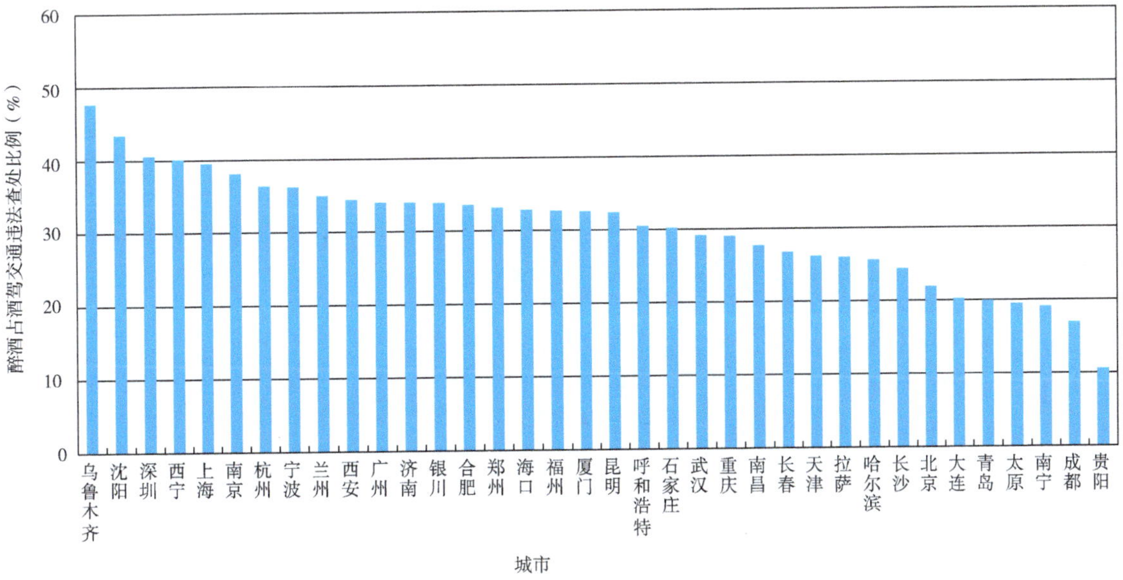

图5-25　2018年全国36个大城市醉驾占酒驾道路交通违法查处比例情况

注：数据来源于公安部交通管理局。

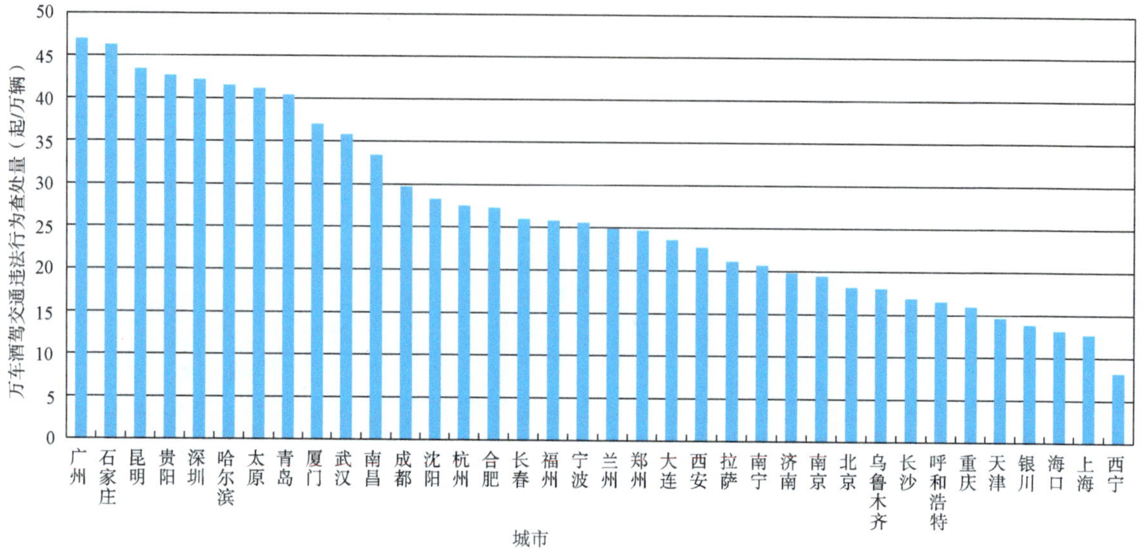

图5-26　2018年全国36个大城市万车酒驾道路交通违法行为查处量情况

注：数据来源于公安部交通管理局。

2. 大城市不礼让行人违法查处量

2018年，全国共查处不礼让行人（行经人行横道未减速行驶、遇行人正在通过人行横道未停车让行、行经没有人行横道的路口遇行人横过道路未避让）1470.9万起，同比增长62.7%。在车均不礼让行人查处方面，济南、太原、福州、宁波、西安的万车查处量均在1000起/万辆以上，而厦门、拉萨、北京等城市的万车查处量不足10辆（图5-27）。

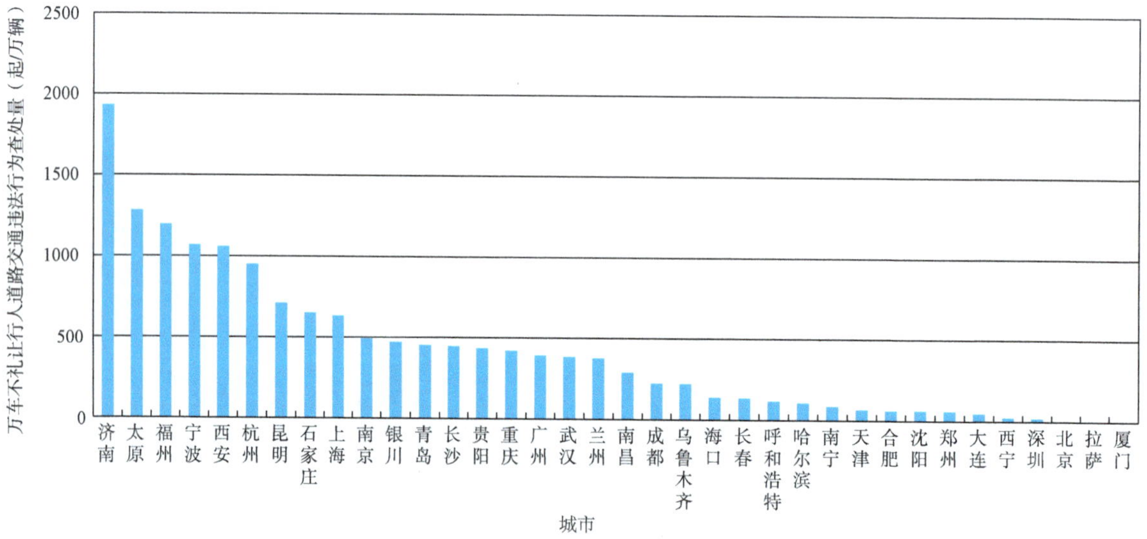

图5-27　2018年全国36个大城市万车不礼让行人道路交通违法行为查处量情况

注：数据来源于公安部交通管理局。

3. 大城市其他重点交通违法查处量

2018年，在查处假牌套牌方面，全国共查处13万起，其中查处假牌2.6万起、套牌10.4万起，分别同比上升15.2%、17.3%。在查处“两客一危一货”“校车”交通违法方面，全国共查处公路客运、旅游客运、危化品运输车、货车、校车等重点车辆交通违法1.2亿起，同比上升8%。在查处“超员”方面，全国共查处71.4万起，同比上升29%，在查处超载方面，全国共查处163.1万起，同比上升43%。在查处逾期未年检方面，全国共查处601.7万起，同比上升15.8%。

第三节 非机动车道路交通违法行为查处情况

2018年，全国共查处非机动车道路交通违法行为3345万起，同比增长44.2%，其中36个大城市查处1215.1万起，占全国36.3%。深圳行政拘留629人，占36个大城市非机动车交通违法拘留人数的75.5%。在全国36个大城市查处的非机动车交通违法行为中，不走非机动车车道违法行为占比最大（24%），其余查处量占比位列前五位的非机动车交通违法依次为非机动车逆向行驶（12%）、非机动车违反交通信号指示（10.3%）、非机动车不靠右侧行驶（1%）、非机动车不服从指挥（0.5%）。

2018年，全国36个大城市非机动车交通违法查处量位列前五位的城市依次为上海（311.6万）、杭州（172.7万）、福州（97.8万）、南京（64万）、南昌（59.4万），而呼和浩特、长沙等城市的查处量不足1000起（图5-28）。

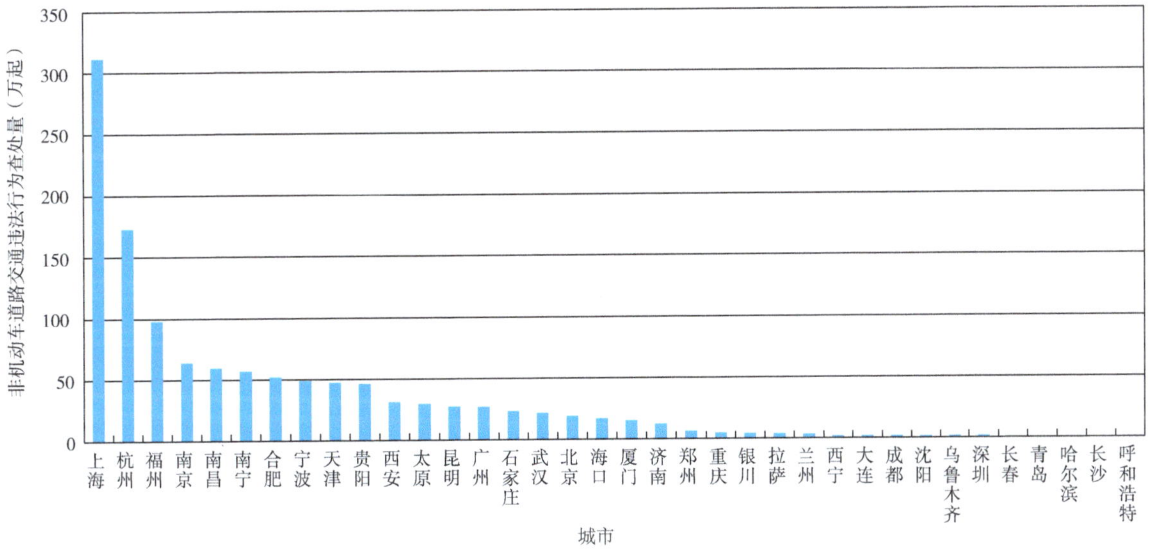

图5-28 2018年全国36个大城市非机动车道路交通违法查处量情况

注：数据来源于公安部交通管理局。

第四节 行人交通违法行为查处情况

2018年，全国共查处行人交通违法行为1398.1万起，同比增加46.7%，其中36个大城市查处193.2万起，占全国13.8%。在全国36个大城市查处行人交通违法行为中，查处量占比位列前五位的违法行为依次为行人违反交通信号灯（29.2%）、行人不在人行道内行走（22.2%）、横过马路未走人行横道（8%）、行人不服从交通警指挥（2.9%）、不按规定横过机动车道（0.5%）。

2018年，全国36个大城市查处行人交通违法查处量位列前五位的城市依次为上海（53.6万）、南京（19.7万）、重庆（18.5万）、西安（15.2万）、北京（15.1万），而呼和浩特、拉萨、海口等城市的查处量不足1000起（图5-29）。

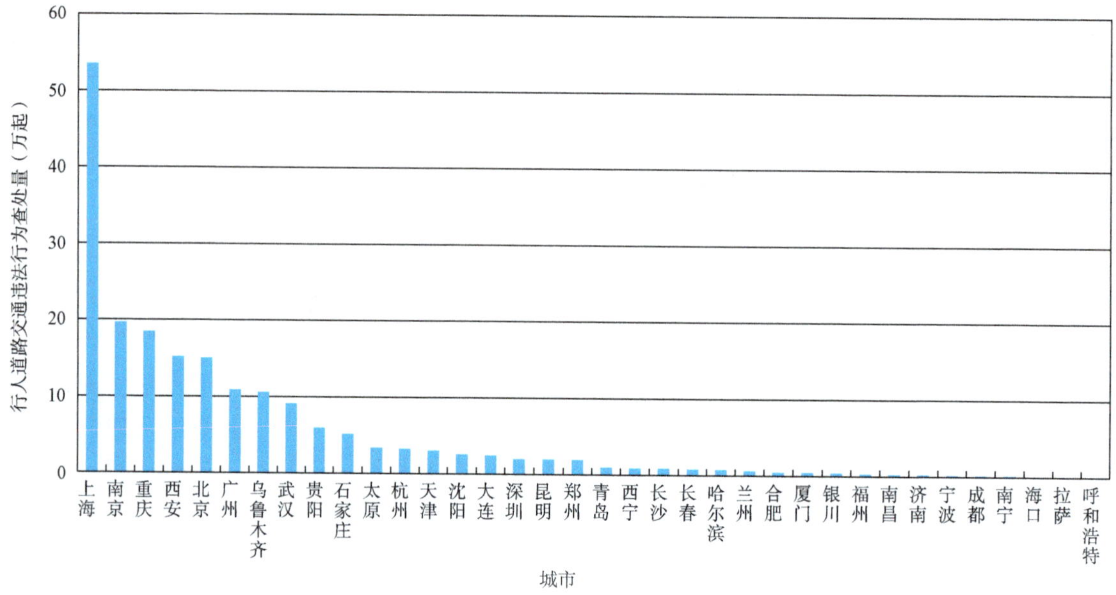

图5-29　2018年全国36个大城市行人道路交通违法查处量情况

注：数据来源于公安部交通管理局。

第六章　城市道路交通安全

全国36个大城市道路交通事故同比出现较大增幅。与全国道路交通事故变化趋势相同，2018年，全国36个大城市道路交通事故总量达到6.5万起，同比增长了13.9%，出现了自2011年以来的最大增幅。36个大城市的城市道路交通事故起数出现小幅增长，但增速远低于全国平均水平。2018年，36个大城市的城市道路交通事故总量超过3.8万起，同比增长了6.55%，增速不足全国城市道路交通事故总量增速的1/4。同时，36个大城市的城市道路交通事故起数在全国城市道路交通事故总量中的占比达31.55%，相比2017年下降了超过6个百分点。可见，在全国城市道路交通事故量出现反弹的形势下，36个大城市的城市道路交通事故得到了较好的控制。

全国36个大城市的城市道路交通事故伤亡人数已经超过全国城市道路交通事故伤亡人数总量的1/3。其中，36个大城市的城市道路交通事故死亡人数在全国城市道路交通事故死亡人数总量中的占比达35.1%，城市道路交通事故受伤人数在全国城市道路交通事故受伤人数总量中的占比达34.6%。综合10万人口死亡率和万车死亡率的变化趋势情况看，北京、贵阳、拉萨等城市道路交通事故死亡人数的增长要明显快于人口密度的增长和机动车保有量的增长，道路交通安全形势不容乐观；而石家庄、太原、上海、南京、杭州、长沙、广州、深圳、昆明等城市，10万人口死亡率和万车死亡率逐年下降，道路交通安全形势逐步趋好。

第一节　道路交通事故分布

一、大城市道路交通事故量

全国道路交通事故数出现明显反弹，有较大增幅。2018年，全国道路交通事故数在2017年明显回落后又出现了快速反弹，事故总量达到24.49万起，同比增加了近4.19万起，上升20.63%，是自2011年以来的最大增幅（图6-1）。

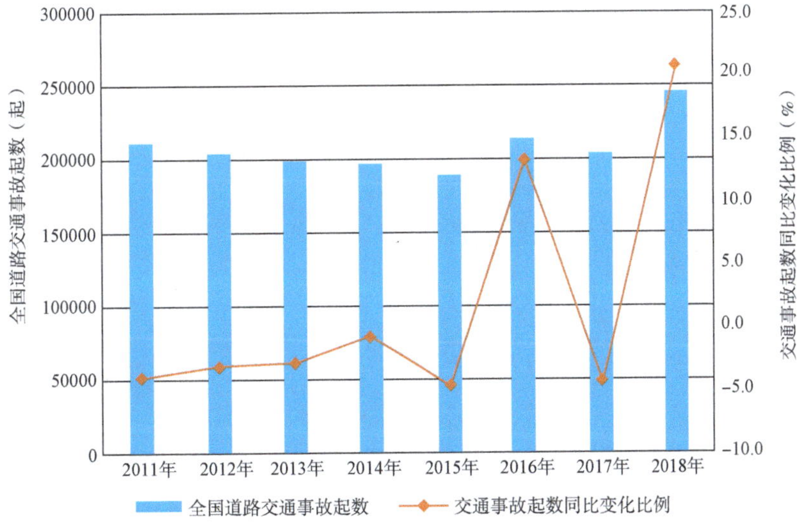

图6-1　2011—2018年我国道路交通事故起数情况

注：数据来源于公安部交通管理局。

与全国道路交通事故反弹的趋势相同，36个大城市道路交通事故同比出现较大增幅。2018年，全国36个大城市道路交通事故总量达到6.5万起，同比增加了7919起，增长13.85%，出现了自2011年以来的最大增幅（图6-2）。同时，36个大城市道路交通事故在全国事故总量中的占比达到26.57%，相比2017年占比回落了1.58%。

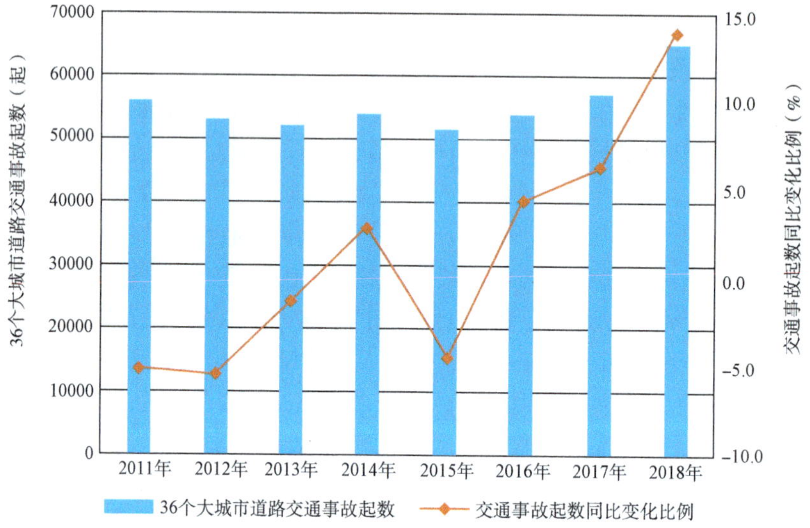

图6-2　2011—2018年我国36个大城市道路交通事故起数情况

注：数据来源于公安部交通管理局。

36个大城市平均发生道路交通事故1800起左右。其中，12个城市发生道路交通事故超过2000起，按照道路交通事故起数排列由高到低依次为天津、重庆、南宁、北京、西安、济南、贵阳、武汉、杭州、广州、哈尔滨、厦门。3个城市发生道路交通事故低于500起，按照道路交通事故数排列由低到高依次为拉萨、南昌、石家庄（图6-3）。

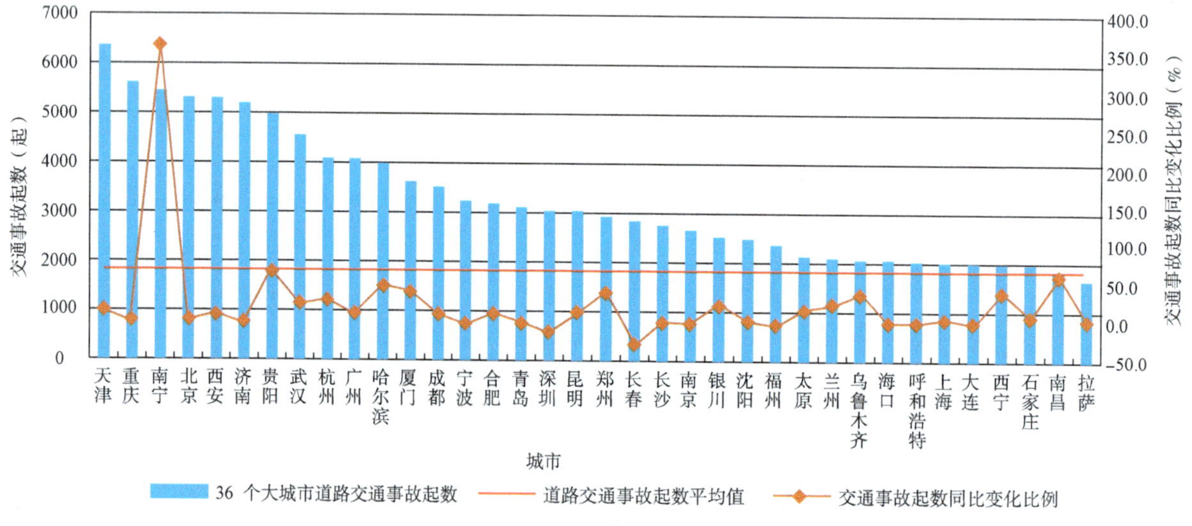

图6-3　2018年我国36个大城市道路交通事故总体情况

注：数据来源于公安部交通管理局。

36个大城市中，23个城市的道路交通事故数同比上升，11个城市的道路交通事故数同比下降，还有2个城市基本没有变化。其中，南宁、贵阳、南昌、哈尔滨4个城市的道路交通事故数同比增长超过40%，增幅位列36个大城市的前四位。长沙、拉萨道路交通事故数与2017年基本持平，没有变化。长春道路交通事故数同比下降29.74%，在36个大城市中降幅最大；其次是深圳，同比下降13.93%；第三是福州，同比下降3.85%。

二、大城市城市道路交通事故量

全国城市道路交通事故总量出现了自2011年以来的最大增幅。2018年，全国城市道路上发生交通事故12.15万起，同比增长27.3%，远高于公路交通事故数同比14.71%的增幅。同时，城市道路交通事故数在全国道路交通事故数中的占比延续了自2013年以来持续上升的趋势，在2018年出现了历史新高，占比达到49.62%，即2018年全国将近一半的道路交通事故发生在城市道路上，城市道路交通安全需要引起足够的重视（图6-4）。

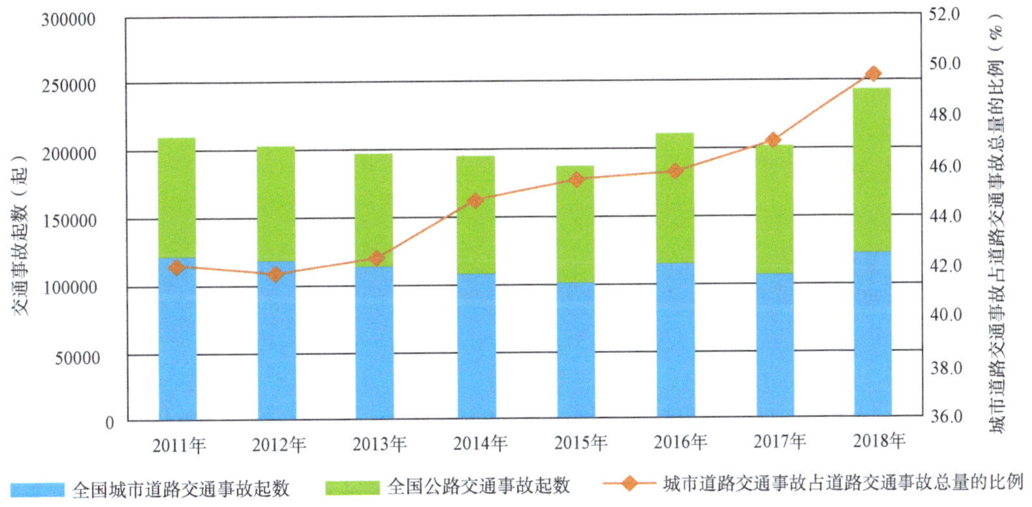

图6-4　2011—2018年我国城市道路交通事故情况

注：数据来源于公安部交通管理局。

36个大城市的城市道路交通事故起数出现小幅增长，但增速远低于全国平均水平。2018年，36个大城市的城市道路交通事故总量超过3.8万起，同比增长了6.55%，增速不足全国城市道路交通事故总量增速的1/4。同时，36个大城市的城市道路交通事故起数在全国城市道路交通事故总量中的占比达31.55%，相比2017年下降了超过6个百分点。可见，在全国城市道路交通事故量出现反弹的形势下，36个大城市的城市道路交通事故得到了较好的控制。

36个大城市平均发生城市道路交通事故1000起左右。其中，16个城市的城市道路交通事故起数超过1000起，按照城市道路交通事故起数排列由高到低依次为重庆、武汉、北京、贵阳、天津、西安、南宁、广州、济南、哈尔滨、杭州、厦门、成都、长春、郑州、昆明。10个城市的城市道路交通事故起数低于500起，按照城市道路交通事故起数排列由低到高依次为拉萨、石家庄、西宁、沈阳、南昌、上海、兰州、福州、呼和浩特、乌鲁木齐（图6-5）。

36个大城市中，20个城市的城市道路交通事故数同比上升，16个城市的城市道路交通事故数同比下降。其中，南宁、拉萨、重庆、贵阳4个城市的城市道路交通事故数同比增长超过50%，增幅位列36个大城市的前四位。深圳城市道路交通事故数同比下降53.59%，在36个大城市中降幅最大；其次是长春，同比下降31.7%；第三是福州，同比下降26.34%。青岛、西宁、长沙、济南、昆明同比降幅超过10%。

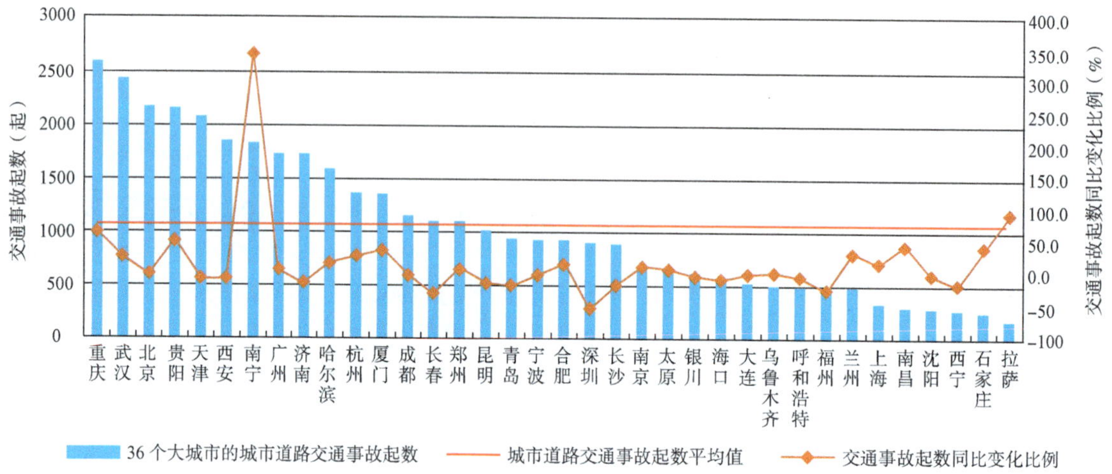

图6-5 2018年我国36个大城市的城市道路交通事故总体情况

注：数据来源于公安部交通管理局。

三、大城市城市道路交通事故时间分布

1. 工作日城市道路交通事故高发

一周7天内，周三是36个大城市的城市道路交通事故高发日，周六交通事故最少。2018年，36个大城市发生的城市道路交通事故按照一周统计，平均每天发生5478起。其中，周三是城市道路交通事故最多的一天，事故量占比达14.76%；周六是城市道路交通事故最少的一天，事故量占比为13.21%，事故数远远低于平均每天的事故数。同时，周四、周一、周二发生的交通事故数相对较高，事故量占比分别为14.72%、14.58%、14.54%；周五、周日发生的交通事故数低于平均每天的事故数（图6-6）。

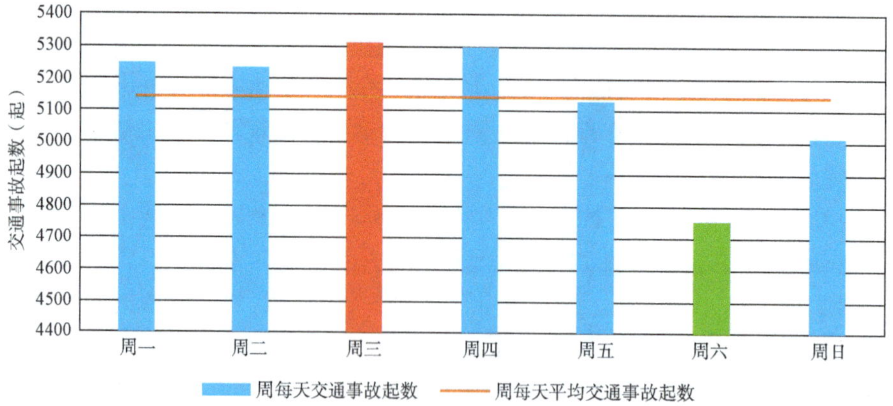

图6-6 2018年我国36个大城市道路交通事故一周7天分布

注：数据来源于公安部交通管理局。

2. 早上7—8时城市道路交通事故高发

2018年，36个大城市发生的城市道路交通事故起数按照一天24h统计，平均每小时发生交通事故1793起。一天24h内，早上和傍晚是城市道路交通事故的高发时段，特别是早上7—8时，城市道路交通事故数在全天城市道路交通事故总量中的占比最高，达到5.92%；其次是早上8—9时，占比5.38%。同时，傍晚17—18时、夜间20—22时也是城市道路交通事故高发时段，占比超过5%。而凌晨随着城市道路交通量的减少，相应的，城市道路交通事故也出现了明显下降，其中，凌晨4—5时城市道路交通事故数最低，占全天道路交通事故总量的2.33%（图6-7）。

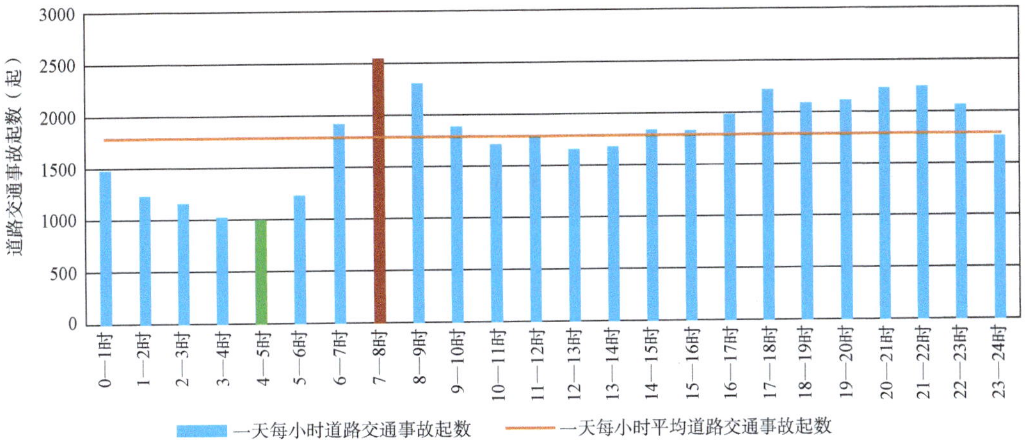

图6-7 2018年我国36个大城市的城市道路交通事故一天24h分布

注：数据来源于公安部交通管理局。

四、大城市城市道路交通事故空间分布

1. 一般城市道路是交通事故最集中的道路类型

36个大城市接近80%的城市道路交通事故发生在一般城市道路上， 7%左右的城市道路交通事故发生在城市快速路上，其他类型城市道路的交通事故占比在11%左右。从各类型城市道路交通事故占比变化趋势看，2014—2018年，一般城市道路、城市快速路的交通事故数占比呈逐年小幅下降趋势，分别降低了2.78%、0.97%；公共停车场、其他城市道路类型的交通事故数占比呈逐年上升趋势，分别上升了0.31%、3.21%（图6-8）。

2. 路段交通事故占比下降、交叉口交通事故占比上升

70%左右的36个大城市的城市道路交通事故发生在路段上，30%左右的城市道路交通事故发生在交叉口。2018年，各类型道路路口路段中，普通路段的城市道路交通事故占比最高，为66.43%；其次是四枝分叉口、三枝分叉口，其城市道路交通事故占比分别为17.72%、9.77%。从各类型道路路口路段城市道路交通事故占比变化趋势看，2014—2018年，路段的城市道路交通事故占比从73.48%下降至70.77%，降低2.71%；交叉口的城市道路交通事故占比从26.52%上升至29.23%，升高2.71%。其中，普通路段城市道路交通事故占比降幅最大，下降3.27%；四枝交叉口城市道路交通事故占比升幅最大，上升4.04%（图6-9）。随着交通方式的多样化、复杂化，既有汽车交通量的快速增长，又有电动自行车、自行车出行比例的逐渐提升，同时城市配送的小型货车、快递配送的电动三轮车等交通工具也逐渐增多，城市道路交叉口通行情况愈加复杂、通行冲突愈加明显，交叉口的交通组织、交通安全管理需要更具有针对性、更加专业化的强化保障。

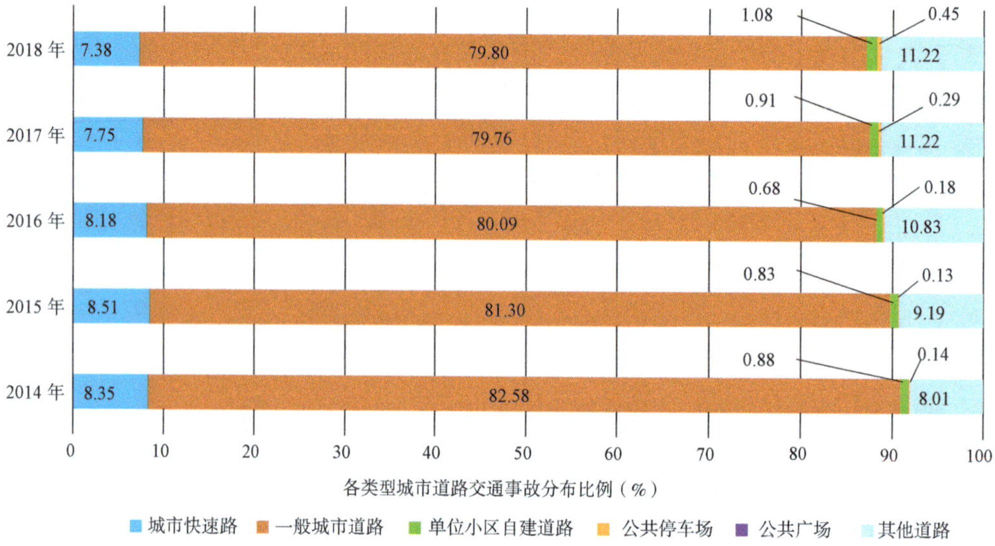

图6-8　2014—2018年我国36个大城市各类型城市道路交通事故分布

注：数据来源于公安部交通管理局。

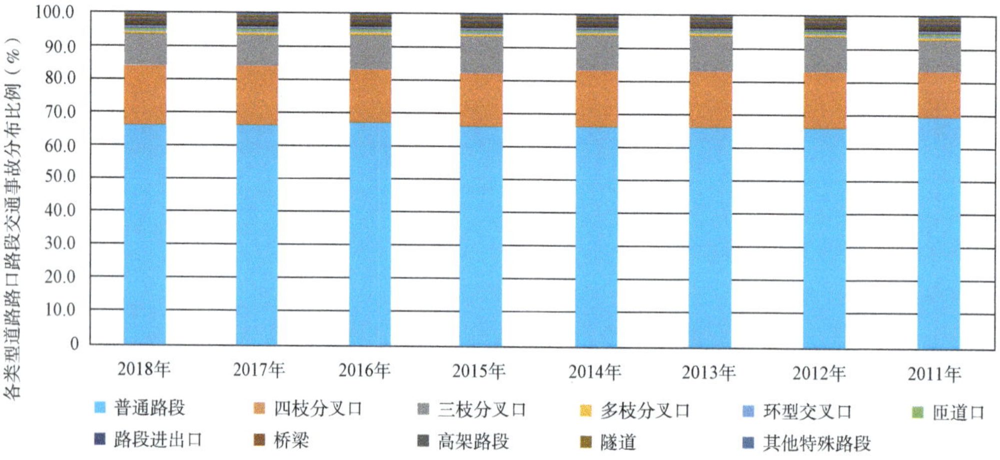

图6-9　2011—2018年我国36个大城市各类型道路路口路段交通事故分布

注：数据来源于公安部交通管理局。

3. 非机动车道城市道路交通事故占比上升较快

机动车道是36个大城市道路交通事故最多发的车道，2018年，发生在机动车道上的道路交通事故占比达到65.72%，相比2017年，占比下降了3.83%；发生在非机动车道上的道路交通事故占比达到17.90%，相比2017年，占比上升了10.25%，增加了1倍多；发生在人行道上的道路交通事故占比达到2.77%，相比2017年，占比上升了1.73%。同时，发生在机非混行道上的道路交通事故占比达到8.36%，相比2017年，占比下降了4.84%；发生在人行过街横道上的道路交通事故占比达到0.89%，相比2017年，占比下降了2.58%。从各类型道路横断面交通事故占比变化趋势看，2011—2018年，机非混行道的城市道路交通事故占比下降幅度最大，从18.45%下降至8.36%，下降了10.09%；其次是人行过街横道、机动车道，分别下降了2.07%，0.63%。非机动车道的城市道路交通事故占比上升幅度最大，从6.86%上升至17.90%，上升了11.04%，城市道路非机动车道的通行安全应引起足够重视（图6-10）。

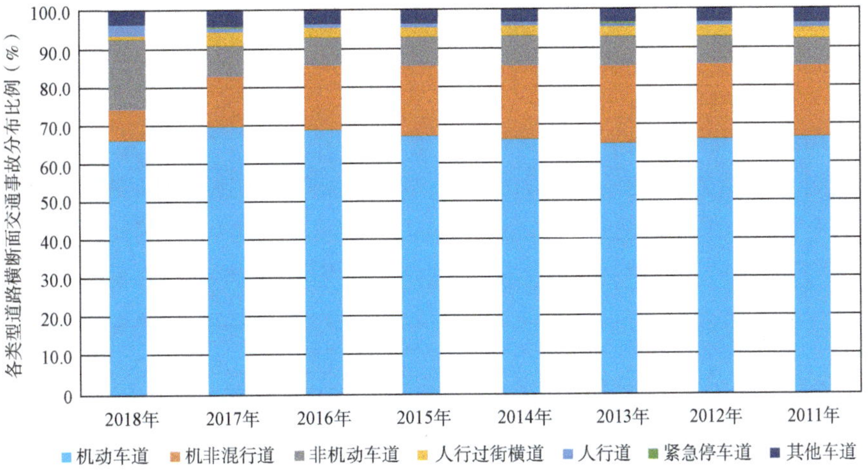

图6-10　2011—2018年我国36个大城市各类型道路横断面交通事故分布

注：数据来源于公安部交通管理局。

4. 无隔离设施的路段交通事故最为集中

36个大城市各类型物理隔离道路中，无隔离设施道路交通事故占比55.19%，占比最高；其次是中央隔离设施道路，占比24.89%；第三是设有机非隔离设施道路，占比10.36%；第四是同时设有中央隔离和机非隔离设施道路，占比9.56%。从各类型物理隔离道路交通事故占比变化趋势看，2011—2018年，无隔离设施道路交通事故占比降幅最大，从59.14%下降至55.19%，降低了3.59%；其次是同时设有中央隔离和机非隔离设施道路交通事故，占比下降了0.37%。设有中央隔离设施道路、设有机非隔离设施道路交通事故占比分别上升了2.61%、1.71%（图6-11）。

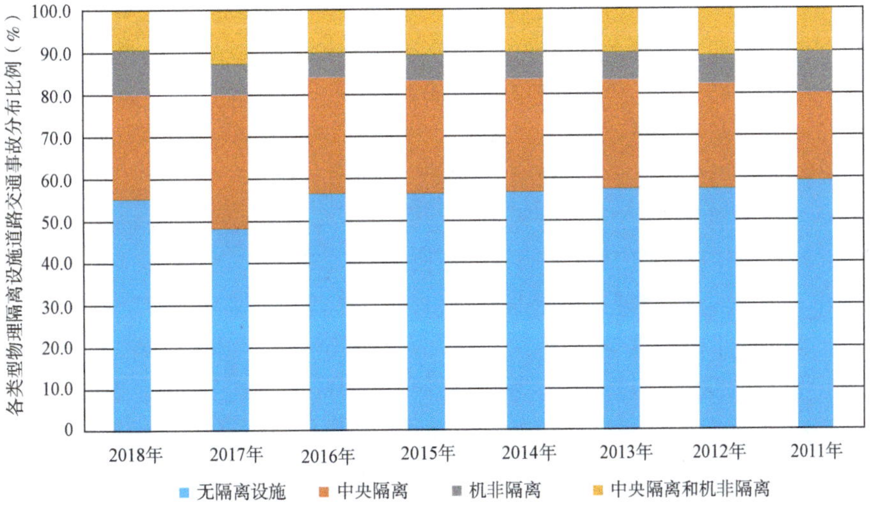

图6-11　2011—2018年我国36个大城市各类型物理隔离设施道路交通事故分布

注：数据来源于公安部交通管理局。

第二节 道路交通事故伤亡分布

一、大城市道路交通事故伤亡人数

全国道路交通事故死亡人数同比下降，受伤人数出现了快速增长。2018年，全国道路交通事故死亡人数6.32万人，与2017年相比，在道路交通事故同比增长20.63%的情况下，道路交通事故死亡人数同比减少了578人，下降了0.91%；全国道路交通事故受伤人数25.85万人，与2017年相比，同比增加了4.88万人，增长了23.31%，在2017年下降之后出现了较大的反弹，是自2011年以来的最大增幅（图6-12）。

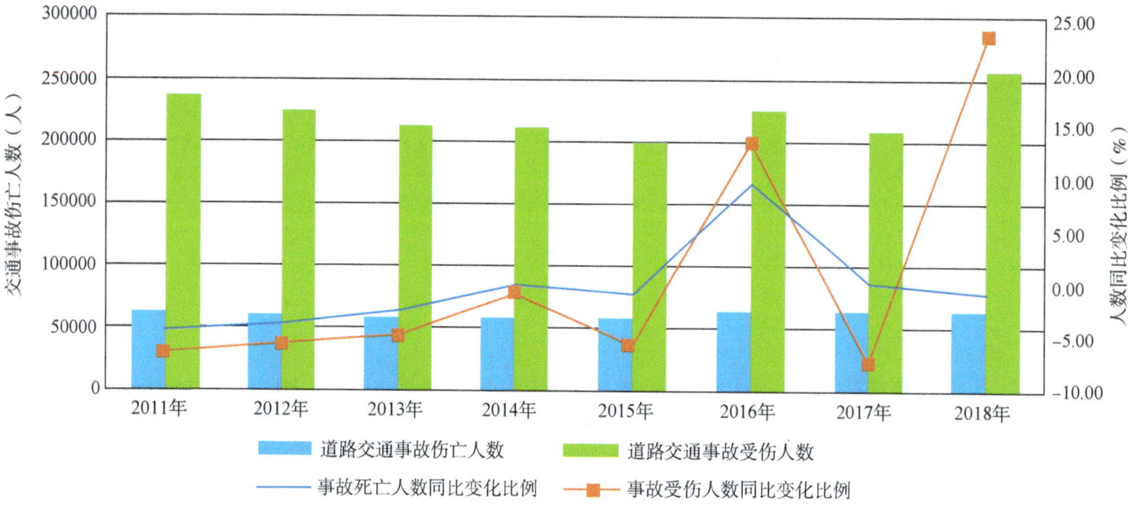

图6-12 2011—2018年我国道路交通事故伤亡人数情况

注：数据来源于公安部交通管理局。

全国36个大城市道路交通事故伤亡人数占全国道路交通事故伤亡人数的1/4。2018年，全国36个大城市道路交通事故死亡人数1.42万人，与2017年相比基本持平。从全国道路交通事故死亡人数的占比情况看，36个大城市道路交通事故死亡人数占比22.48%，相比2017年上升了0.3个百分点。2018年，全国36个大城市道路交通事故受伤人数6.44万人，与2017年相比，增加了1.14万人，同比上升了21.61%，出现了自2011年以来最大的增长幅度和最快的增长速度。从全国道路交通事故受伤人数的占比情况看，36个大城市道路交通事故死亡人数占比30.45%，相比2017年下降了1.5个百分点（图6-13）。

全国36个大城市一年内道路交通事故平均导致395人死亡、1789人受伤。从道路交通事故导致死亡人数情况看，9个城市一年内道路交通事故死亡人数超过500人，按照道路交通事故死亡人数排列由高到低依次为北京、重庆、天津、广州、成都、南宁、上海、武汉、杭州。10个城市一年内道路交通事故死亡人数低于200人，按照道路交通事故死亡人数排列由低到高依次为拉萨、呼和浩特、海口、银川、乌鲁木齐、西宁、郑州、福州、太原、长沙。从道路交通事故导致受伤人数情况看，12个城市一年内道路交通事故受伤人数超过2000人，按照道路交通事故受伤人数排列由高到低依次为天津、重庆、南宁、贵阳、西安、济南、北京、武汉、杭州、哈尔滨、广州、厦门。4个城市一年内道路交通事故受伤人数低于500人，按照道路交通事故受伤人数排列由低到高依次为拉萨、上海、石家庄、南昌（图6-14）。

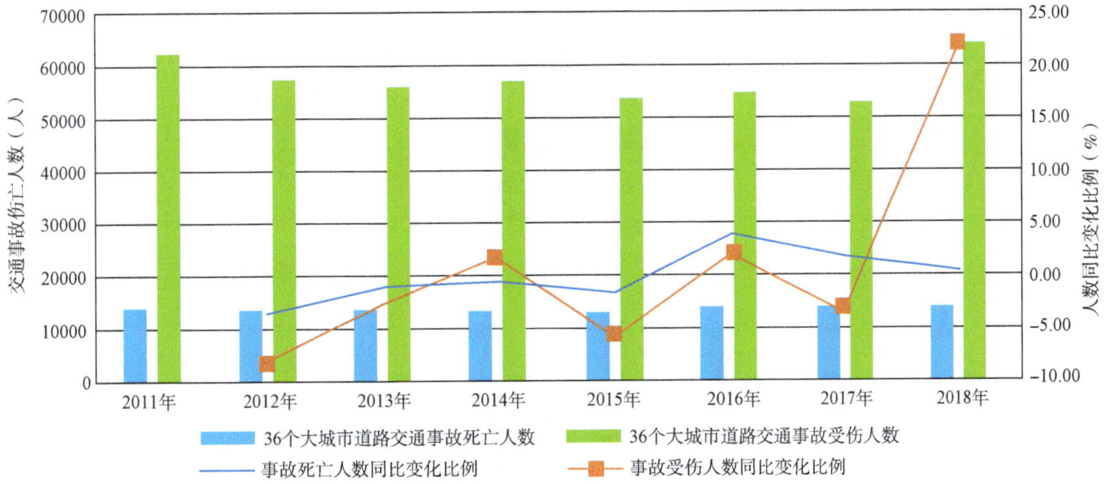

图6-13　2011—2018年我国36个大城市道路交通事故伤亡人数情况

注：数据来源于公安部交通管理局。

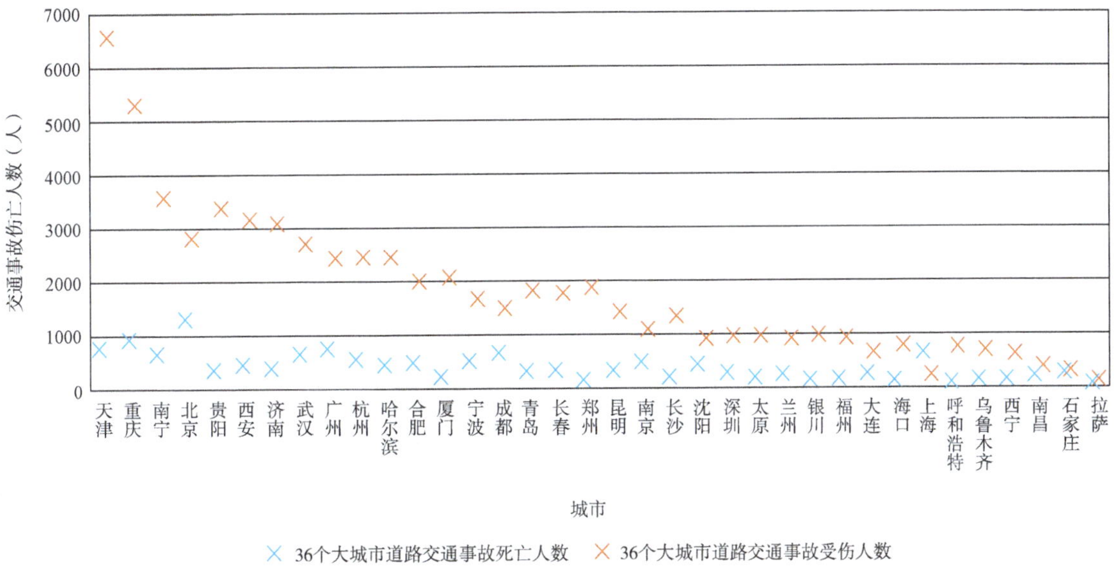

图6-14　2018年我国36个大城市道路交通事故伤亡人数情况

注：数据来源于公安部交通管理局。

二、大城市城市道路交通事故伤亡人数

全国城市道路交通事故量大，接近全国所有道路交通事故的一半，但是，城市道路交通事故造成的人身损害程度相对公路交通事故较低。2018年，全国城市道路交通事故死亡人数2.22万人，与2017年相比，增加了1000多人，同比增长了5.48%。全国城市道路交通事故受伤人数12.15万人，与2017年相比，增加了2.68万人，同比增长了28.24%，在2017年下降后出现了快速反弹（图6-15）。

全国城市道路交通事故伤亡人数在全国道路交通事故伤亡人数总量中占比44.67%，并且占比出现了较快的增长。其中，全国城市道路交通事故死亡人数占全国道路交通事故死亡人数总量的35.12%，相比2017年，占比上升了2.13个百分点；城市道路交通事故受伤人数占全国道路交通事故受伤人数总量的

47.01%，相比2017年，占比上升了1.81个百分点。数据显示，2011—2018年，城市道路交通事故死亡人数占比呈现持续升高的趋势，在8年间升高了7.41个百分点，特别是近2年占比升高了3.69个百分点；城市道路交通事故受伤人数占比波动增长，在8年间升高了6.59个百分点（图6-16）。

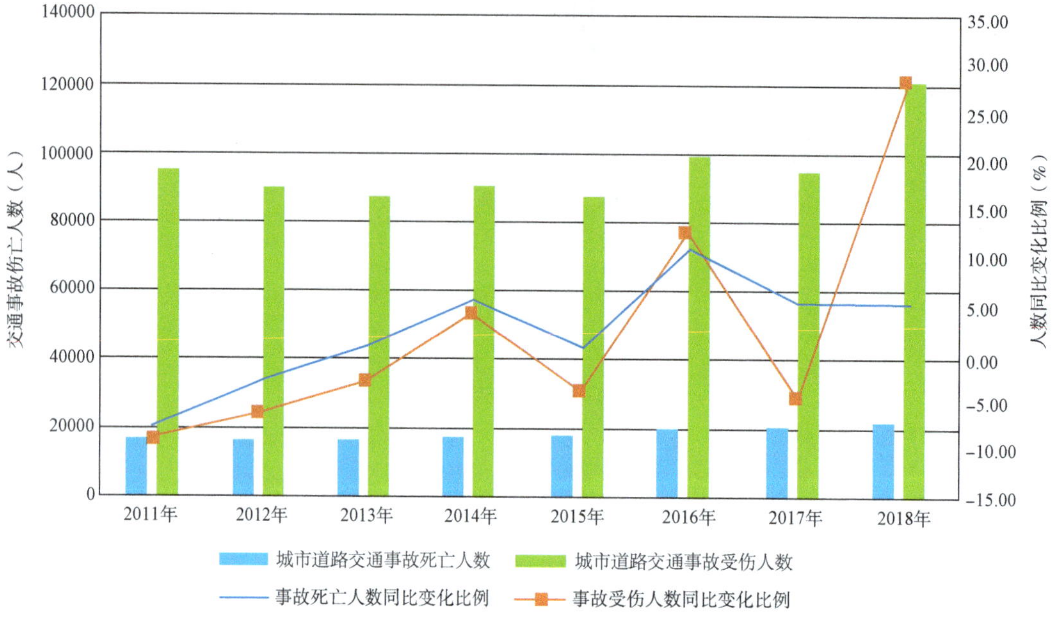

图6-15　2011—2018年我国城市道路交通事故伤亡人数情况

注：数据来源于公安部交通管理局。

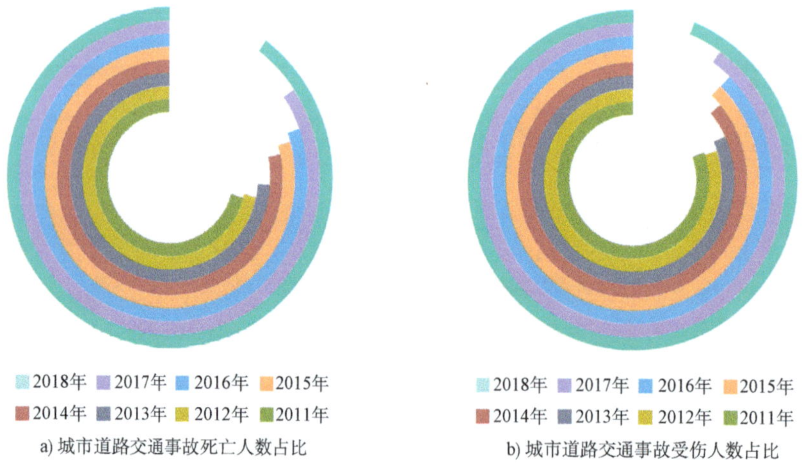

图6-16　2011—2018年我国城市道路交通事故伤亡人数占交通事故伤亡总量的情况

注：数据来源于公安部交通管理局。

全国36个大城市的城市道路交通事故伤亡人数出现了同比增长。2018年，36个大城市的城市道路交通事故死亡人数7788人，与2017年相比，增加了253人，同比增长了3.36%，增速逐渐放缓；36个大城市的城市道路交通事故受伤人数4.2万人，与2017年相比，增加了7400人，同比增长了21.38%，出现了自2011年以来的最大增幅和最快增速（图6-17）。同时，36个大城市的城市道路交通事故伤亡人数已经超过全国城市道路交通事故伤亡人数总量的1/3。2018年，36个大城市的城市道路交通事故死亡人数在全国城市道路交通事故死亡人数总量中的占比达到35.09%，相比2017年，占比下降了0.72个百分点；36个大城市的城市道路交通事故受伤人数在全国城市道路交通事故受伤人数总量中的占比达到34.58%，相比2017年，占比下降了1.95个百分点。

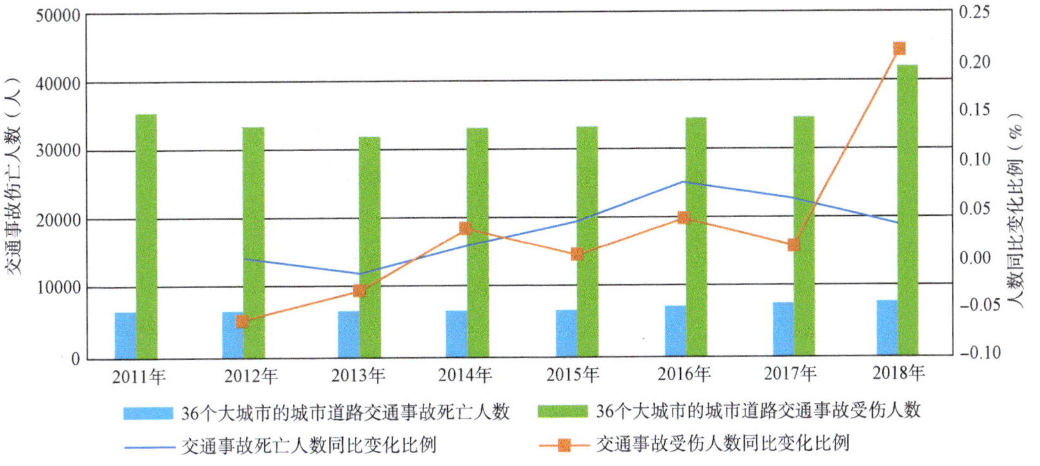

图6-17　2011—2018年我国36个大城市城市道路交通事故伤亡人数情况

注：数据来源于公安部交通管理局。

全国36个大城市一年内城市道路交通事故平均导致216人死亡、1167人受伤。从城市道路交通事故导致死亡人数情况看，7个城市一年内城市道路交通事故死亡人数超过300人，按照城市道路交通事故死亡人数排列由高到低依次为北京、武汉、广州、重庆、成都、哈尔滨、南宁。6个城市一年内城市道路交通事故死亡人数低于200人，按照城市道路交通事故死亡人数排列由低到高依次为拉萨、呼和浩特、大连、西宁、海口、银川。从城市道路交通事故导致受伤人数情况看，11个城市一年内城市道路交通事故受伤人数超过1500人，按照城市道路交通事故受伤人数排列由高到低依次为重庆、贵阳、天津、武汉、南宁、西安、北京、济南、哈尔滨、广州、厦门。7个城市一年内城市道路交通事故受伤人数低于500人，按照城市道路交通事故受伤人数由低到高依次为上海、石家庄、拉萨、南昌、西宁、大连、兰州（图6-18）。

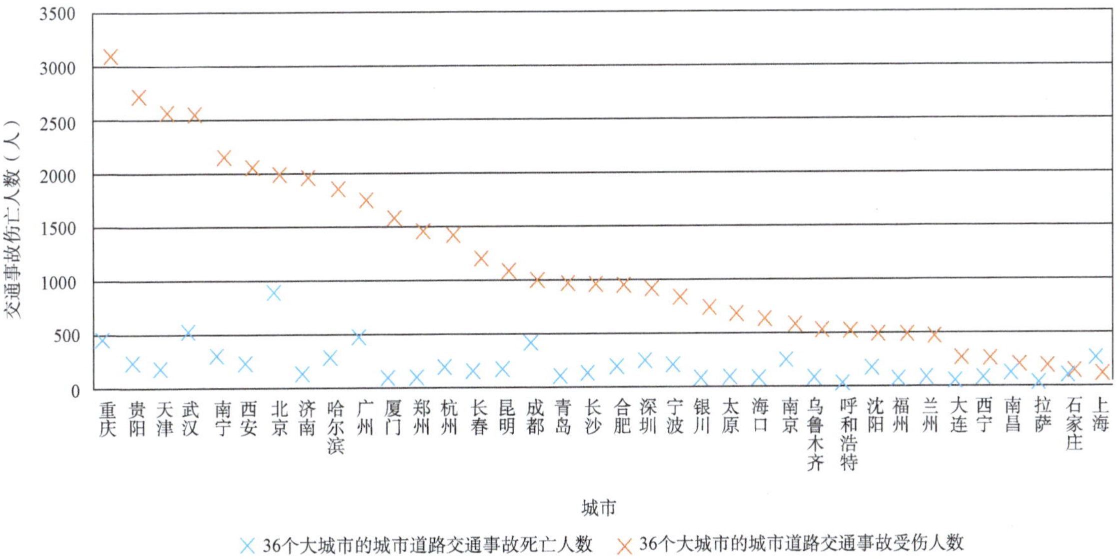

图6-18　2018年我国36个大城市城市道路交通事故伤亡人数情况

注：数据来源于公安部交通管理局。

三、大城市道路交通事故平均伤亡分布

由于36个大城市的城市规模、地域特征以及所处的社会经济发展阶段各异，其人口数量、机动车保有量、汽车保有量的状况有很大差别。城市道路交通安全情况无法单凭道路交通事故数、伤亡人数来衡量评估。为科学、直观地反映36个大城市道路交通安全情况，应通过10万人口死亡率、万车死亡率等相对评价指标，将道路交通事故的伤亡情况和人口、机动车保有量等相对参照量联系起来进行比较，并参照世界其他国家的指标数值，客观反映36个大城市的道路交通安全水平。

1. 大城市10万人口死亡率

考虑不同城市的人口密度差异，采用10万人口死亡率指标，反映在统计时空范围内的每10万人口的交通事故死亡人数。计算公式如下：

$$R_{pd}=10^5 D/P$$

式中：R_{pd}——每10万人口的交通死亡率，人/10万人口；

D——统计时空范围内道路交通事故死亡人数，人；

P——统计时空范围内人口数，人。

2018年，全国道路交通事故的10万人口死亡率为4.53人/10万人，相对2017年的4.58人/10万人有小幅下降。

全国36个大城市的道路交通事故10万人口死亡率的平均值为4.72人/10万人，相对全国总体平均值略偏高，与2017年相比略有增长。其中，7个城市的10万人口死亡率超过6人/10万人，按照10万人口死亡率由高到低排列依次为南宁、拉萨、贵阳、兰州、银川、西宁、宁波。11个城市的10万人口死亡率低于4人/10万人，按照10万人口死亡率由低到高排列依次为郑州、深圳、福州、长沙、石家庄、上海、呼和浩特、重庆、青岛、沈阳、南昌。值得注意的是，在36个大城市中，长春、郑州、深圳、武汉、乌鲁木齐道路交通事故10万人口死亡率同比降幅较大（图6-19）。上述城市中长春、深圳道路交通事故数以及死亡人数同比均出现下降，郑州、武汉、乌鲁木齐道路交通事故数出现较大幅度的增长，但道路交通事故死亡人数出现了明显下降。同时，拉萨、南宁、银川等城市道路交通事故死亡人数增长速度快于城市常住人口增长速度。

世界其他国家的大城市道路交通安全水平普遍高于国家平均水平，10万人口死亡率保持在国家平均值的一半左右。总体来看，发达国家大城市的道路交通事故10万人口死亡率整体低于发展中国家大城市。欧洲的斯德哥尔摩、柏林、汉堡、伦敦、曼彻斯特，日本的东京、大阪道路交通安全处于较高水平，道路交通事故10万人口死亡率低于1人/10万人。马来西亚的吉隆坡、美国的洛杉矶、欧洲的卢森堡道路交通事故10万人口死亡率超过6人/10万人。与世界上其他大城市相比，我国36个大城市的道路交通事故10万人口死亡率仍然偏高，与韩国的釜山、泰国的曼谷道路交通事故10万人口死亡率相当。36个大城中还有19个城市的10万人口死亡率高于全国平均值。其中，9个城市的10万人口死亡率在5~6人/10万人，7个城市的10万人口死亡率超过6人/10万人。特别是南宁的10万人口死亡率已经达到9.03人/10万人，几乎是欧洲大城市的3倍。同时，36个大城市中郑州的10万人口死亡率最低，为1.49人/10万人，与巴黎、伦敦、蒙特利尔等欧洲城市道路交通事故10万人口死亡率相当；其次，深圳是2.1人/10万人，与多伦多、墨尔本、新加坡等城市道路交通事故10万人口死亡率相当；福州、长沙、石家庄、上海、呼和浩特、重庆10万人口死亡率低于3人/10万人，与纽约、奥克兰等城市道路交通事故10万人口死亡率相当（图6-20）。

2. 大城市万车死亡率

考虑不同城市的机动车密度差异，采用万车死亡率指标，反映在统计时空范围内的每1万辆机动车的平均交通事故死亡人数。计算公式如下：

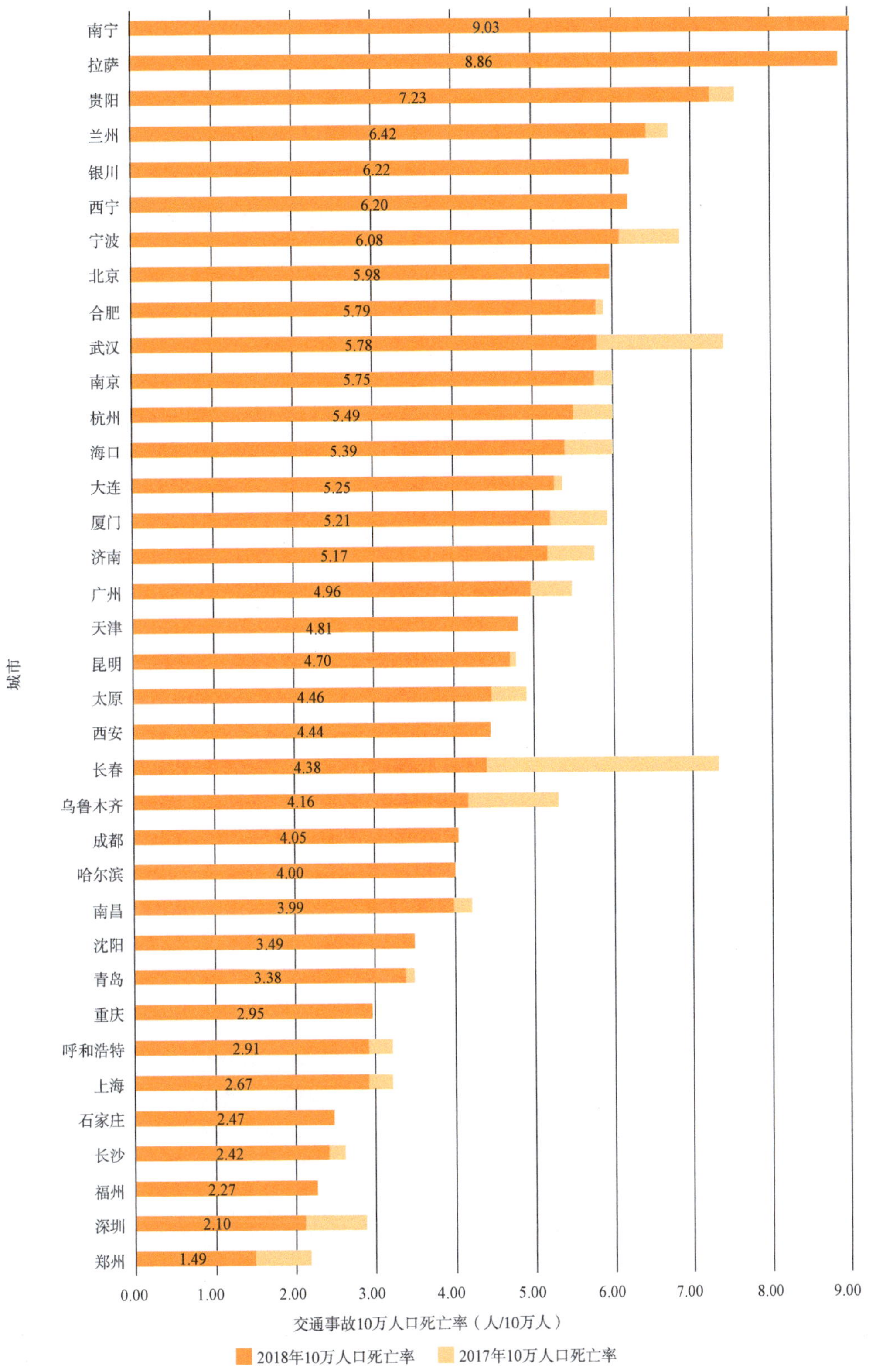

图6-19　2018年我国36个大城市道路交通事故10万人口死亡率情况

注：数据来源于公安部交通管理局。

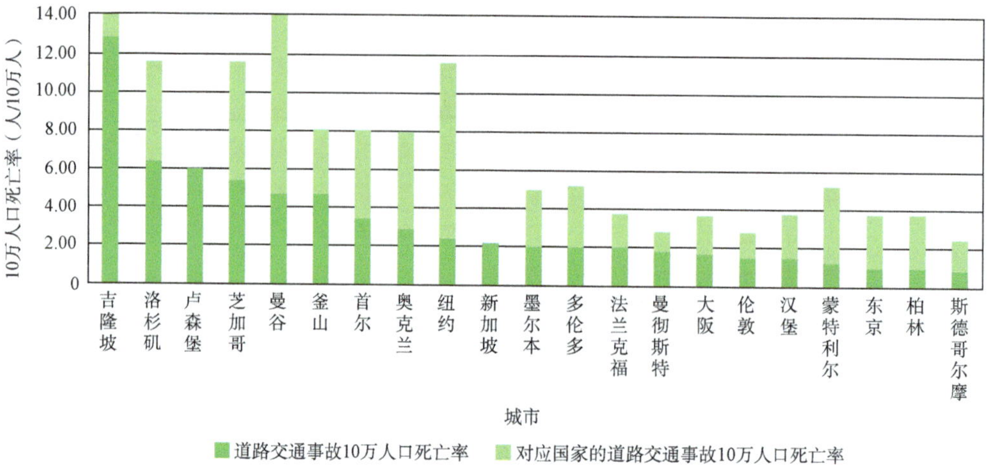

图6-20　部分国家城市道路交通事故10万人口死亡率

注：数据来源IRTAD交通安全年报。

$$R_{nd}=10^4 D/N$$

式中：R_{nd}——每1万辆机动车的交通死亡率，人/万辆；

D——统计时空范围内道路交通事故死亡人数，人；

N——统计时空范围内机动车保有量，辆。

2018年，全国道路交通事故的万车死亡率为1.93人/万辆，相对2017年的2.06人/万辆有所下降。

全国36个大城市的道路交通事故万车死亡率的平均值为1.68人/万辆，相对全国总体平均值较低，与2017年的1.79人/万辆有明显下降。其中，13个城市的万车死亡率超过2人/万辆，按照万车死亡率由高到低排列依次为南宁、广州、大连、天津、拉萨、西宁、贵阳、哈尔滨、兰州、合肥、北京、武汉、南昌。5个城市的万车死亡率低于1人/万辆，按照万车死亡率由低到高排列依次为郑州、长沙、呼和浩特、深圳、石家庄。值得注意的是，在36个大城市中，长春、郑州、沈阳、武汉道路交通事故万车死亡率同比降幅较大（图6-21）。上述城市中长春道路交通事故数以及死亡人数同比均出现下降；郑州、武汉道路交通事故数出现较大幅度的增长，但道路交通事故死亡人数出现了明显下降；沈阳道路交通事故数以及死亡人数均未出现较大变化，但机动车保有量出现了较快增长。同时，拉萨、南宁、大连、天津、银川道路交通事故万车死亡率出现较大增幅，上述城市道路交通事故死亡人数增长速度快于城市机动车保有量增长速度。

世界其他国家万车死亡率水平整体呈现下降趋势。根据IRTAD最新数据显示，2016年，摩洛哥道路交通事故万车死亡率达到10人/万辆，智利、墨西哥道路交通事故万车死亡率超过3人/万辆，虽然上述国家的万车死亡率水平较高，但同比出现了较大降幅，其中，墨西哥同比减少0.8人/万辆，摩洛哥同比减少0.5人/万辆，智利同比减少0.1人/万辆。挪威、瑞士、瑞典、英国、西班牙、日本等国家的万车死亡率不超过0.5人/万辆，道路交通安全已处于较高水平，同比没有发生变化。与世界上其他国家相比，我国36个大城市的道路交通事故万车死亡率平均值为1.68人/万辆，与韩国道路交通事故万车死亡率相当，处于中等水平。36个大城市中有13个城市道路交通事故万车死亡率高于全国平均水平。其中，南宁万车死亡率达到3.03人/万辆，几乎是36个大城市平均值的两倍，与墨西哥万车死亡率数值接近，道路交通安全水平较低。广州、大连万车死亡率超过2.5人/万辆，指标数与阿根廷、马来西亚等国家相当。同时，36个大城市中郑州的万车死亡率最低，为0.43人/万辆，与瑞士、瑞典等国家道路交通事故万车死亡率相当；长沙、呼和浩特、深圳、石家庄万车死亡率在0.7~1人/万辆，与法国、加拿大等国家道路交通事故万车死亡率相当（图6-22）。

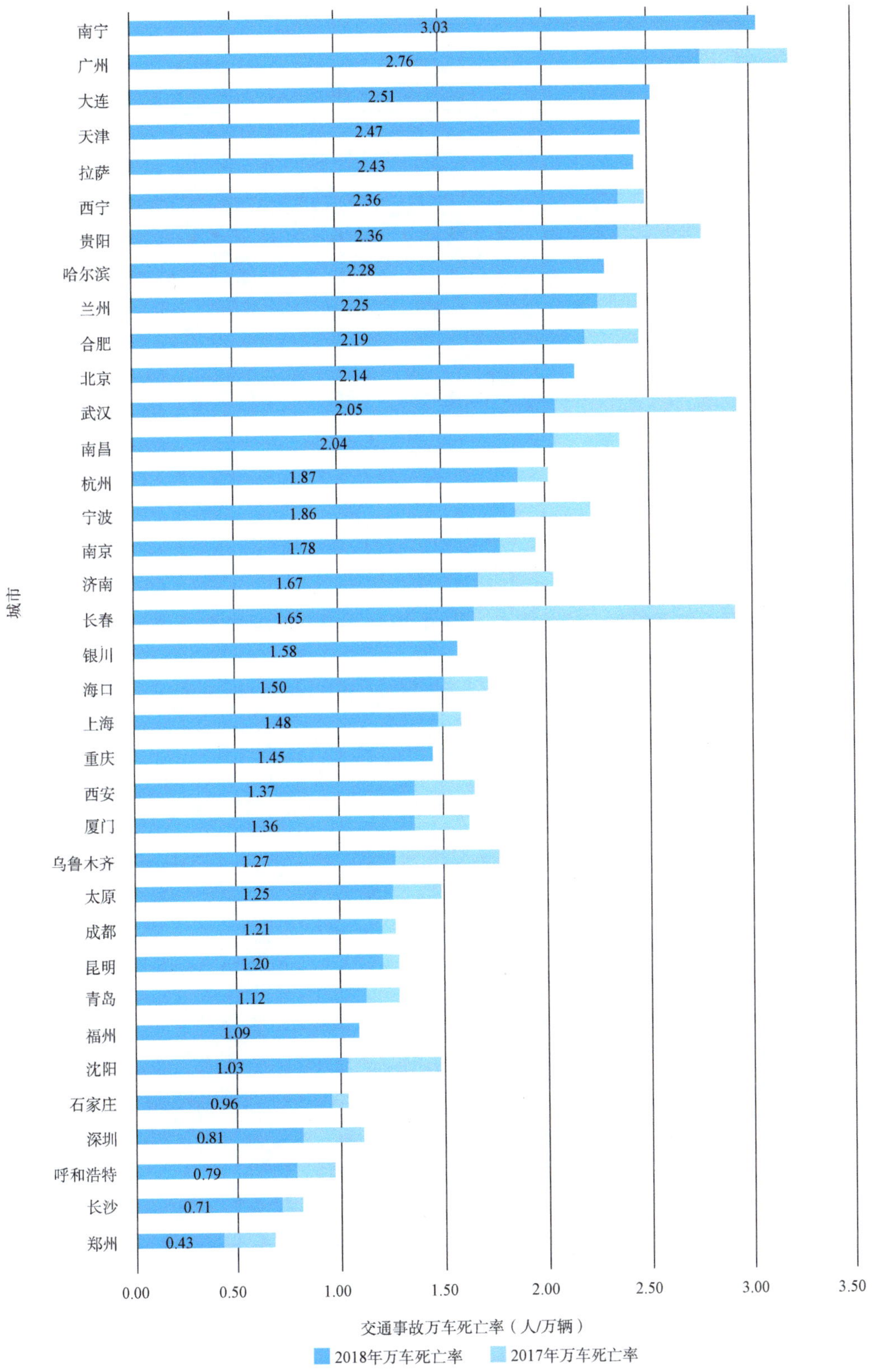

图6-21　2018年我国36个大城市道路交通事故万车死亡率情况

注：数据来源于公安部交通管理局。

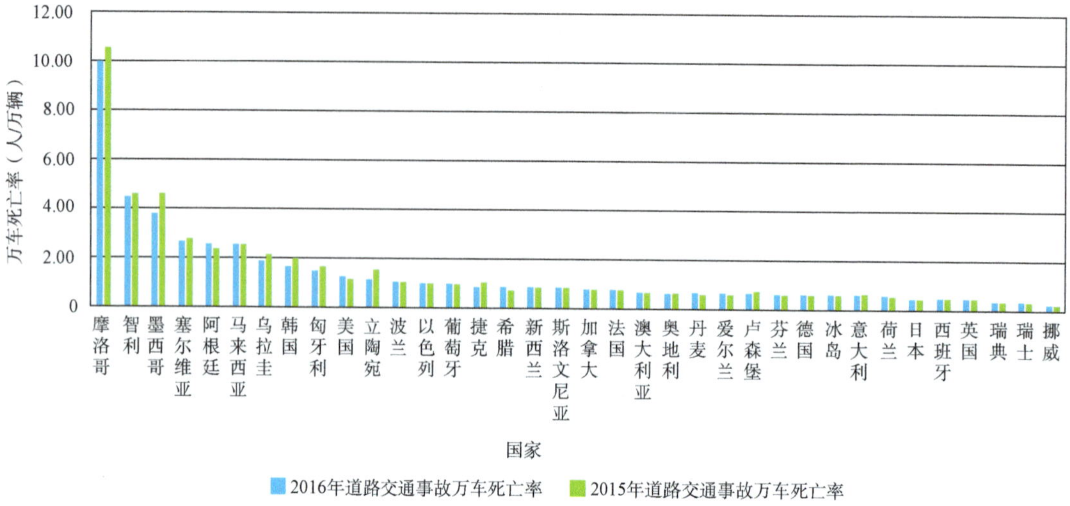

图6-22　世界其他国家道路交通事故万车死亡率情况

注：数据来源IRTAD交通安全年报。

3. 大城市道路交通安全状况

（1）横向比较。

通过道路交通事故10万人口死亡率、万车死亡率两个指标，综合考虑城市人口密度、机动车密度，横向比较区分各个城市的道路交通安全发展现状。

以全国36个大城市的道路交通事故10万人口死亡率、万车死亡率的平均值为阈值，将36个大城市划分为四类：10万人口死亡率、万车死亡率均低于36个大城市的总体平均水平；10万人口死亡率低于36个大城市的总体平均水平，万车死亡率高于36个大城市的总体平均水平；10万人口死亡率高于36个大城市的总体平均水平，万车死亡率低于36个大城市的总体平均水平；10万人口死亡率、万车死亡率均高于36个大城市的总体平均水平，如图6-23和表6-1所示。

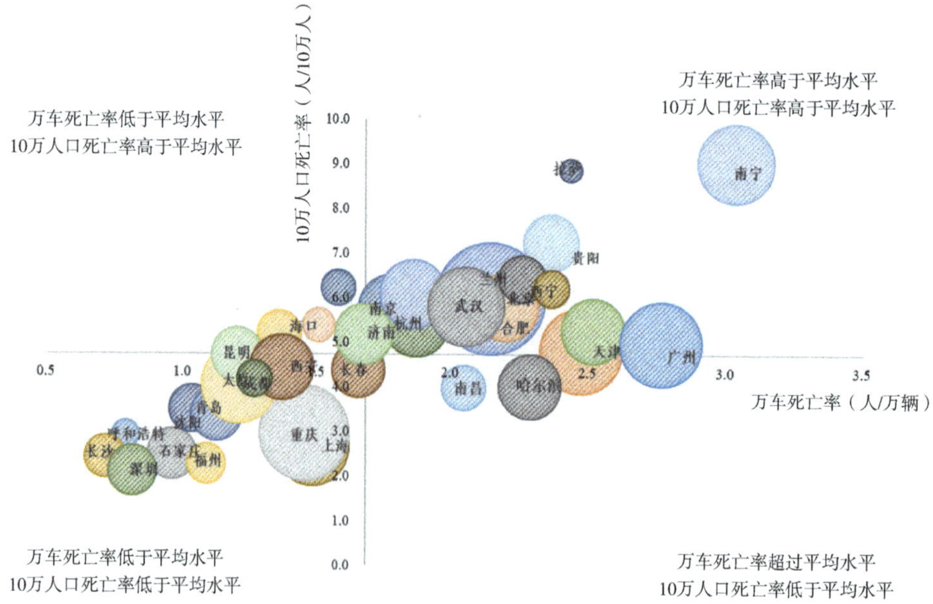

图6-23　2018年36个大城市道路交通事故人均、车均死亡分布情况

注：数据来源于公安部交通管理局。

2018年36个大城市道路交通事故人均、车均死亡分类分布　　表6-1

类　型	城市（按道路交通事故死亡人数由高至低排序）
10 万人口死亡率低于平均值万车死亡率低于平均值	重庆、成都、上海、西安、长春、昆明、青岛、深圳、石家庄、沈阳、太原、长沙、福州、郑州、乌鲁木齐、呼和浩特
10 万人口死亡率低于平均值万车死亡率高于平均值	哈尔滨、南昌
10 万人口死亡率高于平均值万车死亡率低于平均值	济南、厦门、银川、海口
10 万人口死亡率高于平均值万车死亡率高于平均值	北京、天津、广州、南宁、武汉、杭州、宁波、南京、合肥、大连、贵阳、兰州、西宁、拉萨

（2）纵向比较。

在2014—2018年5年时间内，通过道路交通事故10万人口死亡率、万车死亡率两个指标，纵向比较区分各个城市的道路交通安全发展趋势。

以近5年36个大城市的道路交通事故10万人口死亡率变化趋势为依据，各大城市主要呈现四类变化趋势：一是10万人口死亡率呈逐年增长趋势，主要包括北京、合肥、贵阳、拉萨4个城市；二是10万人口死亡率呈逐年下降趋势，主要包括石家庄、太原、呼和浩特、沈阳、上海、南京、杭州、宁波、长沙、广州、深圳、昆明12个城市；三是10万人口死亡率出现反弹但总体呈上升趋势，主要包括天津、哈尔滨、厦门、武汉、南宁、重庆、兰州、西宁、银川9个城市；四是10万人口死亡率期间出现反弹总体呈下降趋势，主要包括大连、长春、福州、南昌、济南、青岛、郑州、海口、成都、西安、乌鲁木齐11个城市（表6-2）。

2014—2018年36个大城市道路交通事故10万人口死亡率变化情况　　表6-2

城　市	2014 年	2015 年	2016 年	2017 年	2018 年	变化趋势
北京	3.98	3.92	5.61	5.78	5.98	
天津	4.19	3.98	4.02	3.95	4.81	
石家庄	2.63	2.61	2.53	2.50	2.47	
太原	5.12	5.07	5.02	4.91	4.46	
呼和浩特	3.50	3.40	3.37	3.21	2.91	
沈阳	5.39	5.36	5.33	5.33	5.25	
大连	4.02	4.00	3.35	3.51	3.49	
长春	7.21	6.94	9.08	7.32	4.38	
哈尔滨	3.51	3.47	3.44	3.40	4.00	

续上表

城　市	2014 年	2015 年	2016 年	2017 年	2018 年	变化趋势
上海	3.51	3.43	2.98	2.69	2.67	
南京	6.13	6.11	6.07	6.01	5.75	
杭州	6.97	6.75	6.41	5.93	5.49	
宁波	10.36	7.53	7.30	6.85	6.08	
合肥	4.86	4.90	5.55	5.88	5.79	
福州	3.38	2.80	2.15	1.93	2.27	
厦门	3.99	5.78	6.22	5.91	5.21	
南昌	4.27	4.34	4.30	4.21	3.99	
济南	6.23	6.16	5.57	5.75	5.17	
青岛	3.55	3.44	3.35	3.49	3.38	
郑州	2.16	2.12	2.22	2.18	1.49	
武汉	3.45	3.24	5.04	7.40	5.78	
长沙	3.09	2.97	2.85	2.59	2.42	
广州	6.50	6.30	5.75	5.48	4.96	
深圳	4.25	3.79	3.42	2.89	2.10	
南宁	5.11	5.21	5.15	4.86	9.03	
海口	5.36	5.85	5.92	5.94	5.39	
重庆	1.93	1.93	2.00	1.90	2.95	
成都	4.51	4.22	4.20	4.03	4.05	
贵阳	3.09	3.03	2.96	7.56	7.23	
昆明	4.98	4.93	4.85	4.78	4.70	
拉萨	0.36	0.18	1.32	3.21	8.86	
西安	5.60	5.53	5.40	3.94	4.44	

续上表

城　　市	2014 年	2015 年	2016 年	2017 年	2018 年	变 化 趋 势
兰州	6.14	6.07	6.05	6.70	6.42	
西宁	5.81	6.58	5.91	5.90	6.20	
银川	5.31	4.76	4.61	4.67	6.22	
乌鲁木齐	5.64	6.27	4.89	5.28	4.16	

以近5年36个大城市的道路交通事故万车死亡率变化趋势为依据，各大城市主要呈现四类变化趋势：一是万车死亡率呈逐年增长趋势，主要包括北京、贵阳、拉萨3个城市；二是万车死亡率呈逐年下降趋势，主要包括石家庄、太原、大连、上海、南京、杭州、合肥、济南、青岛、长沙、广州、深圳、海口、成都、昆明、西安、兰州、西宁、乌鲁木齐19个城市；三是万车死亡率出现反弹但总体呈上升趋势，主要包括天津、沈阳、厦门、武汉、南宁、重庆6个城市；四是万车死亡率出现反弹但总体呈下降趋势，主要包括呼和浩特、长春、哈尔滨、宁波、福州、南昌、郑州、银川8个城市（表6-3）。

综合36个大城市的道路交通事故10万人口死亡率和万车死亡率的变化趋势情况看，北京、贵阳、拉萨等城市道路交通事故死亡人数的增长要明显快于人口密度的增长和机动车保有量的增长，道路交通安全形势不容乐观，亟待重视和加强交通安全管控；而石家庄、太原、上海、南京、杭州、长沙、广州、深圳、昆明等城市，随着城市化和机动化发展，道路交通事故死亡人数得到进一步控制，10万人口死亡率和万车死亡率逐年下降，道路交通安全形势逐步趋好。

2014—2018年36个大城市道路交通事故万车死亡率变化情况　　表6-3

城　　市	2014 年	2015 年	2016 年	2017 年	2018 年	变 化 趋 势
北京	1.63	1.56	2.17	2.16	2.14	
天津	2.34	2.18	2.24	2.10	2.47	
石家庄	1.38	1.22	1.10	1.03	0.96	
太原	2.21	1.92	1.70	1.48	1.25	
呼和浩特	1.39	1.43	1.24	0.97	0.79	
沈阳	2.91	2.53	2.30	2.06	2.51	
大连	1.82	1.66	1.54	1.48	1.03	

续上表

城 市	2014 年	2015 年	2016 年	2017 年	2018 年	变化趋势
长春	3.75	3.38	4.20	2.92	1.65	
哈尔滨	2.91	2.54	2.19	2.15	2.28	
上海	2.87	2.51	2.01	1.59	1.48	
南京	2.54	2.26	2.12	1.95	1.78	
杭州	2.34	2.25	2.24	2.01	1.87	
宁波	2.75	2.41	2.42	2.21	1.86	
合肥	3.12	2.74	2.74	2.45	2.19	
福州	2.19	1.67	1.19	0.99	1.09	
厦门	1.27	1.60	1.73	1.62	1.36	
南昌	3.49	2.29	2.66	2.36	2.04	
济南	2.87	2.59	2.21	2.04	1.67	
青岛	1.59	1.36	1.32	1.24	1.12	
郑州	0.85	0.76	0.77	0.68	0.43	
武汉	2.00	1.58	2.26	2.93	2.05	
长沙	1.25	1.06	0.99	0.82	0.71	
广州	3.58	3.51	3.33	3.19	2.76	
深圳	1.48	1.35	1.26	1.11	0.81	
南宁	2.30	2.08	2.09	1.74	3.03	
海口	2.19	2.09	1.97	1.72	1.50	
重庆	1.38	1.26	1.20	1.03	1.45	
成都	1.72	1.45	1.44	1.26	1.21	
贵阳	1.53	1.17	1.17	2.76	2.36	
昆明	1.70	1.55	1.44	1.29	1.20	
拉萨	0.12	0.05	0.35	1.31	2.43	

续上表

城　　市	2014 年	2015 年	2016 年	2017 年	2018 年	变 化 趋 势
西安	2.31	2.01	1.86	1.65	1.37	
兰州	3.70	2.65	2.48	2.45	2.25	
西宁	3.61	3.01	2.81	2.49	2.36	
银川	1.86	1.53	1.42	1.26	1.58	
乌鲁木齐	2.74	2.46	1.84	1.77	1.27	

第三节　道路交通事故形态

一、大城市车辆与车辆之间事故仍是最主要事故形态

车辆与车辆之间的事故仍是我国36个大城市道路最主要事故形态，2018年，车辆与车辆之间的事故数接近城市道路交通事故总量的70%；同时，车辆与行人之间的事故量占比逐年上升。2018年，36个大城市道路交通事故中，车辆与车辆之间的事故占比69.71%，相比2017年上升了3.43%；车辆与行人之间的事故占比23.43%，相比2017年下降了4.54%；单车事故占比6.86%，相比2017年上升了0.11%。数据显示，2011—2018年，车辆与车辆之间的事故在36个大城市道路交通事故总量中的占比由2011年的73.62%下降至2017年的65.28%，2018年又反弹至69.71%；车辆与行人之间的事故占比由2011年的21.07%上升至2017年的27.97%，2018年又下降至23.43%；单车事故占比由2011年的5.31%上升至2018年的6.86%（图6-24）。

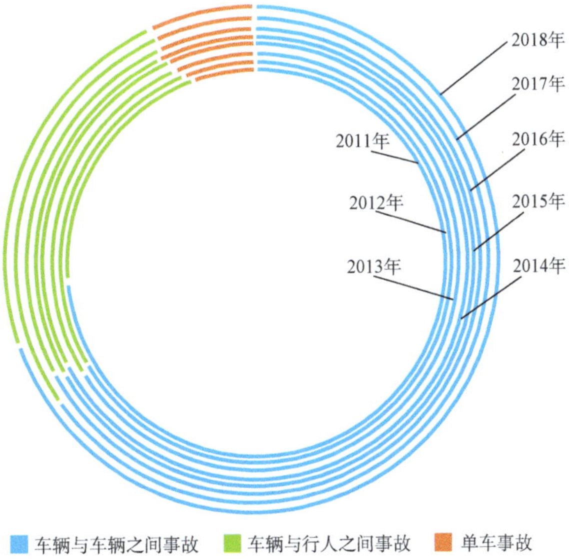

图6-24　2011—2018年36个大城市道路交通事故形态占比分布情况

注：数据来源于公安部交通管理局。

二、行驶状态下碰撞是车辆之间事故的主要形态

全国36个大城市道路交通事故中，行驶状态下车辆的碰撞导致的交通事故数占车辆间事故总量的90%左右，是车辆间的主要事故形态。2018年，行驶状态下车辆碰撞事故形态占车辆间事故的90.95%，与2017年相比上升了3.14%；碰撞静止车辆事故形态占比7.91%，与2016年相比上升了0.3%；其他车辆间事故形态占比1.14%。数据显示，2011—2018年，车辆间事故中，行驶状态下车辆碰撞事故形态占比整体呈下降趋势，由96.23%下降至90.95%，但仍处于车辆事故形态主体地位；碰撞静止车辆事故形态占比呈逐年上升趋势，由2.28%上升至7.91%（图6-25）。

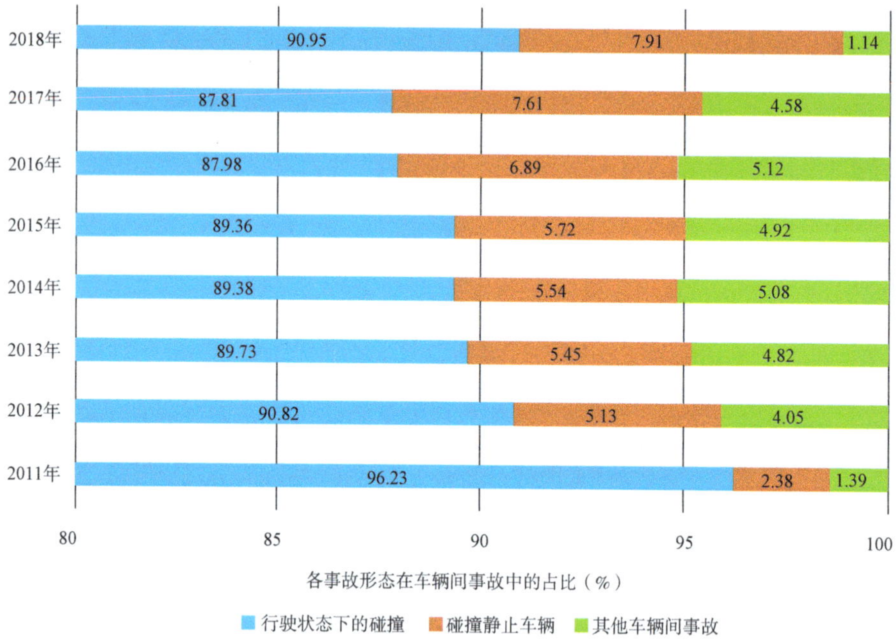

图6-25　2011—2017年36个大城市车辆间各交通事故形态占比分布情况

注：数据来源于公安部交通管理局。

碰撞静止车辆事故形态占比的逐年升高，一定程度上也反映出大城市路内停车秩序对道路交通安全影响的逐渐增强。路内停车是占用公共道路资源满足个体停车需求，对道路通行秩序和道路安全会带来相应的外部负效应，因此，需要总量控制路内泊位数、合理引导路内停车需求、严格加强路内停车执法，做到路内停车入位、停车有序、停车规范，尽可能降低寻找车位绕行交通量，尽可能减少车辆停放对道路通行带来的影响。

三、剐撞行人是车辆与行人之间事故的主要形态

全国36个大城市道路交通事故中，剐撞行人导致的交通事故数占车辆与行人之间事故总量的90%左右，是车辆与行人之间的主要事故形态。2018年，剐撞行人事故形态占车辆与行人之间事故的92.79%，碾压行人事故形态占比4.11%，碰撞后碾压行人事故形态占比2.02%，其他车辆与行人事故形态占比1.08%。数据显示，2011—2018年，车辆与行人之间事故中，剐撞行人事故形态占比呈逐年上升趋势，由89.73%上升至92.79%（图6-26）。

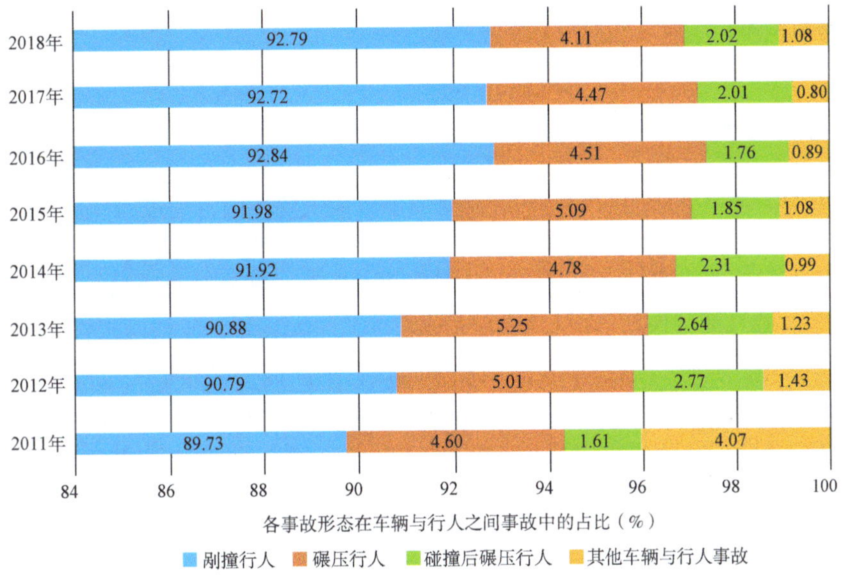

图6-26 2011—2018年36个大城市车辆与行人之间各交通事故形态占比分布情况

注：数据来源于公安部交通管理局。

四、撞固定物是单车事故的主要形态

全国36个大城市道路交通事故中，撞固定物导致的交通事故数占单车事故总量的70%左右，是单车事故的主要事故形态。2018年，撞固定物事故形态占单车事故的73.84%，侧翻事故形态占比16.48%，乘客跌落或抛出事故形态占比2.67%，撞非固定物事故形态占比2.59%，坠车事故形态占比2.03%，翻滚事故形态占比1.90%，自身摺叠事故形态占比0.46%。数据显示，2011—2018年，单车事故中，撞固定物事故形态占比呈逐年上升趋势，由63.30%上升至73.48%，年均增幅1.51%（图6-27）。

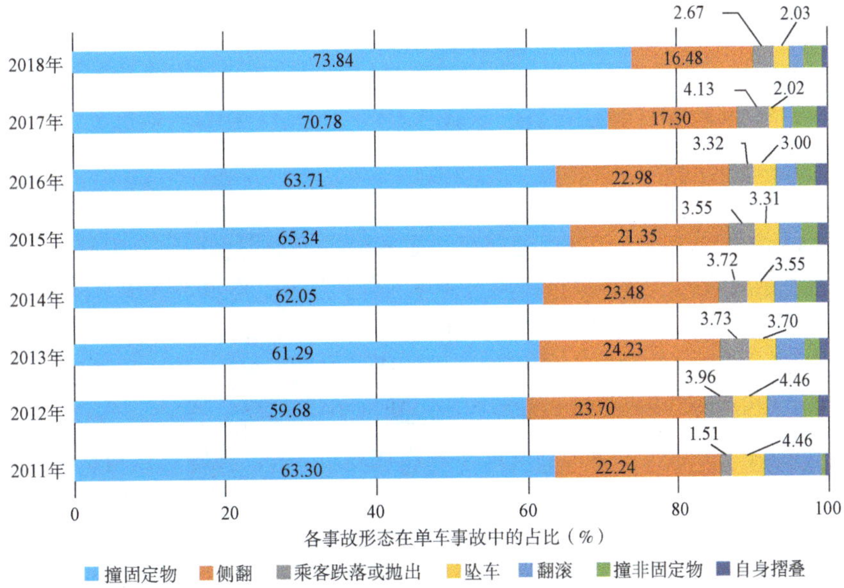

图6-27 2011—2018年36个大城市单车各交通事故形态占比分布情况

注：数据来源于公安部交通管理局。

第四节　道路交通事故成因

一、交通违法是道路交通事故最主要成因

全国36个大城市中，道路交通违法行为是道路交通事故最主要成因，超过90%的道路交通事故是因交通参与者的交通违法行为导致。2018年，道路交通事故成因中，交通违法行为成因占比达93.38%，其中机动车违法行为成因占81.71%，非机动车违法行为成因占10.03%，行人违法行为成因占1.64%；非违法过错、道路设施原因、意外事故等其他占比达6.62%。数据显示，2011—2018年，交通违法行为成因占比由94.44%下降至93.38%，呈波动变化、略有下降。其中，机动车违法行为成因仍是36个大城市道路交通事故的主要原因，但事故占比已由86.54%下降至81.71%、下降了4.83%；同时，非机动车交通违法行为导致的交通事故量占比逐年升高，非机动车违法行为成因占比由6.30%上升至10.03%，升高了3.73%，非机动车通行秩序和安全问题需要引起足够重视；此外，行人违法行为成因占比基本保持不变（图6-28）。

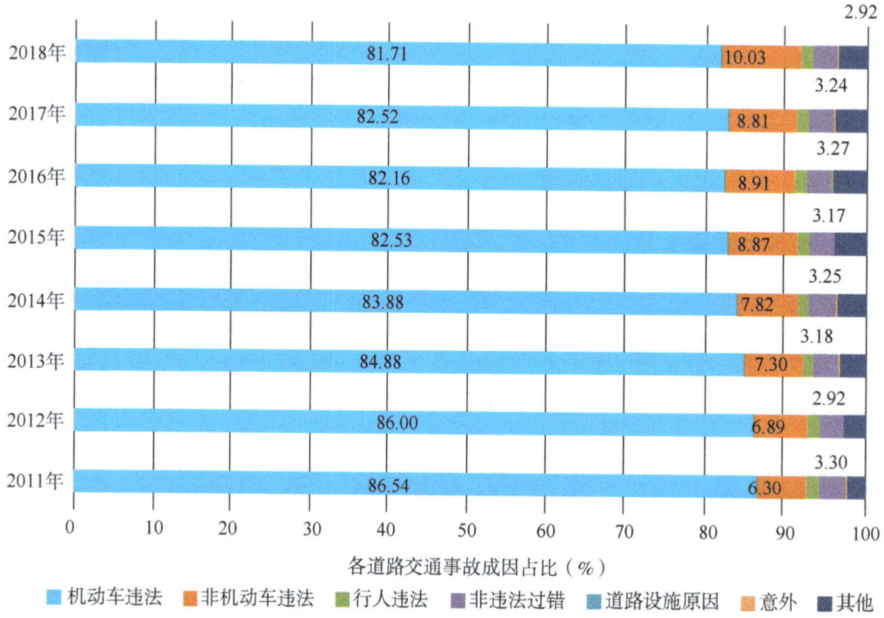

图6-28　2011—2018年36个大城市道路交通事故各成因占比分布情况

注：数据来源于公安部交通管理局。

西部、东北城市机动车交通违法是城市道路交通事故最主要成因。西宁、大连、长春、哈尔滨、重庆等城市因机动车交通违法导致的交通事故占比超过90%，高于全国平均水平近10个百分点，机动车通行秩序管理应引起足够重视，城市道路交通安全风险防范的重要环节应集中于强化机动车交通违法行为的查处。东南沿海城市及部分中部城市的非机动车交通违法成因占比超过15%。特别是电动自行车保有量较高的城市，如南宁的非机动车交通违法导致的交通事故占比已超过20%；合肥、宁波、海口、福州、郑州、南京、昆明、上海等城市非机动车交通违法导致的交通事故占比超过15%。在绿色出行战略推动下、共享经济市场发展促进下，自行车开始回归城市主流交通方式，电动自行车出行比例逐年提升，非机动车通行秩序和通行安全问题应重新引起警惕。从城市交通安全管理角度出发，一方面，需要对非机动车通行路权进行明晰、保障，尽量减少机非混行的相互干扰；另一方面，也需要加大对非机动车交通违法的查处力度，如集中严查严处非机动车违反交通信号通行、逆行、占道行驶等突出交通违法行为。同时，人口较少的拉萨、乌鲁木齐和人口集聚的成都、上海行人交通违法导致的交通事故占比超过4%，广州、厦门、海口行人交

通违法导致的交通事故占比超过3.5%。行人交通违法行为导致的交通事故形态主要是机动车剐撞、碰撞行人，虽然交通事故量占比不大，但交通事故伤亡情况严重，每年行人在城市道路交通事故伤亡人数中的占比超过20%。因此，保障行人通行条件、强化行人通行秩序应是城市交通安全管理的关键因素（图6-29）。

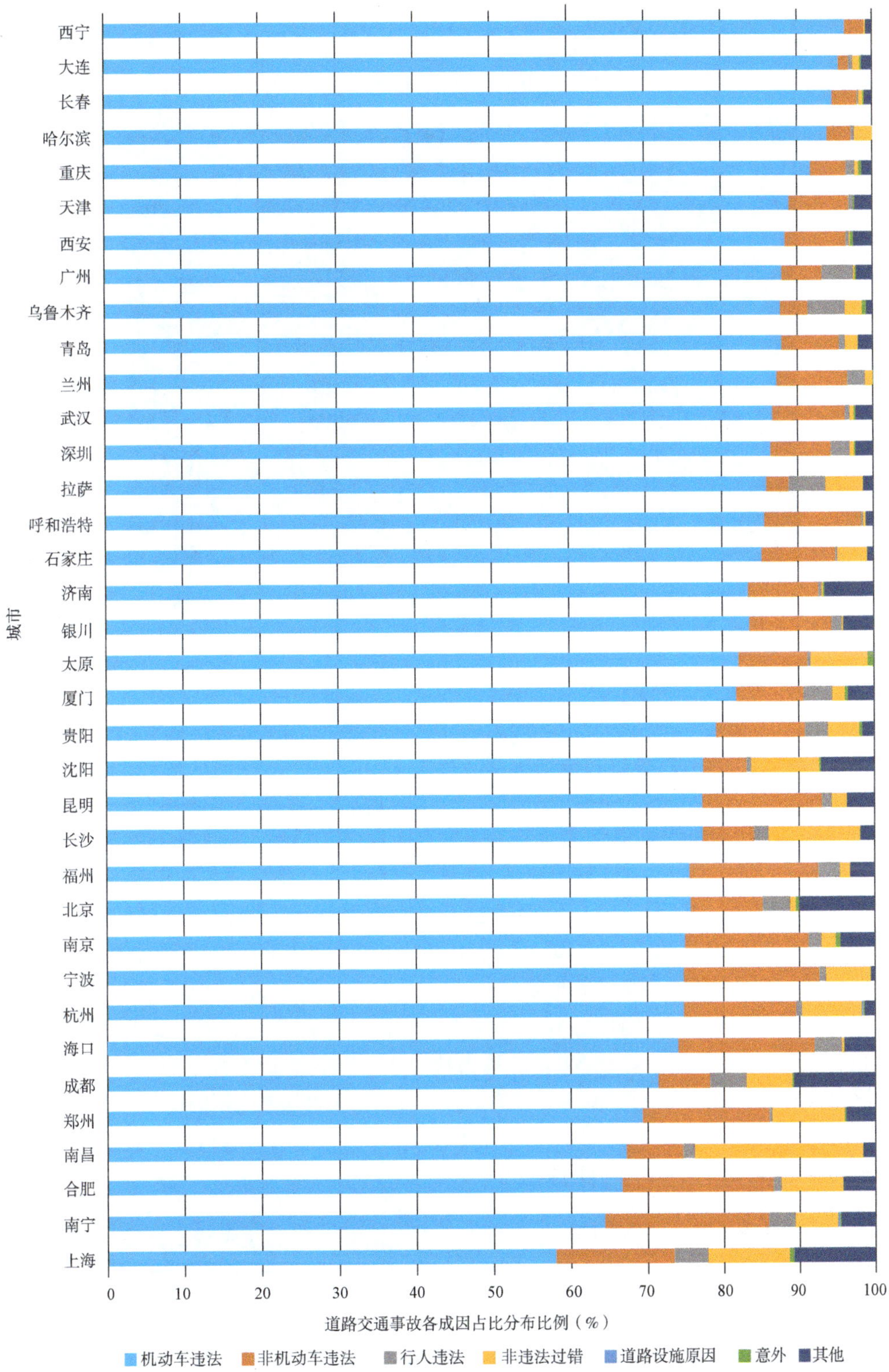

图6-29　2018年36个大城市道路交通事故各成因占比分布情况

注：数据来源于公安部交通管理局。

2018年，道路交通事故违法成因前十位中，机动车交通违法有8项，非机动车交通违法有2项（图6-30）。按照导致交通事故数占比由高至低排列：未按规定让行（15.79%）、醉酒驾驶（7.16%）、无证驾驶（5.78%）、违反交通信号（3.55%）、未按规定与前车保持安全距离（2.99%）、违法变更车道（2.58%）、酒后驾驶（2.43%）、非机动车违反交通信号（2.42%）、逆行（2.42%）、非机动车逆行（2.11%）。相比2017年，醉酒驾驶、未按规定让行导致的交通事故数占比上升较快，分别同比增加了5个百分点、4个百分点；酒后驾驶导致的交通事故数占比下降较快，同比下降了1个百分点。

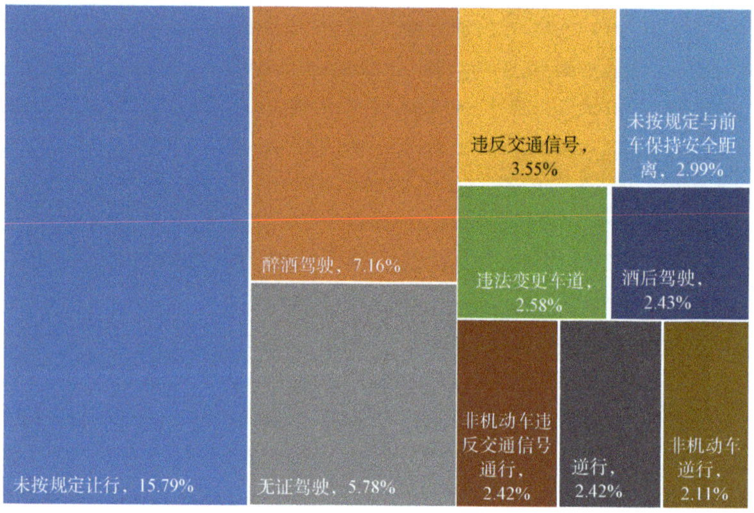

图6-30　2018年36个大城市道路交通事故违法成因前十位分布情况

注：数据来源于公安部交通管理局。

二、未按规定让行是导致交通事故最多的机动车违法行为

机动车突出交通违法行为是影响道路交通安全的重要因素。2018年，36个大城市中，机动车未按规定让行导致的交通事故占比达15.79%，机动车未按规定让行已成为道路交通事故的首要成因。数据显示，2011—2018年，机动车交通违法导致的交通事故数占比整体呈逐年下降而又反弹的趋势（表6-4）。其中，未按规定让行导致的交通事故占比由2011年的15.79%下降至2017年的11.83%，但在2018年出现了反弹，占比达到15.79%；无证驾驶、违反交通信号、违法倒车、违法掉头、违法停车等交通违法行为导致的交通事故占比均出现了反弹势头，且达到了近8年来的最高峰值；酒后驾驶导致的交通事故占比由2011年2.26%逐年增长，2016年达到最高峰4.58%，之后占比逐年下降，2018年已下降至2.43%；疲劳驾驶导致的交通事故占比在2012年出现了最低值，之后出现反弹，在2014年占比达到0.48%，2015—2018年期间又继续逐年下降，2018年已下降至0.23%；同时，逆行、超速行驶、违法占道行驶、违法抢行等交通违法行为导致的交通事故占比继续保持逐年下降的趋势。

2011—2018年36个大城市机动车交通违法行为导致的道路交通事故占比变化情况　表6-4

机动车交通违法行为	交通违法行为导致交通事故占比（%）								
	2011年	2012年	2013年	2014年	2015年	2016年	2017年	2018年	变化趋势
未按规定让行	15.79	14.88	13.64	12.73	12.16	12.29	11.83	15.79	

续上表

机动车交通违法行为	交通违法行为导致交通事故占比（%）								
	2011 年	2012 年	2013 年	2014 年	2015 年	2016 年	2017 年	2018 年	变化趋势
无证驾驶	4.93	5.85	5.86	5.87	5.71	5.18	5.23	5.78	
酒后驾驶	2.26	3.09	2.96	3.43	4.08	4.58	3.57	2.43	
违反交通信号	2.93	3.08	2.42	2.60	2.99	2.98	2.97	3.55	
逆行	3.10	2.87	2.74	2.55	2.49	2.41	2.26	2.42	
超速行驶	6.12	5.68	2.25	2.20	2.26	2.10	1.88	2.03	
违法变更车道	2.27	1.53	1.56	1.68	1.98	1.80	1.64	2.58	
违法上道路行驶	1.37	1.67	1.68	1.81	1.80	1.77	1.73	0.85	
违法占道行驶	2.37	2.85	2.05	1.89	1.44	1.56	1.24	0.79	
违法倒车	1.50	1.37	1.46	1.43	1.25	1.27	1.33	1.66	
违法掉头	1.19	1.23	1.19	1.05	1.06	1.06	0.90	1.54	
违法超车	1.69	1.24	1.18	1.05	0.97	0.96	0.98	1.08	
违法会车	1.86	1.28	1.26	1.11	1.11	0.95	1.20	0.98	
违法抢行	0.34	0.48	0.62	0.55	0.49	0.66	0.68	0.37	
违法装载	0.65	0.65	0.62	0.52	0.43	0.51	0.29	0.14	
违法停车	0.44	0.49	0.52	0.54	0.57	0.50	0.46	0.72	
疲劳驾驶	0.33	0.20	0.40	0.48	0.37	0.32	0.29	0.23	
违法装载超限及危险品运输	0.01	0.01	0.10	0.07	0.05	0.12	0.05	0.01	
不按规定使用灯光	0.40	0.35	0.13	0.09	0.07	0.05	0.08	0.27	
违法牵引	0.03	0.03	0.02	0.02	0.02	0.02	0.01	0.01	

三、违反交通信号是导致交通事故最多的非机动车违法行为

非机动车交通违法行为是影响道路交通安全的重要因素，超过10%的道路交通事故因非机动车交通违法行为所致。2018年，36个大城市中，违反交通信号、逆行、未按规定让行、违法占道行驶是非机动

车最突出的交通违法行为，导致的道路交通事故占比分别为2.42%、2.11%、1.72%、1.54%。数据显示，2011—2018年，非机动车交通违法导致的交通事故数占比整体呈逐年上升趋势（表6-5）。其中，非机动车违反交通信号占比由2011年的0.92%上升至2.42%，升高了1.5个百分点；逆行占比由2011年的1.46%上升至2.11%，升高了0.65个百分点；未按规定让行占比由2011年的0.76%上升至1.72%，升高了0.96个百分点；违法占道行驶占比由2011年的1.09%上升至1.54%，升高了0.45个百分点。

2011—2018年36个大城市非机动车交通违法行为导致的道路交通事故占比变化情况 表6-5

非机动车交通违法行为	交通违法行为导致交通事故占比（%）								
	2011年	2012年	2013年	2014年	2015年	2016年	2017年	2018年	变化趋势
逆行	1.46	1.67	1.69	1.78	1.85	1.77	1.65	2.11	
违法占道行驶	1.09	1.21	1.36	1.28	1.69	1.74	1.68	1.54	
违反交通信号	0.92	1.09	1.14	1.22	1.54	1.62	1.82	2.42	
违法上道路行驶	0.39	0.62	0.73	0.91	1.02	1.03	0.97	0.53	
未按规定让行	0.76	0.79	0.80	0.93	0.85	0.89	0.90	1.72	
超速行驶	0.46	0.39	0.41	0.44	0.50	0.48	0.39	0.47	
酒后驾驶	0.14	0.18	0.22	0.29	0.37	0.34	0.38	0.66	
违法超车	0.22	0.21	0.26	0.25	0.23	0.22	0.24	0.49	
违法抢行	0.12	0.10	0.08	0.13	0.15	0.12	0.15	0.22	
违法装载	0.06	0.05	0.07	0.07	0.06	0.07	0.05	0.06	
违法停车	0.04	0.04	0.03	0.04	0.04	0.04	0.03	0.03	
无证驾驶	0.02	0.02	0.02	0.02	0.04	0.02	0.04	0.09	

四、违反交通信号是导致交通事故最多的行人违法行为

行人交通违法行为在道路交通事故成因中的占比在1.6%左右，但行人不按规定横过机动车道的交通违法行为导致的交通事故占比大幅反弹，行人过街安全问题值得关注。2018年，36个大城市中，行人不按规定横过机动车道导致的交通事故占比达0.51%，是导致交通事故最突出的行人交通违法行为；其次，行人违反交通信号导致的事故占比达0.38%（表6-6）。

2011—2018年36个大城市行人交通违法行为导致的道路交通事故占比变化情况 表6-6

行人交通违法行为	交通违法行为导致交通事故占比（%）								
	2011 年	2012 年	2013 年	2014 年	2015 年	2016 年	2017 年	2018 年	变化趋势
违反交通信号	0.83	0.78	0.75	0.75	0.85	0.83	0.82	0.38	
行人违法上道路	0.22	0.22	0.23	0.23	0.25	0.19	0.15	0.03	
行人违法占道	0.15	0.13	0.11	0.11	0.14	0.15	0.13	0.07	
行人不按规定横过机动车道	0	0	0	0	0	0	0.06	0.51	
其他影响安全行为	0.40	0.30	0.28	0.26	0.26	0.27	0.25	0.17	

第七章 城市道路建设与公共交通发展

近年来，我国城市道路建设虽然取得长足进展，但是许多城市的道路密度和人均道路面积等多项指标仍然低于国家标准值下限，伴随着机动车保有量快速增长，城市交通拥堵日益加剧。城市公共交通具有集约高效和节能环保的特点，优先发展城市公共交通是缓解城市交通拥堵和转变城市发展方式的重要举措，也是提升人民群众生活品质和促进城市交通可持续发展的重要途径。

全国36个大城市道路基础设施建设不断推进。2017年，36个大城市的道路里程12.8万km，占全国道路里程的32.2%，道路里程同比增长了4%。但是，仍有相当数量的城市路网密度不达标，城市道路规划建设环节的先天性问题依然突出。从道路网密度看，合肥、沈阳、乌鲁木齐、上海、南昌、昆明、兰州、成都、郑州、深圳、贵阳、西安、银川、拉萨、长沙、呼和浩特、宁波17个城市低于规范下限值，其中长沙道路网密度为3.8km/km^2，呼和浩特为3.6 km/km^2，宁波为2.7km/km^2。从人均道路面积看，上海城市人均道路面积小于7m^2，为4.5 m^2/人。从车均道路面积看，17个城市的车均道路面积小于30 m^2/辆，其中，郑州为18.3 m^2/辆，宁波为16.8 m^2/辆，昆明为12.6 m^2/辆。

全国36个大城市公共交通供给结构不断优化，轨道交通客运量明显提升。截至2018年，36个大城市已有28个城市开通了轨道交通，城市轨道交通总客运量为207.9亿人次，占全国城市轨道交通客运量的97.7%；36个大城市公共汽电车共完成客运量346.3亿人次，占全国的49.7%。

第一节 城市道路建设

一、城市道路里程

1. 道路里程

据国家统计局网站和《中国城市建设统计年鉴2017年》数据统计，2017年，我国36个大城市道路里程总计12.79万km，与2017年相比增长了4%，占全国比例的32.15%（图7-1）。数据显示，2014—2017年，我国36个大城市道路里程总数持续保持全国城市道路里程总量的三分之一，3年内道路里程总数增长了13.4%，增长率总体呈现上升趋势但增速放缓。

2017年，重庆、北京、南京、天津、广州、深圳6个城市道路里程超过了6500km，重庆为9363.65 km居首，北京为8436.58 km次之，南京为8260.8km排名第三位；武汉、济南、上海、青岛4个城市道路里程超过了4500 km；西安、成都、沈阳、长春、杭州、大连、哈尔滨、厦门、合肥、太原、乌鲁木齐、石家庄、福州、郑州、宁波15个城市道路里程超过2000 km（小于4500 km），西安为4276.67km，成都为4124.74km，沈阳为3922.14km；兰州、昆明、南宁、南昌、贵阳、长沙、海口、呼和浩特8个城市道路里程超过1000 km（小于2000 km），兰州为1856.63km，昆明为1850.49km，南宁为1748.74km；拉萨、西宁、银川3个城市道路里程在1000 km以下，银川为697.78km，西宁为577.02km，拉萨为367.7 km（图7-2）。

从2015—2017年城市道路里程变化情况来看，36个大城市中有32个城市道路里程较2015年有所增长，其中7个城市道路里程总数保持快速增长，增长率均超过20%，依次为福州（68.71%）、成都（50.59%）、厦门（38.42%）、西安（28.7%）、呼和浩特（27.38%）、宁波（25.46%）、重庆（21.42%）；12个城市道路里程总数保持较快增长，增长率超过10%（小于20%），分别为杭州（18.67%）、太原（18.03%）、兰州（17.21%）、郑州（16.17%）、合肥（14.57%）、银川（13.28%）、西宁（12.70%）、贵阳（12.12%）、南宁（11.96%）、青岛（11.20%）、哈尔滨（11.18%）；济南、大连、石家庄、武汉、海口、长春、南京、广州、上海、北京、天津、深圳、乌鲁木齐、沈阳14个城市道路里程总数增长率在10%以内。此外，南昌、昆明、长沙、拉萨4个城市道路里程出现负增长。

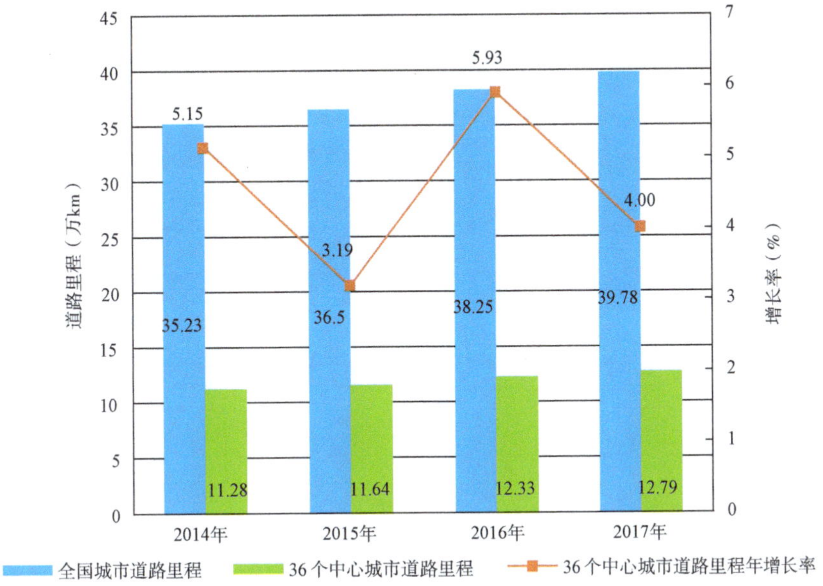

图7-1　2014—2017年我国36个大城市道路里程总体情况

注：数据来源于国家统计局网站和《中国城市建设统计年鉴 2017 年》。

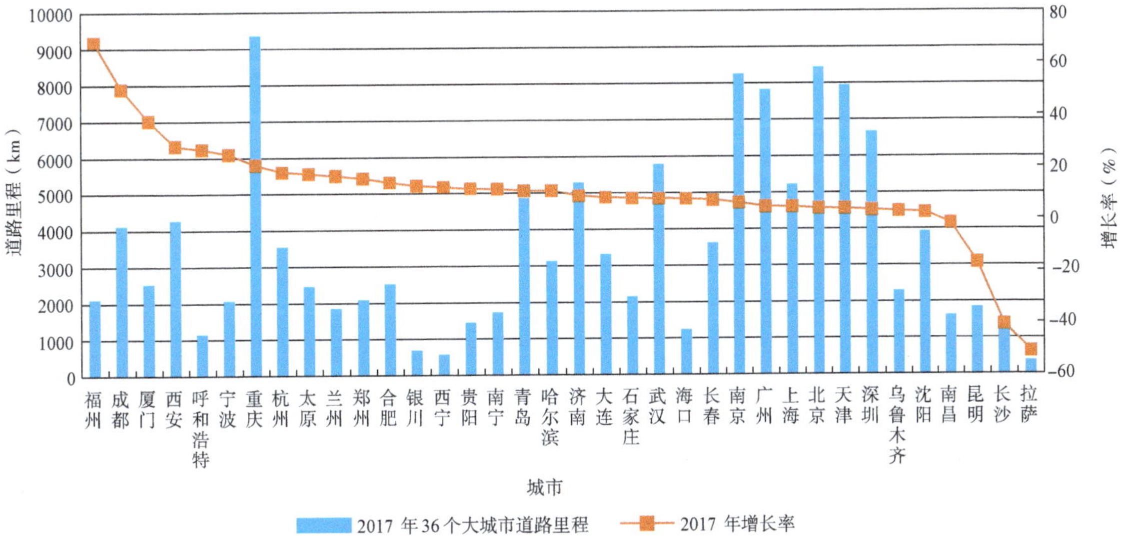

图7-2　2017年我国36个大城市道路里程情况

注：数据来源于《中国城市建设统计年鉴 2017 年》。

2. 道路网密度

城市道路网密度合理是保障城市交通运行效率的重要基础，道路网密度高可以有效提高城市路网交通可达性，减少交通运行延误，反之，将影响城市交通运行秩序与效率。2016年，中共中央、国务院下发的《关于进一步加强城市规划建设管理工作的若干意见》（以下简称《意见》）中提出，到2020年，城市建成区平均路网密度提高到8km/km^2，我国36个大城市2018年的平均道路网密度为5.89km/km^2，与《意见》要求仍有较大差距。36个大城市中仅有3个城市路网密度超过8km/km^{2}的要求，分别为深圳（9.5km/km^2）、厦门（8.45km/km^2）、成都（8.02km/km^2）。

此外，根据我国《城市道路交通规划设计规范》（GB 50220—1995）规定，人口超过200万的大城市，道路网密度规范值为5.4 ~ 7.1km/km^2，人口小于200万的大城市，道路网密度规范值为5.3 ~ 7.0km/km^2。按照此标准规定，2018年，36个大城市中有11个城市低于规范值的下限，分别为太原、石家庄、西宁、哈尔滨、银川、沈阳、济南、呼和浩特、兰州、拉萨、乌鲁木齐，其中兰州道路网密度为4.04km/km^2，拉萨为3.78km/km^2，乌鲁木齐为3.41km/km^2（图7-3）。

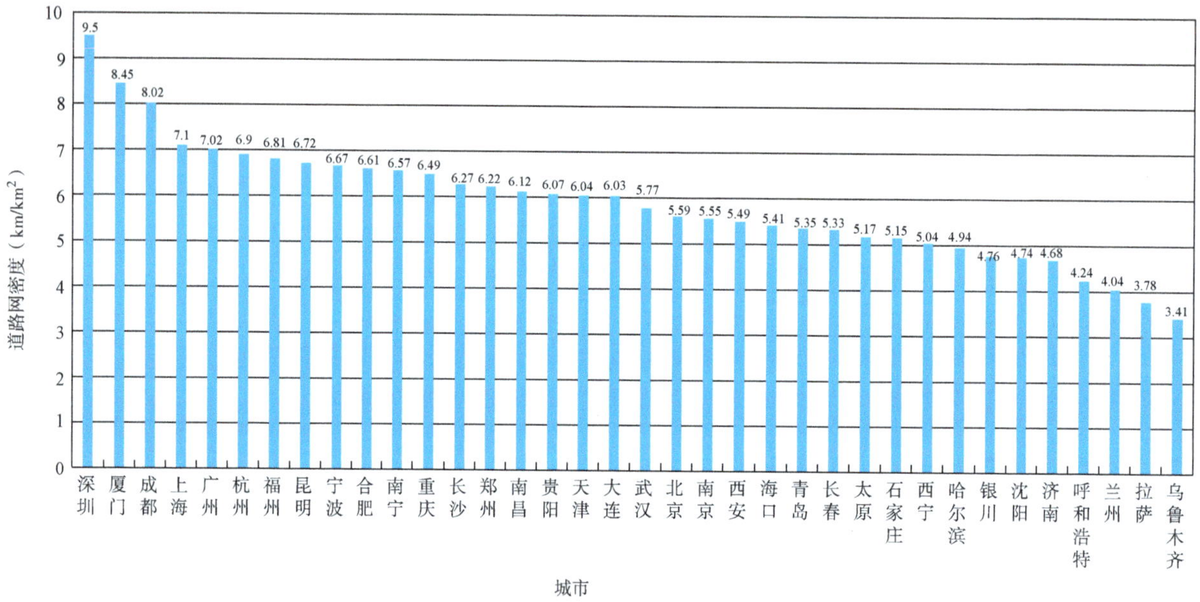

图7-3　2018年我国36个大城市道路网密度

注：数据来源于《2018 年度中国主要城市道路网密度监测报告》。

二、城市道路面积

据国家统计局网站和《中国城市建设统计年鉴2017年》数据统计，2017年，我国36个大城市道路面积总计2568.15km^2，与2016年相比增长了4.56%，占全国道路面积的32.56%（图7-4）。数据显示，2014—2017年，36个大城市道路面积总量增长了15.49%，道路面积增长速度高于道路里程增长速度，城市“疏路网、宽马路”建设现象仍较为普遍，由此导致了城市行人和非机动车出行距离增加、可达性低、过街安全性降低；公交系统存在服务渗透力差、覆盖率不高等问题；小汽车交通流量过于集中于宽马路，难以均匀分布在路网上，造成道路利用率低、路网弹性差等问题。

1. 道路面积

2017年，重庆、南京、天津、北京、广州、深圳、上海、成都、武汉9个城市道路面积超过10000万m^2，较2016年增加1个城市，其中重庆为19015.22万m^{2}居首，南京为15263.77万m^{2}次之，天津为14742.12万m^{2}排名第三位，北京为13959.79万m^{2}排名第四位；西安、济南、青岛、杭州、沈阳、长春、合肥、哈尔滨、郑州、石家庄、厦门、太原、大连13个城市道路面积超过5000万m^2（小于10000万m^2），西安为9829.39万m^2，济南为9420.29万m^2，青岛为8495.84万m^2；长沙、南宁、兰州、宁波、福州、南昌、昆明、乌鲁木齐、呼和浩特、贵阳、海口、银川、西宁、拉萨14个城市道路面积小于5000万m^2，银川为2226.1万m^2，西宁为1294.56万m^2，拉萨为560.62万m^2（图7-5）。从增长率来看，厦门、西宁、沈阳、西安、杭州、郑州、福州、广州、成都、贵阳、太原11个城市道路面积增长率在10%以上。

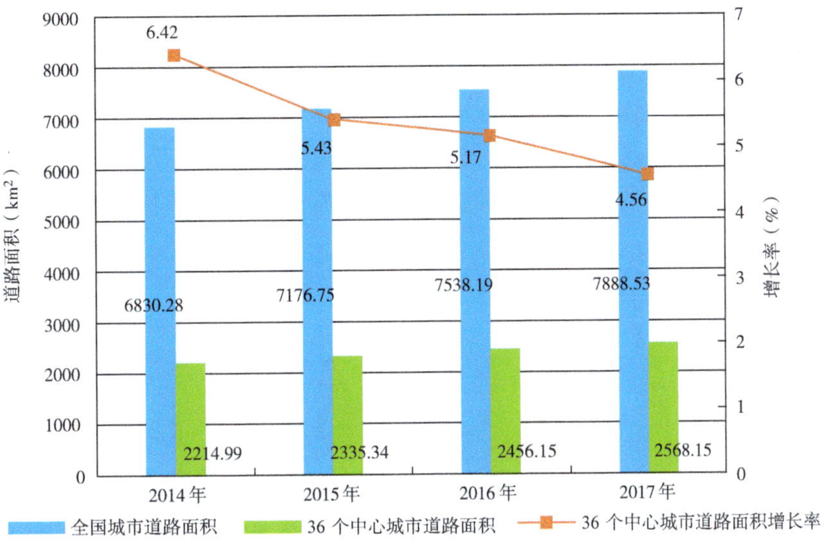

图7-4　2014—2017年我国36个大城市道路面积总体情况

注：数据来源于国家统计局网站和《中国城市建设统计年鉴2017年》。

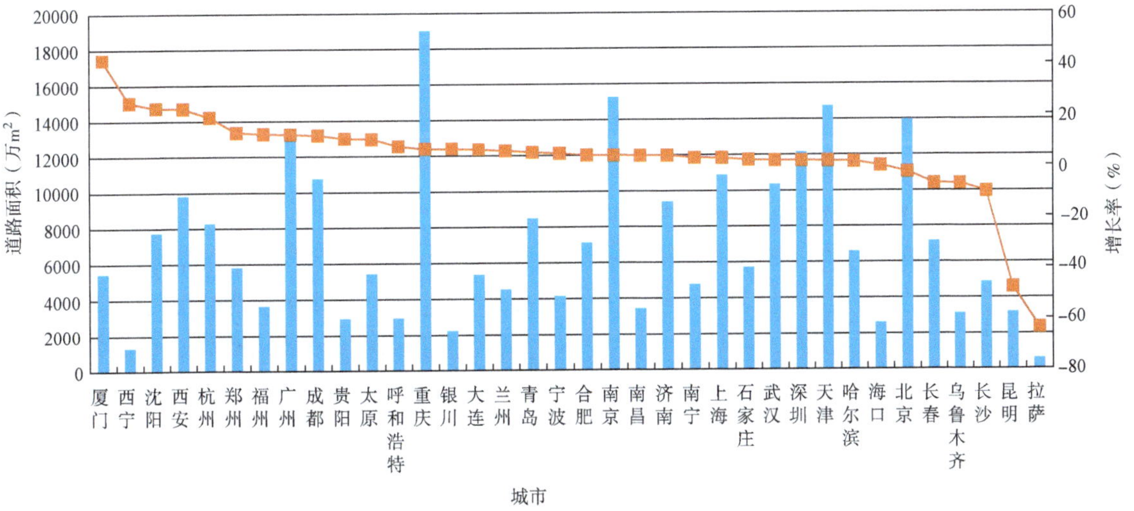

图7-5　2017年我国36个大城市道路面积情况

注：数据来源于《中国城市建设统计年鉴2017年》。

2. 人均道路面积

城市人均道路面积可以反映城市道路资源的人均供给水平，人均道路面积越大，说明城市道路资源的人均供给水平相对越高，反之，说明人均供给水平相对越低。我国《城市道路交通规划设计规范》（GB 50220—1995）规定，城市人均占用道路用地面积宜为7~15m²。根据《中国城市建设统计年鉴2017年》，36个大城市中有12个城市的人均道路面积超过15m²，分别为南京、济南、石家庄、西安、青岛、合肥、兰州、长春、天津、海口、厦门、沈阳，其中南京为23.75m²/人居首，济南为23.32m²/人次之，石家庄为20.03m²/人排名第三位；太原、呼和浩特、南宁、银川、成都、拉萨、大连、哈尔滨、杭州、福州、重庆、宁波、南昌、武汉、广州、乌鲁木齐、贵阳17个城市人均道路面积大于10 m²/人（小于15 m²/人）太原为14.65m²/人，呼和浩特为14.39m²/人，南宁为14.33m²/人；西宁、深圳、郑州、长沙、昆明、北京6个城市人均道路面积大于7m²/人（小于10 m²/人），西宁为9.75 m²/人，深圳为9.7m²/人，郑州为9.13 m²/人；上海城市人均道路面积小于7m²，为4.51 m²/人（图7-6）。

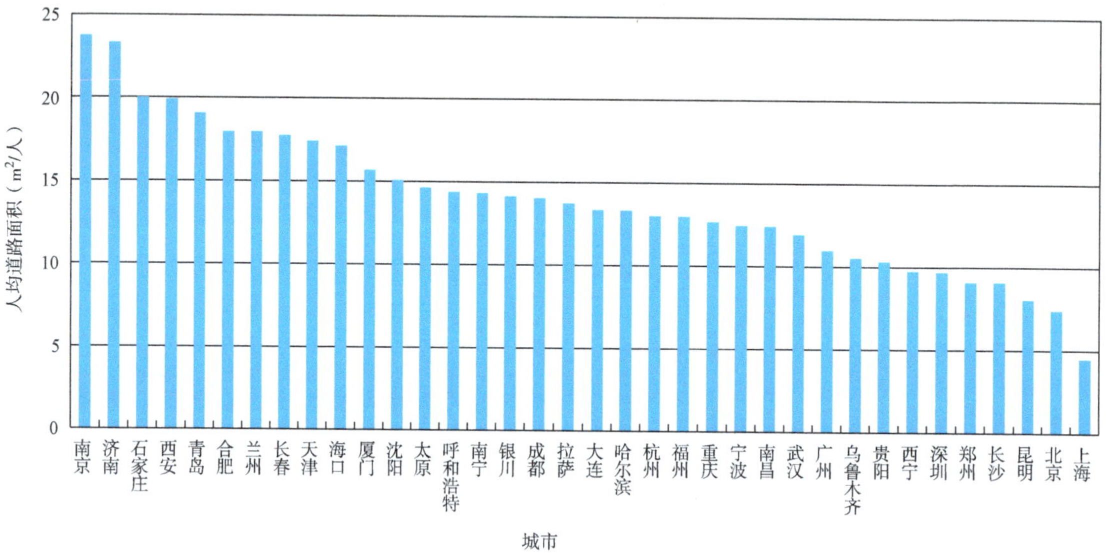

图7-6　2017年我国36个大城市人均道路面积

注：数据来源于《中国城市建设统计年鉴 2017 年》。

3. 车均道路面积

城市车均道路面积可以反映城市道路资源的车均供给水平，车均道路面积越大，说明城市道路资源的车均供给水平相对越高，反之，说明车均供给水平相对越低。依据城市道路面积与城市机动车保有量计算城市车均道路面积，2017年，我国36个大城市平均车均道路面积为31.9 m²/辆，较2016年减少3 m²/辆，下降8.6%。南京、广州、天津、济南、兰州5个城市车均道路面积大于40 m²/辆，较2016年减少5个城市，南京为59.4 m²/辆居首，广州为52.2m²/辆次之，天津为50.4 m²/辆排名第三；长春、哈尔滨、武汉、太原、合肥、厦门、深圳、沈阳、南昌、西安、重庆、海口、青岛、大连14个城市车均道路面积大于30 m²/辆（小于40 m²/辆）；杭州、乌鲁木齐、呼和浩特、银川、上海、拉萨、福州、北京、南宁、西宁、贵阳、石家庄、成都、长沙、郑州、宁波、昆明17个城市车均道路面积小于30 m²/辆，郑州为18.3 m²/辆，宁波为16.8 m²/辆，昆明为12.6 m²/辆（图7-7）。

4. 人行道面积

步行是城市出行的重要方式，近年来在可持续发展、生态环保等理念的影响下，以绿色交通为主导的出行方式成为共识。人行道是城市居民出行活动的必经之路，是城市公共空间的重要组成部分，人行道面积能够从一个方面反映城市的绿色交通水平，是体现城市文明程度的重要窗口。2017年，36个大城市总人行道面积为56843.1万m²，占36个大城市总道路面积的22%，平均人行道面积为1569万m²。在人行道面积总量方面，重庆、天津、武汉、西安、上海、深圳、成都7个城市的人行道面积超过2500万m^2，其中重庆为5495.52万m^2居首，天津为3608.12万m^2次之，武汉为2923万m^2第三。济南、南京、青岛、杭州、大连、哈尔滨、合肥、长春、厦门、郑州、太原、兰州12个城市的人行道面积超过1000万m^2（小于2500万m^2），其中济南为1963.34万m^2，南京为1928.4万m^2，青岛为1880.33万m^2。福州、石家庄、南宁、长沙、贵阳、宁波、南昌、呼和浩特、银川、乌鲁木齐、海口、西宁、拉萨、昆明14个城市的人行道面积小于1000万m^2，其中西宁为343.22万m^2，拉萨为215.52万m^2，昆明为172.94万m^2。在人行道面积占比方面，拉萨、贵阳、重庆、大连、武汉、西安、福州、西宁、沈阳9个城市人行道占道路面积的比例在25%以上，其中拉萨为38.44%，贵阳为31.58%，重庆为28.9%。合肥、长沙、呼和浩特、宁波、长春、海口、石家庄、广州、北京、乌鲁木齐、南京、昆明12个城市人行道占道路面积的比例在20%以下，其中乌鲁木齐为16.52%、南京为12.63%、昆明为5.45%（图7-8）。

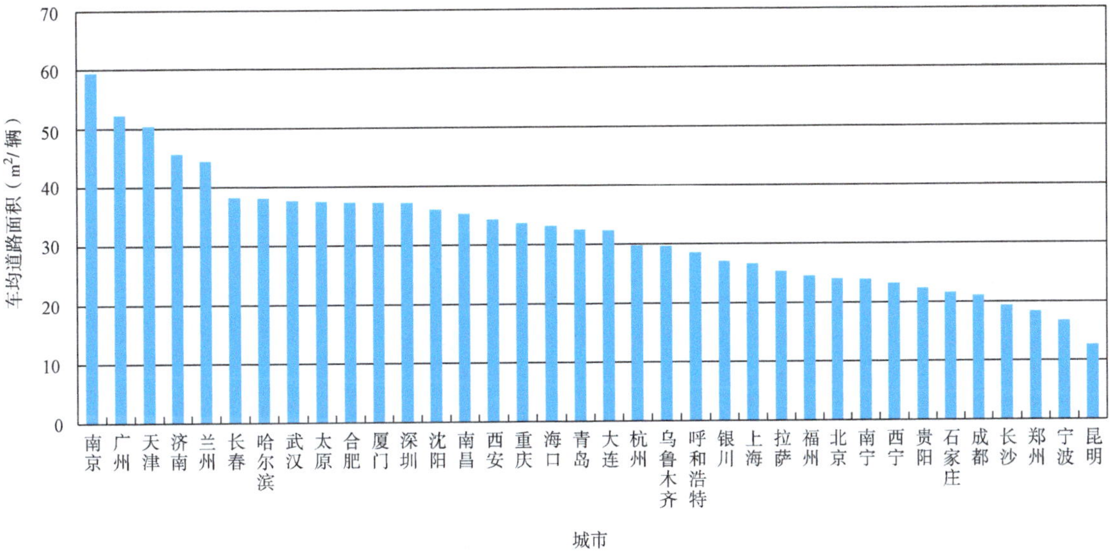

图7-7　2017年我国36个大城市车均道路面积

注：数据来源于公安部交通管理局和《中国城市建设统计年鉴2017年》。

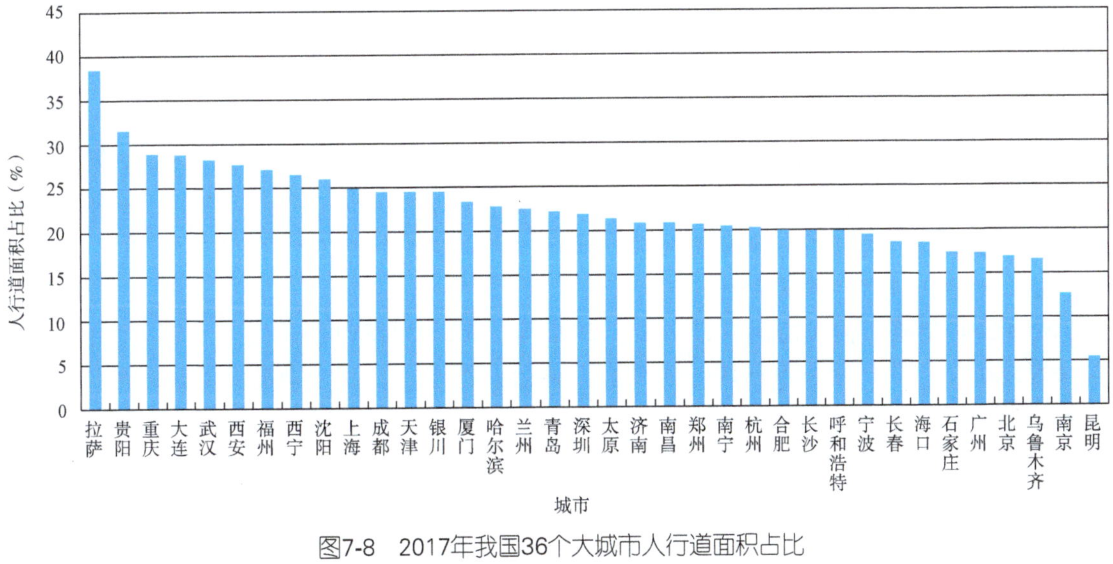

图7-8　2017年我国36个大城市人行道面积占比

注：数据来源于《中国城市建设统计年鉴2017年》。

第二节　城市地面公共交通

一、城市公共汽电车运营车辆数

2012—2018 年，我国36个大城市公共汽电车运营车辆数总体保持增长态势。2018年，36个大城市公共汽电车运营车辆数超过1万标台的城市有13个，分别为北京、上海、深圳、成都、广州、天津、重庆、杭州、武汉、青岛、长沙、南京、西安，其中北京为33980标台位居首位，上海为21921台次之，深圳为21258第三。

据《2018年交通运输行业发展统计公报》和《中国城市客运发展报告（2018）》统计，2018年，我国36个大城市公共汽电车运营车辆数总计33.9万标台，比2017年增长2.15%，占全国公共汽电车运营车辆数的50.39%，同比增加5.49%。2012—2018年，36个大城市公共汽电车运营车辆数在2012年出现过负增长，但总体仍保持增长态势（图7-9）。

图7-9　2013—2018年我国36个大城市公共汽电车运营车辆数

注：数据来源于《中国城市客运发展报告（2018）》。

2018年，哈尔滨、济南、郑州、昆明、宁波、沈阳、石家庄、大连、合肥、乌鲁木齐、长春、厦门、福州、南昌14个城市公共汽电车运营车辆数大于5000标台（小于10000标台）。南宁、兰州、贵阳、呼和浩特、太原、海口、银川、西宁、拉萨9个城市公共汽电车运营车辆数不足5000标台，其中银川为2264标台、西宁为2223标台、拉萨为693标台。

从各城市公共交通车辆人均保有量来看，2018年，32个大城市公共汽电车辆人均保有量超过了10~12.5标台/万人，即平均每800~1000人拥有一辆公共汽电车，其中青岛（23.4标台/万人）、长沙（21.2标台/万人）、成都（19.5标台/万人）位于前三位，上海、南宁、太原、重庆4个城市公共汽电车辆人均保有量分别为9.1标台/万人、8.9标台/万人、7.2标台/万人、4.8标台/万，人均保有水平偏低（图7-10）。

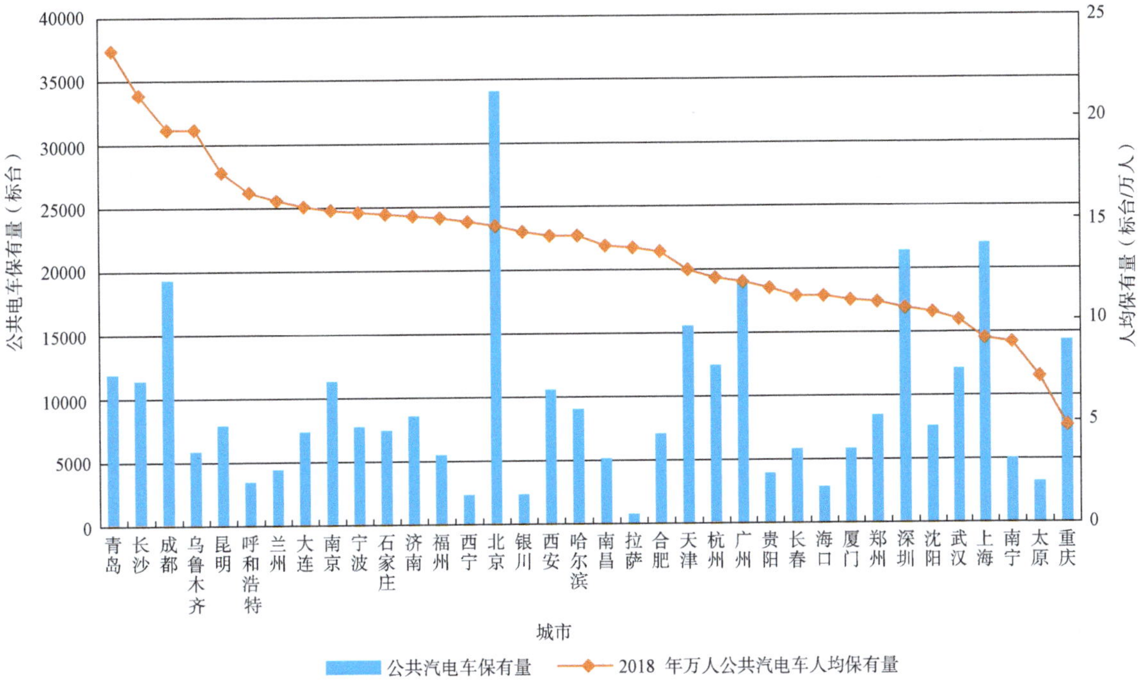

图7-10　2018年我国36个大城市公共汽电车保有量

注：数据来源于《中国城市客运发展报告（2018）》。

二、公共汽电车运营线路长度

2013—2018年，我国36个大城市公共汽电车运营线路长度增长了39.86%。2018年，36个大城市公共汽电车运营线路长度超过1万km的城市有12个，与2017年持平，分别为上海、广州、天津、青岛、深圳、北京、杭州、重庆、成都、南京、宁波、昆明，其中上海、广州、天津、青岛、深圳5个城市超过2万km，较2017年增加3个城市。

据《2018年交通运输行业发展统计公报》和《中国城市客运发展报告（2018）》数据统计，2018年，我国36个大城市公共汽电车运营线路长度总计33.4万km，相比2017年增长12.88%，占全国公共汽电车运营线路总长度的27.83%（图7-11）。

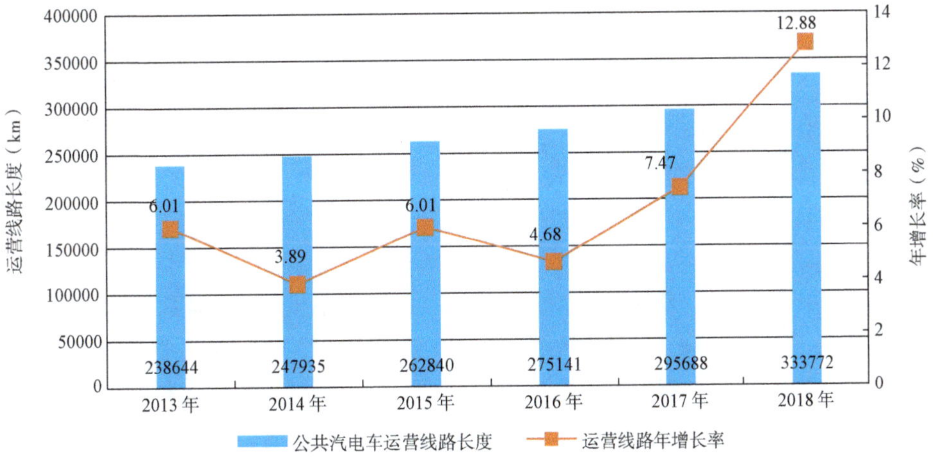

图7-11　2013—2018年我国36个大城市公共汽电车运营线路长度

注：数据来源于《中国城市客运发展报告（2018）》。

2018年，北京、重庆、杭州、成都、南京、宁波、昆明7个城市公共汽电车运营线路长度超过1万km^2，其中上海居首，为24504km；其次为广州，为24101km；天津位居第三，为23920km。沈阳、郑州、长春、福州、南宁、合肥、兰州、石家庄、乌鲁木齐、海口、呼和浩特、银川、西宁、拉萨14个城市公共汽电车运营线路不到5000km，其中银川为2176km，西宁为1399km，拉萨为977km（图7-12）。数据显示，上海、广州、天津3个城市公共汽电车运营线路长度位居前三，城市公共汽电车运营线路长度和城市社会经济发展存在一定关联性。东部沿海城市普遍高于中西部地区城市，且差距较大，如上海为西宁的17.5倍，为拉萨的25.1倍。从城市公共汽电车运营线路平均每千米承担的客运量看，公共汽电车运营线路越长，承担客运量相对越小，如北京公共汽电车运营线路平均每千米承担的客运量为兰州的56.7%，为西宁的69.1%。

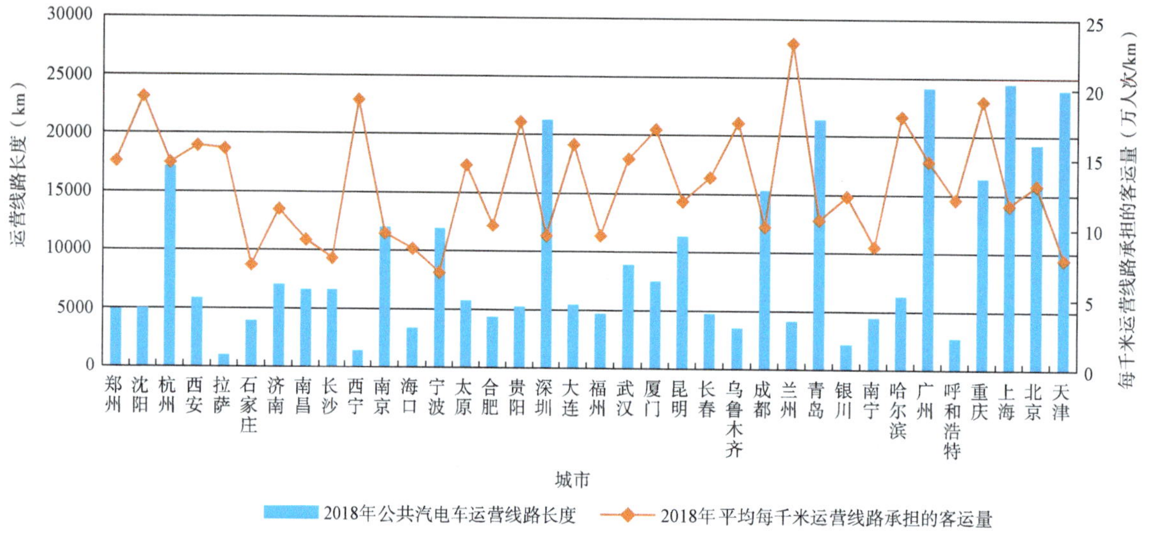

图7-12　2018年我国36个大城市公共汽电车运营线路长度与平均承担客运量

注：数据来源于《中国城市客运发展报告（2018）》。

三、公共汽电车客运量

2018年，我国的城市公共汽电车客运量继续降低，较2017年减少25.87亿人次，降幅为3.6%。36个大城市中公共汽电车客运量超过20亿人次的城市有4个，分别为北京、重庆、广州、上海，其中北京、重庆和广州3个城市公共汽电车客运量分别达到31.9亿、23.6亿、22.9亿人次。

据《2018年交通运输行业发展统计公报》和《中国城市客运发展报告（2018）》数据统计，2018年，36个大城市公共汽电车共完成客运量346.3亿人次，占全国的49.69%，连续4年出现下降趋势（图7-13）。

2018年，北京、重庆、广州、上海4个城市公共汽电车客运量超过了20亿人次，其中北京位居全国第一，客运量为31.9亿人次；其次为重庆，客运量为23.6亿人次；第三为广州，客运量为22.9亿人次；第四为上海，客运量为20.6亿人次。深圳、成都、杭州、武汉、西安、哈尔滨、沈阳、天津、青岛9个城市公共汽电车客运量大于10亿人次（小于20亿人次），其中深圳为16.3亿人次、成都为16.2亿人次、杭州为14.9亿人次。宁波、石家庄、福州、南昌、太原、南宁、西宁、呼和浩特、银川、海口、拉萨11个城市公共汽电车客运量在5亿人次以内，其中银川为2.23亿人次，海口为1.98亿人次，拉萨为0.84亿人次（图7-14）。36个大城市中31个城市公共汽电车客运量较2017年出现负增长现象，呼和浩特、重庆、上海、北京、天津5个城市公共汽电车客运量下降超1亿人次，其中天津为2.84亿人次、北京为1.66亿人次、上海为1.38亿人次。郑州、沈阳、杭州、西安、拉萨5个城市公共汽电车客运量较2017年正增长，其中郑州为0.87亿人次，位居首位；沈阳为0.74亿人次，位列第二。

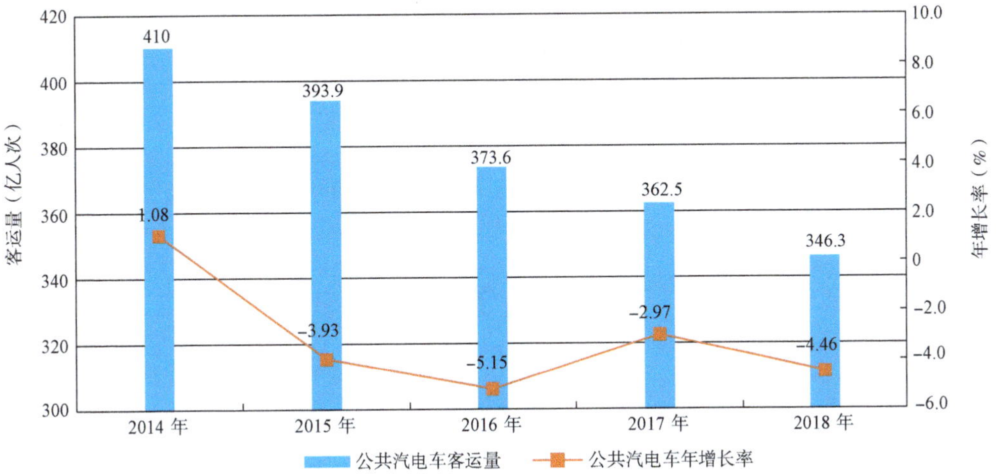

图7-13　2013—2018年我国36个大城市公共汽电车客运量

注：数据来源于《中国城市客运发展报告（2018）》。

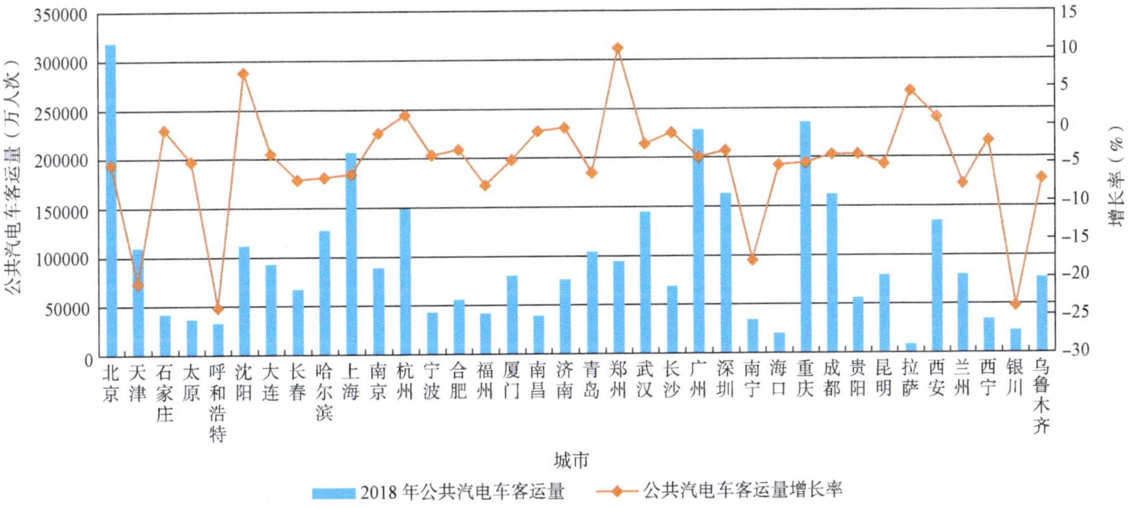

图7-14　2018年我国36个大城市公共汽电车客运量

注：数据来源于《中国城市客运发展报告（2018）》。

四、公共汽电车车均场站面积

据《中国城市客运发展报告（2018）》数据统计，2018年，我国36个大城市平均车均场站面积为93.3m²/标台。2013—2018年，36个大城市平均车均场站面积每年均保持小幅度变化，总体上看车均场站面积发展较为缓慢（图7-15）。

2018年，我国36个大城市平均公共汽电车车均场站面积较2017年减少8.91%，其中15个城市车均场站面积增长，21个城市车均场站面积降低。36个大城市公共汽电车车均场站面积大于140m²/标台的城市有

7个，分别为银川、郑州、合肥、北京、呼和浩特、南宁、乌鲁木齐，银川为223.9m²/标台居首，郑州为211m²/标台次之，合肥为171.5m²/标台排名第三。城市公共汽电车车均场站面积不足60m²/标台的城市有11个，分别为西宁、长春、昆明、拉萨、太原、沈阳、重庆、海口、南昌、兰州、石家庄，其中海口为23.4m²/标台，南昌为19.3m²/标台，兰州为18.9m²/标台（图7-16）。

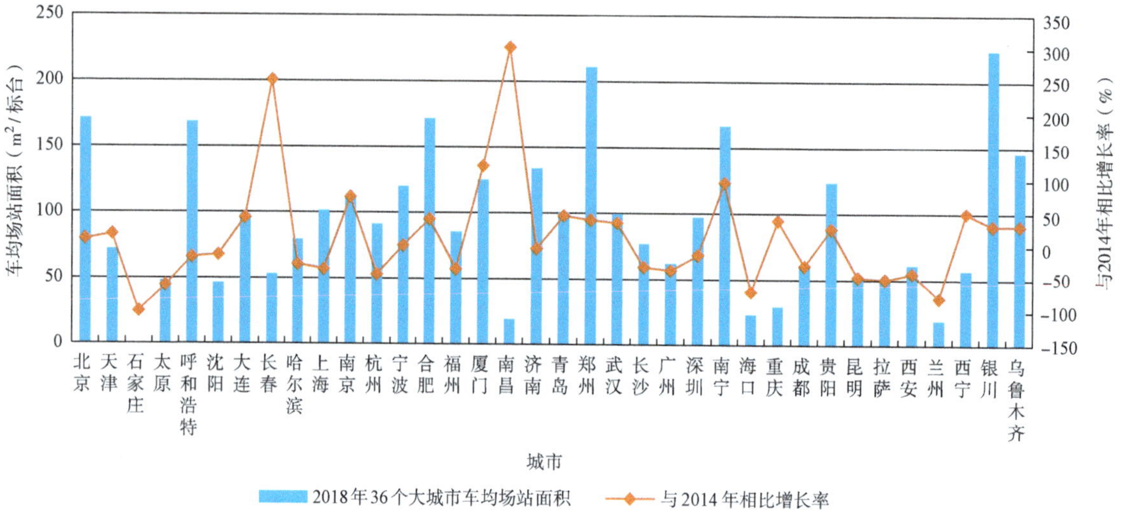

图7-15　2013—2018年我国36个大城市公共汽电车车均场站面积

注：数据来源于《中国城市客运发展报告（2018）》。

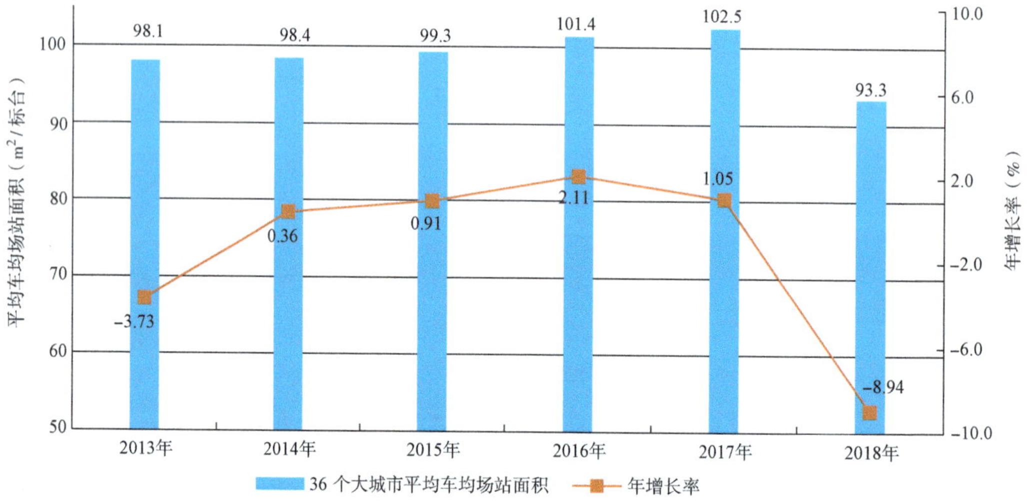

图7-16　2018年我国36个大城市公共汽电车车均场站面积

注：数据来源于《中国城市客运发展报告（2017）》。

五、公交专用车道

据《中国城市客运发展报告（2018）》数据统计，2012—2018年，我国36个大城市中有32个城市的公交专用道里程增加，其中28个城市公交专用道里程增长率超过1倍，郑州、呼和浩特、武汉、合肥、宁波、大连、贵阳、石家庄、福州、哈尔滨、南京、青岛、沈阳、杭州、北京、乌鲁木齐、银川、上海、长春、南昌20个城市公交专用车道里程增长超过2倍。成都、深圳、昆明3个城市公交专用车道里程降低。2018年，36个大城市中开通公交专用车道的城市有35个，公交专用车道总里程为7472.8km，较2017年增长12.28%，占全国公交专用车道总长度的58.15%，其中北京、深圳、广州、郑州和沈阳5个城市公交专用车道里程超过了400km，36个大城市中仅拉萨未开通公交专用车道。从36个大城市公交专用道总里程增长率看，近5年公交专用车道总里程保持增长趋势（图7-17）。

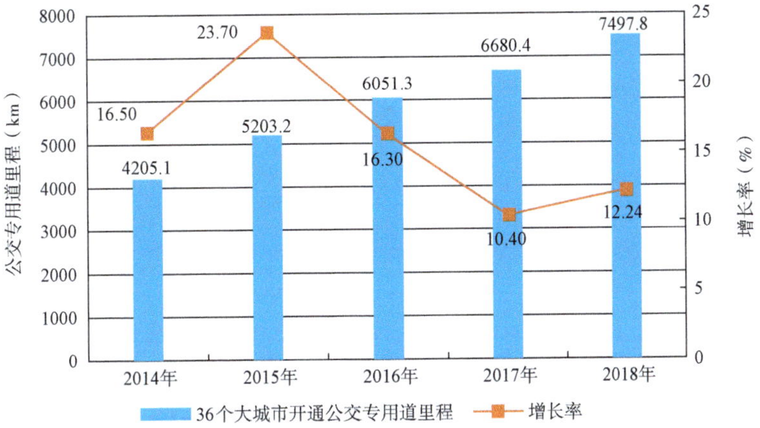

图7-17　2013—2018年我国36个大城市公交专用道里程

注：数据来源于《中国城市客运发展报告（2017）》。

2018年，36个大城市平均公交专用车道里程为208.27km，共有14个城市超过平均值，其中北京公交专用道里程为952 km，位居第一，其次依次为广州（519.4km）、深圳（508km）、郑州（444km）、沈阳（417.3km）、成都（377.1km）、上海（363.7km）、大连（274km）。南昌（27.8km）、海口（25km）、兰州（15.4km）、西宁（15km）4个城市公交专用车道里程小于50km。此外，拉萨暂未开通公交专用车道（图7-18）。

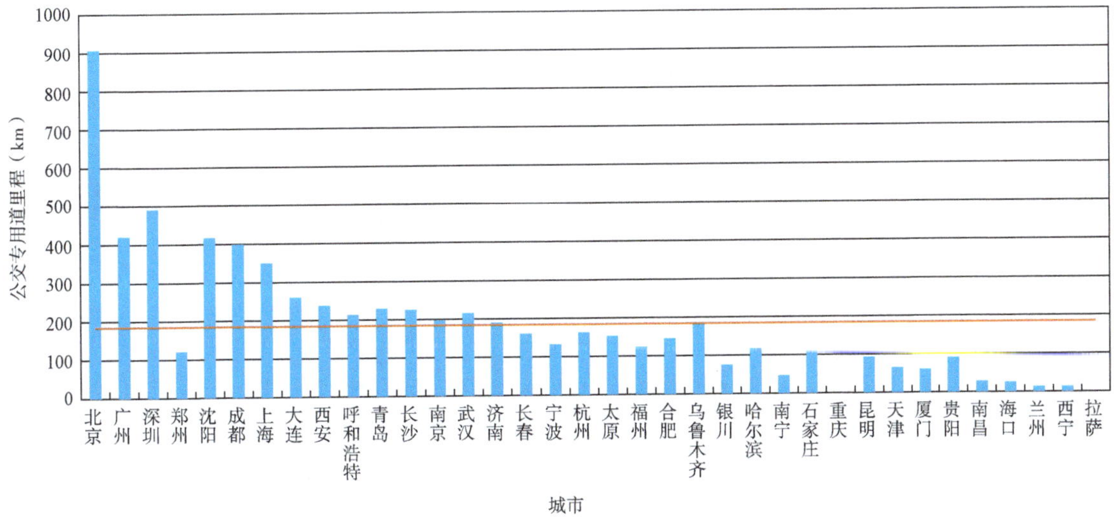

图7-18　2018年我国36个大城市开通公交专用道情况

注：数据来源于《中国城市客运发展报告（2018）》。

从2012—2018年公交专用车道里程的增长情况看，7年间，郑州、呼和浩特、武汉、合肥、宁波、大连、贵阳、石家庄、福州、哈尔滨、南京、青岛、沈阳、杭州、北京、乌鲁木齐、银川、上海、长春、南昌20个城市公交专用道里程增长率超过2倍，其中郑州增长14.8倍，呼和浩特增长14.1倍。从2018年公交专用车道里程相比2017年的变化情况看，我国36个大城市中，有郑州、重庆、广州、南宁、银川、北京、长春、宁波、福州、呼和浩特、南京、深圳、济南、上海、大连、西安、兰州、西宁、青岛19个城市公交专用道里程增加，其中郑州增加了323km，重庆增加了105.4km，广州增加了99.4km；海口、拉萨、武汉、合肥、石家庄、哈尔滨、沈阳、杭州、南昌、长沙、太原、天津、厦门、昆明14个城市公交专用道里程保持不变；成都、贵阳、乌鲁木齐3个城市公交专用道里程减少，其中成都减少了22.4km，贵阳减少了32.7km，乌鲁木齐减少了40km（图7-19）。

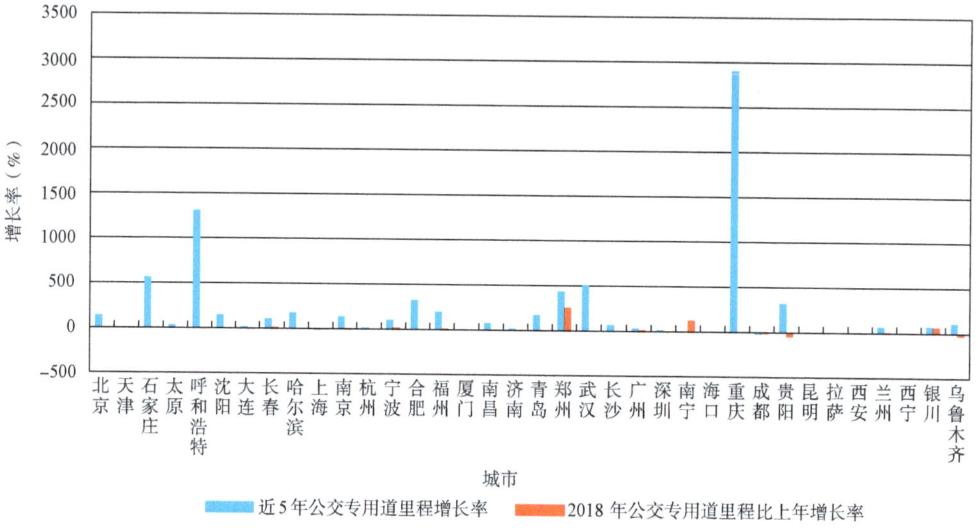

图7-19　2014—2018年我国36个大城市公交专用道里程增长情况

注：数据来源于《中国城市客运发展报告（2018）》。

第三节　城市轨道交通

2018年，36个大城市中开通轨道交通的城市达到28个，轨道交通运营线路总长度5008.5km，其中地铁长度4513km，占90.1%，是轨道交通的主体。

一、轨道交通运营线路

2018年，我国36个大城市轨道交通运营线路长度超过100km的城市有14个，分别为上海、北京、广州、南京、重庆、武汉、深圳、成都、天津、大连、青岛、西安、长春、杭州。与2017年相比，运营线路长度增长最多的3个城市依次为青岛（124.6km）、广州（87.1km）、武汉（66.1km）。我国除香港、澳门特别行政区和台湾省外，共有35个城市开通轨道交通，其中36个大城市中有28个城市开通轨道交通，相比2017年增加了乌鲁木齐（表7-1）。36个大城市中，轨道交通运营线路总长度排名前三的城市为上海、北京、广州，线路长度分别为704.9km、636.8km、485.4km。

2013—2018年我国除香港、澳门特别行政区和台湾省外开通轨道交通的城市与运营线路长度（km）

表7-1

2013 年		2014 年		2015 年		2016 年		2017 年		2018 年	
上海	577	上海	643	上海	617.5	上海	617.5	上海	666.4	上海	704.9
北京	465	北京	604	北京	553.7	北京	574	北京	608	北京	636.8
广州	246	广州	247	广州	274	广州	309	广州	398.3	广州	485.4
深圳	178	深圳	179	南京	231.8	南京	231.8	南京	364.3	南京	394.3
大连	87	大连	127	重庆	202	重庆	213.3	重庆	264.1	重庆	313.4
天津	139	天津	147	深圳	177	深圳	285	深圳	297.64	深圳	297.6
南京	82	南京	187	大连	166.9	大连	166.9	大连	181.4	大连	181.3
重庆	170	重庆	202	天津	147	天津	175.4	天津	175.4	天津	226.9
沈阳	115	沈阳	114	武汉	125.4	武汉	180.4	武汉	234.3	武汉	300.4
长春	48	长春	56	成都	86	成都	105.5	成都	175.1	成都	240
武汉	73	武汉	96	杭州	81.5	杭州	81.5	杭州	105.2	杭州	114.7
西安	46	西安	52	长春	64.2	长春	64.2	长春	82.5	长春	117.6
成都	115	成都	155	昆明	59.3	昆明	46.3	昆明	86.2	昆明	88.7
杭州	48	杭州	66	沈阳	54	沈阳	54	沈阳	54	沈阳	59
昆明	40	郑州	26	西安	50.9	西安	89	西安	89	西安	123.4
郑州	26	哈尔滨	17	宁波	49.2	宁波	74.5	宁波	74.5	宁波	74.5
哈尔滨	17	长沙	22	南昌	28.8	南昌	28.8	南昌	48.5	南昌	48.5
苏州	51	宁波	21	长沙	26.6	长沙	68.8	长沙	68.8	长沙	68.8
佛山	15	佛山	21	郑州	26.2	郑州	46.2	郑州	93.6	郑州	93.6
		苏州	76	哈尔滨	17.2	哈尔滨	17.2	哈尔滨	12.8	哈尔滨	21.8
		昆明	59	青岛	11	青岛	33.3	青岛	53.6	青岛	178.2
		无锡	56	苏州	70.1	苏州	86.1	苏州	138.5	苏州	164.9
				无锡	55	无锡	55	无锡	55	无锡	55
				淮安	20.1	淮安	20.1	淮安	20.1	淮安	20.1
						合肥	24.6	合肥	52.3	合肥	53.2
						福州	9.2	福州	24.9	福州	245
						东莞	37.8	东莞	37.8	东莞	37.8
						南宁	32.1	南宁	32.1	南宁	53.1
								石家庄	28.4	石家庄	28.4
								厦门	30.3	厦门	29.6
								贵阳	12.8	贵阳	33.7
								珠海	8.4	珠海	8.8
										乌鲁木齐	16.7

注：数据来源于《中国城市客运发展报告（2018）》。

2018年，36个大城市轨道交通运营线路总长度为5008.5km，较2017年增加685.1km，增长率达15.85%。2013—2018年间，2013年和2014年连续两年轨道交通运营线路总长度增长率保持在15%以上并逐年提高，仅在2015年增幅下降至1%，自2016年后增长率再度提升至15%以上（图7-20）。

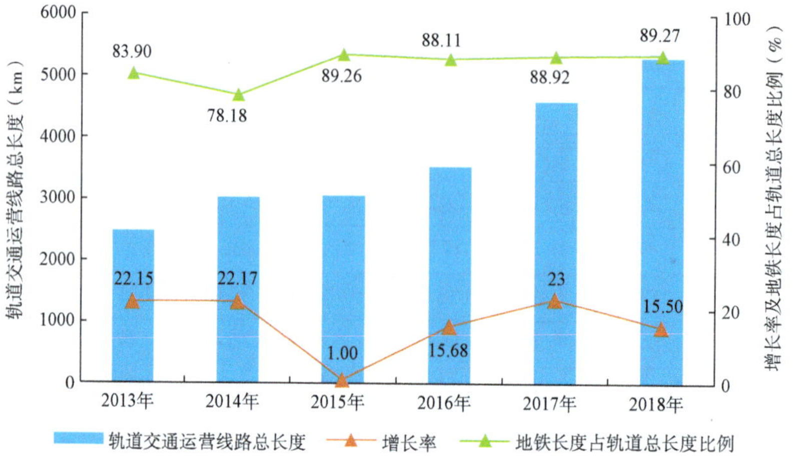

图7-20　2013—2018年我国28个大城市轨道交通运营线路总长度

注：数据来源于《中国城市客运发展报告（2018）》。

从各大城市轨道交通运营线路长度看，上海、北京、广州位居前三，其中上海轨道交通长度为704.9km居首，北京轨道交通长度为636.8km次之，广州轨道交通长度为485.4km位居第三（图7-21）。除上海、北京、广州以外，南京、重庆、武汉、深圳、成都、天津、大连、青岛、西安、长春、杭州11个城市轨道交通运营长度超过100km。南昌、贵阳、厦门、石家庄、福州、哈尔滨、乌鲁木齐7个城市轨道交通运营线路长度低于50km，开通轨道交通的大部分城市还处于轨道交通发展起步阶段，仍有较大的发展空间。

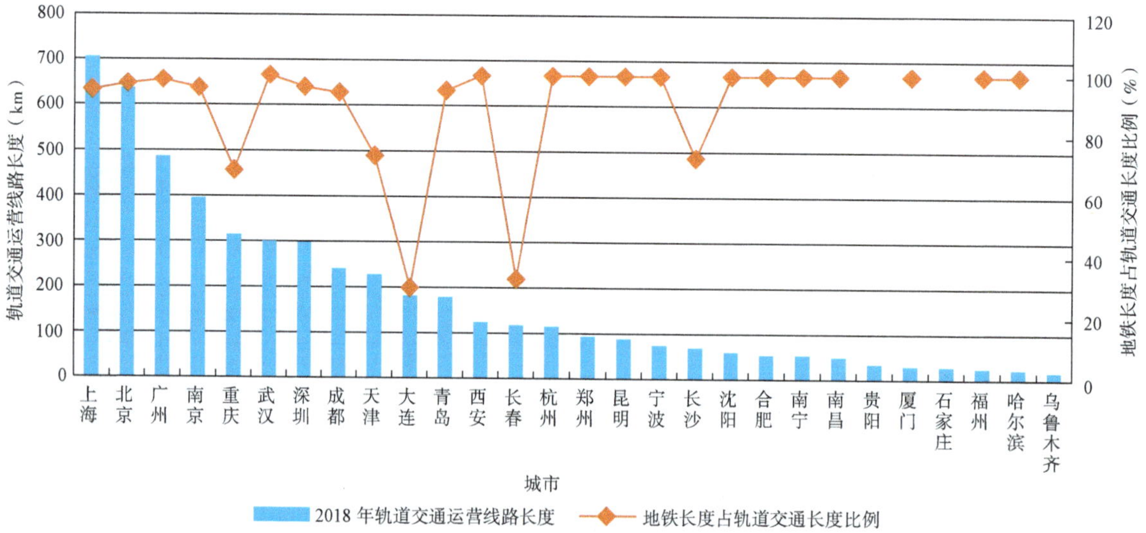

图7-21　2018年28个大城市开通轨道交通运营线路情况和地铁比例

注：数据来源于《中国城市客运发展报告（2018）》。

二、轨道交通运营分析

2018年，36个大城市中28个开通轨道交通的城市总客运量为207.9亿人次，占全国城市轨道交通客运量的97.7%；平均客运量为7.42亿人次，北京（38.5亿人次）、上海（37.1亿人次）、广州（30.3亿人次）、深圳（18.9亿人次）、成都（11.6亿人次）、南京（11.2亿人次）、武汉（10.4亿人次）、重庆（8.6亿人次）8个城市轨道交通客运量超过平均值。从轨道交通客运量同比增长率看，合肥、青岛、南宁位居前三，分别为258.7%、131.44%、121.5%，此外成都（118.39%）城市轨道交通客运量增长率在100%以上；广州、哈尔滨、长沙、上海、沈阳、北京6个城市轨道交通客运量增长率在10%以下，其中上海为4.76%，沈阳为3.13%，北京为1.86%（图7-22）。

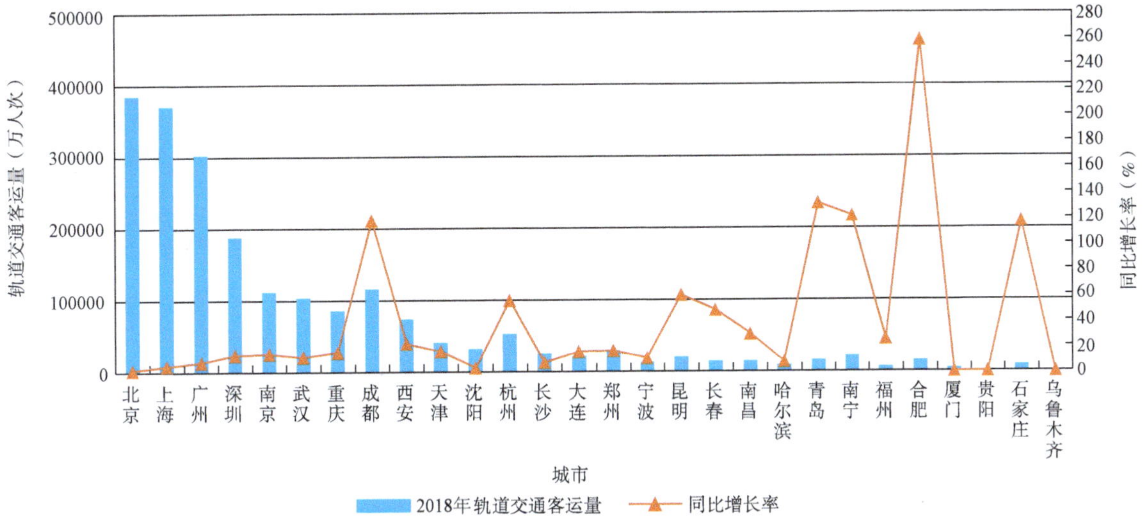

图7-22　2018年28个大城市轨道交通客运量和同比增长率

注：数据来源于《中国城市客运发展报告（2018）》。

从大城市轨道交通日均客运量看，北京（1054.36万人次/日）、上海（1015.32万人次/日）、广州（829.03 万人次/日）、深圳（514.64 万人次/日）4个城市日均客运量超过500万人次/日，成都、南京、武汉、重庆、西安、杭州、天津7个城市日均客运量超过100万人次/日（小于500万人次/日）；石家庄、哈尔滨、福州、厦门、贵阳、乌鲁木齐6个城市日均客运量均不足30万人次/日，分别为24万人次/日、22.65万人次/日、16.68 万人次/日、11.41 万人次/日、2.04 万人次/日、0.67 万人次/日（图7-23）。

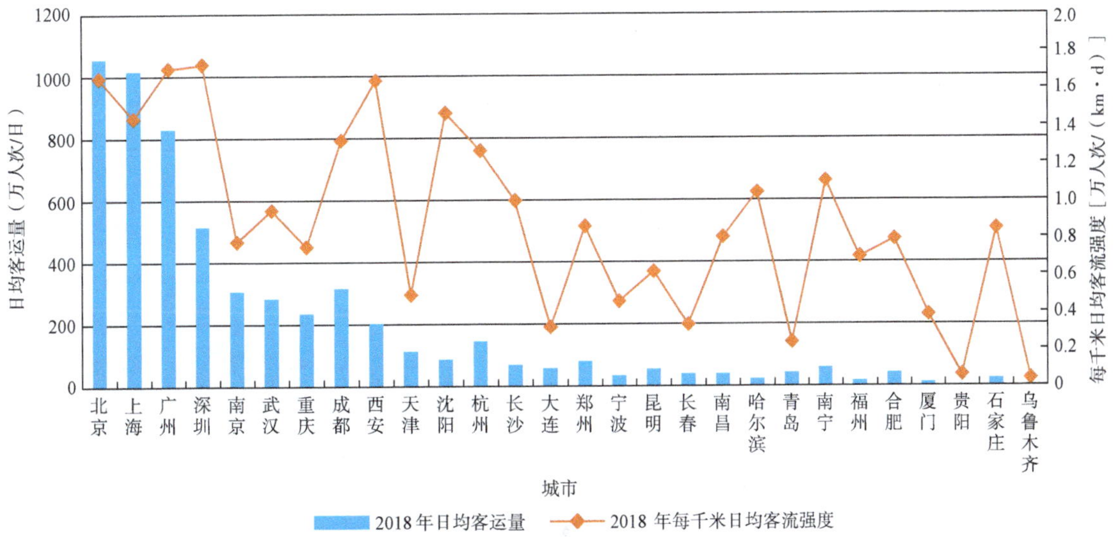

图7-23　2018年25个大城市轨道交通日均客运量和每千米日均客流强度

注：数据来源于《中国城市客运发展报告（2018）》。

第四节　城市出租汽车

一、出租汽车数量

据《中国城市客运发展报告（2018）》数据统计，截至2018年底，我国36个大城市共有出租汽车运营车辆50.12万辆，比2017年减少0.52%，占全国出租汽车数量的36.1%（图7-24）。

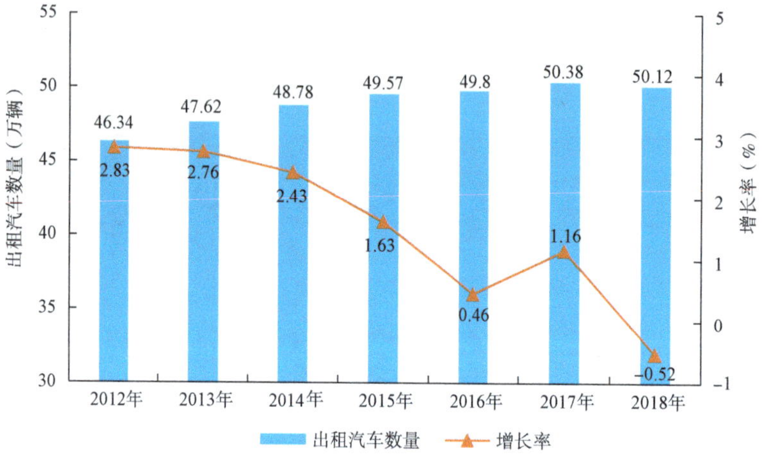

图7-24　2012—2018年36个大城市出租汽车数量

注：数据来源于《中国城市客运发展报告（2018）》。

数据表明，近7年来出租汽车年增长率总体呈下降趋势，2018年较2017年出租汽车年增长率略有下降，36个大城市出租汽车总量变化保持平稳趋势。从2018年城市出租汽车数量看，36个大城市中北京、上海、天津、重庆、深圳、广州、沈阳、长春、武汉、哈尔滨、西安、杭州、南京、乌鲁木齐、成都、大连、青岛、郑州、兰州19个城市出租汽车数量超过1万辆，其中北京为7万辆位居首位，上海为4.2万辆居于第二，天津为3.2万辆位列第三，银川（4991辆）、宁波（4797辆）、海口（2910辆）和拉萨（1670辆）4个城市出租汽车保有量均不足5000辆（图7-25）。

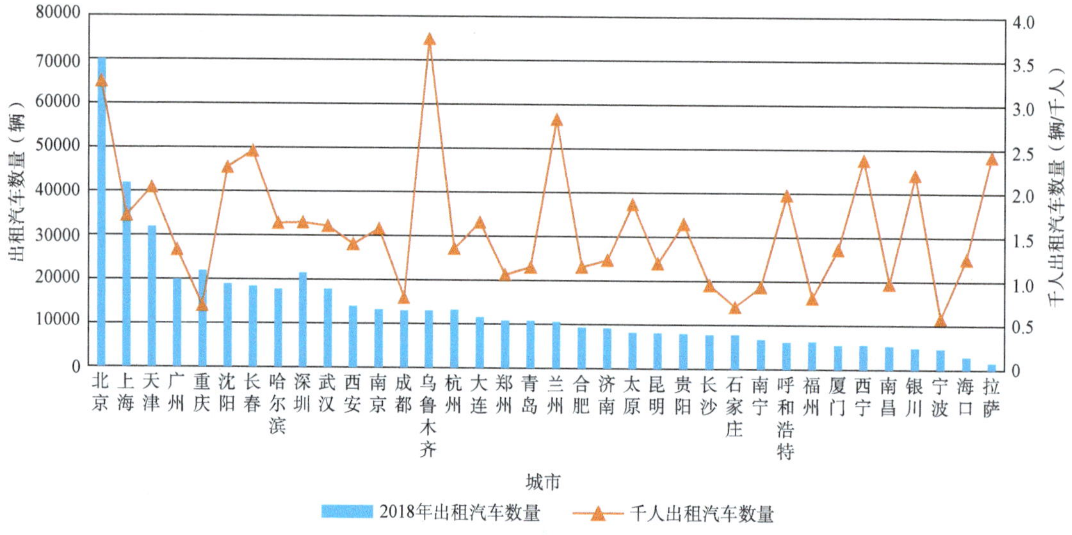

图7-25　2018年36个大城市出租车数量

注：数据来源于《中国城市客运发展报告（2018）》。

我国《城市道路交通规划设计规范》（GB 50220—1995）规定，城市出租汽车规划保有量根据实际情况确定，大城市每千人不宜少于2辆。按照该标准规定统计，以城市出租汽车数量和城市常住人口数量计算，2018年，我国36个大城市中有9个城市千人出租汽车拥有量达到标准要求，分别为乌鲁木齐、北京、兰州、长春、拉萨、西宁、沈阳、银川、天津，相比2017年增加了拉萨，其中乌鲁木齐为3.7辆/千人、北京为3.2辆/千人、兰州为2.6辆/千人。南昌、长沙、福州、成都、石家庄、重庆和宁波7个城市千人出租车拥有量小于1辆/千人。

二、出租汽车燃料类型

按车辆燃料类型分，出租汽车运营车辆主要分为汽油车、乙醇汽油车、柴油车、液化石油气（LPG）车、压缩天然气（CNG）车、双燃料车和纯电动车。所谓双燃料车，是指具有两套燃料供给系统的车辆，一套供给天然气或液化石油气，另一套供给其他燃料，两套燃料供给系统按预定的配比向燃烧室供给燃料，是一种相对更加环保的车型。

2018年，我国36个大城市出租汽车中，汽油车为16.5万辆，同比减少10.81%，占出租汽车总量的33.03%；双燃料车为23.5万辆，同比增长11.37%，占出租汽车总量的46.95%，相对汽油车保有量保持领先；乙醇汽油车5.2万辆，占出租汽车总量的7.31%；液化石油气车占比为0.59%，天然气车占比为2.47%%，柴油车占比为0.25%，纯电动车占比为7.60%，其他占比为1.80%（图7-26）。

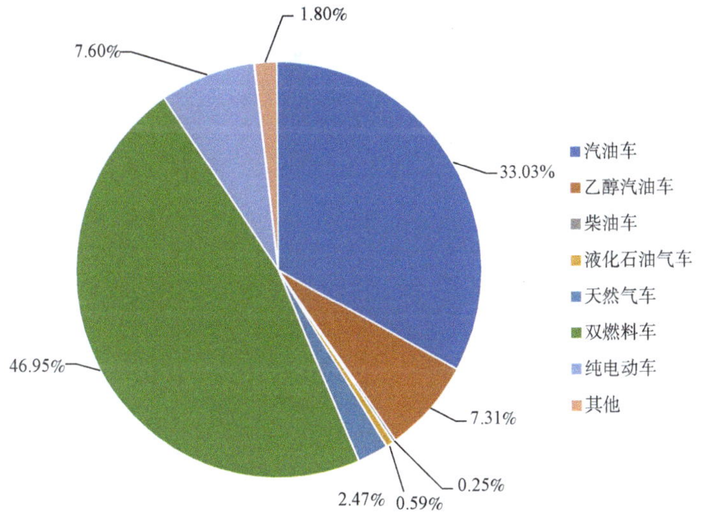

图7-26　2018年36个大城市出租汽车燃料类型

注：数据来源于《中国城市客运发展报告（2018）》。

2018年，我国36个大城市中有19个城市有汽油出租汽车，其中6个城市汽油车数量占出租汽车总数的比例超过50%，分别为北京、上海、天津、杭州、昆明、南昌，其中南昌、天津、上海分别以99.63%、98.58%、96.27%位居前三名；在29个有双燃料出租汽车的城市中，20个城市的双燃料车数量占出租汽车总数的比例超过90%，分别为石家庄、呼和浩特、郑州、长沙、成都、济南、乌鲁木齐、福州、西安、银川、南宁、合肥、宁波、广州、武汉、西宁、海口、大连、重庆、沈阳，其中石家庄、呼和浩特、郑州、长沙分别以100%、100%、99.99%、99.95%位居前四位；深圳、太原、厦门、武汉、广州、北京、南京、杭州、合肥、西安、上海、南宁、海口、宁波、乌鲁木齐、大连、银川、昆明、西宁、济南、成都、福州、天津、郑州24个城市使用纯电动出租汽车，其中太原（8292辆）全部为纯电动出租汽车，深圳（20214辆，占比93.8%）位居全国第一；长春、哈尔滨2个城市以乙醇汽油出租汽车为主，分别占总出租汽车量的99.47%、99.24%；拉萨以液化石油气出租汽车为主，占出租汽车总量的88.44%。

三、出租汽车平均年运营里程

2012—2018年，我国36个大城市出租汽车平均年运营里程从13.5万km下降到12.4万km，下降了8.15%。2018年，我国36个大城市出租汽车平均年运营里程为12.4万km，较2017年提升了2.48%，有17个城市超过上述平均值，其中南宁平均每辆出租汽车平均年运营里程最高，为22.32万km，拉萨为18.02万km次之，重庆为16.81万km位居第三；贵阳、济南、昆明、南京、北京5个城市平均每车年运营里程低于10万km（图7-27）。

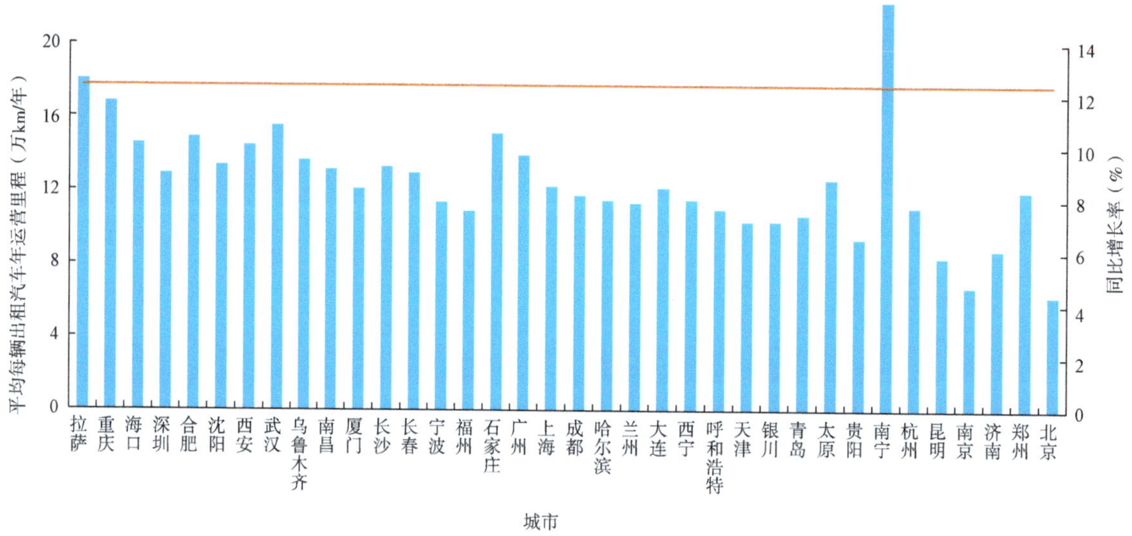

图7-27　2018年36个大城市平均每辆出租汽车年运营里程

注：数据来源于《中国城市客运发展报告（2018）》。

第八章　城市道路交通管理政策及措施

随着信息化、网络化的不断发展和各种新技术的不断应用，城市系统的运行管理越来越复杂，对城市治理的要求亦越来越高。2018年，中央各部委高度重视城市治理工作，密集出台了多项政策文件，在城市交通治理方面也做出了多项重要部署。

一是重视城市交通安全工作。2018年1月，中共中央办公厅、国务院办公厅印发《关于推进城市安全发展的意见》；2018年2月，公安部交通管理局印发《关于贯彻落实〈关于推进城市安全发展的意见〉的通知》，要求各地不断完善城市道路交通安全工作体系，建立健全交通安全风险管控机制，全面提升市民交通安全文明素质以及交通应急管理能力水平，防范城市道路交通事故。

二是深化城市治乱疏堵工作。2018年4月，公安部交通管理局印发《关于进一步加强机动车不礼让斑马线治理工作的指导意见》，部署全国深入开展整治行动，继续以不礼让斑马线治理为牵引和突破口，严管严查各类交通违法行为，促进文明交通理念深入人心。2018年5月，《电动自行车安全技术规范》（GB 17761—2018）正式发布，对电动自行车生产、销售、使用等各个环节的技术要求进行了规范和明确。

三是深入推进城市道路交通文明畅通提升行动计划。2018年5月，全国文明畅通提升行动计划指导推动组印发《城市道路交通文明畅通提升行动计划测评工作方案（2018年度）》，通过材料核查、实地调查和第三方测评相结合的方式，部署推动在全国城市开展行动计划测评工作。

第一节　城市交通发展重大政策

2018年，中共中央、国务院及相关部委密集出台了系列城市交通政策，不仅在城市交通治理体制机制方面进一步优化、推动以信息技术为支撑的城市交通管理勤务机制改革，而且更加重视城市安全，要求筑牢城市道路交通安全底线和红线；同时针对电动自行车、低速电动车等城市交通的顽疾难题，制定国家标准和管理办法，进一步完善顶层设计，提供问题解决的思路和对策。

一、《关于推进城市安全发展的意见》

2018年1月，中共中央办公厅、国务院办公厅印发了《关于推进城市安全发展的意见》，首次将城市安全提升至国家战略层面，并明确推进城市安全发展的指导思想、基本原则、总体目标及任务措施。

在加强城市安全源头治理方面，包括3项内容要求：一是科学制定规划，坚持安全发展理念，严密细致制定城市经济社会发展总体规划及城市规划、城市综合防灾减灾规划等专项规划；二是完善安全法规和标准，加强体现安全生产区域特点的地方性法规建设，形成完善的城市安全法治体系，完善城市高层建筑、大型综合体、综合交通枢纽、隧道桥梁、管线管廊、道路交通等的技术标准，提高安全和应急设施的标准要求；三是加强基础设施安全管理，加强城市交通、供水、排水防涝等基础设施建设，运营过程中的安全监督管理，严格落实安全防范措施，加快推进城区铁路平交道口立交化改造，加快消除人员密集区域铁路平交道口，加强城市交通基础设施建设，优化城市路网和交通组织，科学规范设置道路交通安全设施，完善行人过街安全设施。

在健全城市安全防控机制方面，提出3方面要求：一是强化安全风险管控，明确风险管控的责任部门和单位，完善重大安全风险联防联控机制，对重点人员密集场所、安全风险较高的大型群众性活动开展安全风险评估，建立大客流监测预警和应急管控处置机制；二是深化隐患排查治理，制定城市安全隐患排查治理规范，健全隐患排查治理体系；进一步完善城市重大危险源辨识、申报、登记、监管制度，建立动态管理数据库，加快提升在线安全监控能力，加强城市隧道、桥梁、易积水路段等道路交通安全隐患点段排查治理，保障道路安全通行条件；三是提升应急管理和救援能力，坚持快速、科学、有效救援，健全城市安全生产应急救援管理体系，加快推进建立城市应急救援信息共享机制，健全多部门协同预警发布和响应处置机制，提升防灾、减灾、救灾能力，提高城市生产安全事故处置水平，完善事故应急救援预案，实现政府预案与部门预案、企业预案、社区预案有效衔接，定期开展应急演练，完善应急救援联动机制，强化应急状态下交通管制、警戒、疏散等防范措施。

在提升城市安全监管效能方面，要求落实安全生产责任，完善党政同责、一岗双责、齐抓共管、失职追责的安全生产责任体系，全面落实城市各级党委和政府对本地区安全生产工作的领导责任、党政主要负责人第一责任人的责任，及时研究推进城市安全发展重点工作。按照管行业必须管安全、管业务必须管安全、管生产经营必须管安全和谁主管谁负责的原则，落实各相关部门安全生产和职业健康工作职责。严格落实各类生产经营单位安全生产与职业健康主体责任，加强全员全过程，全方位安全管理。

二、《关于进一步加强机动车不礼让斑马线治理工作的指导意见》

2018年4月，公安部交通管理局下发《关于进一步加强机动车不礼让斑马线治理工作的指导意见》（以下简称《意见》），要求全国公安交通管理部门通过坚持专项整治与常态治理相结合，坚持现场执法与科技应用相结合，坚持秩序整治与宣传引导相结合，坚持严格执法与完善设施相结合，坚持治理机动车不礼让斑马线与治理行人、非机动车闯红灯相结合，切实保护行人过街安全，维护良好通行秩序，进而带动、提升城市交通文明。

《意见》强调，要通过常态长效治理，推动实现文明礼让规则深入人心，机动车礼让斑马线率逐年上升，行人过街安全设施不断完善，因机动车不礼让斑马线导致的交通事故起数、死亡人数、受伤人数逐年下降，人民群众平安出行、顺畅出行的获得感、幸福感、安全感更加充实、更有保障、更可持续。

《意见》要求，要通过宣传引导先行，推动让行规则被社会熟知，宣传曝光不礼让违法典型案例，推动公交车、出租车、公务车等重点车辆带头礼让。要坚持常态长效治理，强化日常执法管理，突出重点区域、城市主干路等执法管控重点区域。在治理机动车不礼让斑马线的同时，加强对行人、非机动车闯红灯等违法行为治理，并适时组织整治行动。要深化科技应用，推广不礼让抓拍系统，试用闯红灯抓拍警示设备。同时，要求各地对所有路口路段进行全面排查，按照相关标准规范，合理增设行人过街设施，完善交通标志标线，优化交通信号灯，科学应用右转专用信号、行人二次过街、请求式按钮等控制方式，有效均衡行人、非机动车过街和机动车通行需求。要推动社会共治，协调文明办、团委等部门，开展文明劝导活动，推动建立信用惩戒机制，发动群众共同参与治理，增强社会监督，引导交通参与者自觉守法。

三、《城市道路交通文明畅通提升行动计划测评工作方案（2018年度）》

2018年5月，全国文明畅通提升行动计划指导推动组（公安部、中央文明办、交通运输部、住房和城乡建设部）印发《城市道路交通文明畅通提升行动计划测评工作方案（2018年度）》（以下简称《方案》），通过材料核查、实地调查和第三方测评相结合的方式，推动提升行动计划的实施和测评工作的开展。

《方案》要求，各地要依据《城市道路交通文明畅通提升行动计划（2017—2020）》，按照《城市道路交通文明畅通提升行动计划测评指标体系（2018年版）》对直辖市、省会市（自治区首府市）、地级市开展测评。

测评体系从城市交通综合治理、基础设施规划建设、公共交通服务能力、文明交通守法通行、交通管理专业水平五个方面，对城市道路交通发展情况进行测评。测评指标主要分为2类：一是基础考核指标，对城市交通基础设施、综合治理和公共服务的基本发展状况进行测评，共22个指标，合计65分；二是效果提升指标，主要对城市交通重点工作的成效进行测评，目的是示范引导、典型推动，共18个指标，合计35分。

四、《电动自行车安全技术规范》（GB 17761—2018）

2018年5月，《电动自行车安全技术规范》（GB 17761—2018）正式发布，并于2019年4月15日起正式实施。新国标全文均为强制性条款，包括范围、规范性引用文件、术语和定义、总则、整车标志、安全要求、试验要求等7章和规范性附录。新国标从保障人民群众生命财产安全出发，最大化满足群众非机动车出行需求，在行驶速度、防篡改、外形尺寸等方面进行了全面修订，进一步规范了电动自行车发展。

在安全性能方面，主要有以下改动：一是新国标由原来的部分条款强制改为全文强制，从而消除了“非否决项”留下的漏洞；二是增加了防火性能、阻燃性能、充电器保护等安全内容，降低火灾风险；三是对最高车速和蓄电池提出了防篡改（防改装）要求，不给产品出厂后提高最高车速和整车重量留下空间；四是对外形尺寸做出了规定，明确了前后轮中心距、车体宽度和鞍座长度等指标，防止车辆超长、超宽，同时避免电动自行车搭载成年人造成安全隐患；五是增加了淋水涉水性能要求，保证了雨天骑行时的电气安全；六是增加了车速提示音，解决了群众诟病的电动自行车声音小、速度快，从背后靠近时不能提前预警的问题；七是增加和完善了说明书的编写要求，内容须包括提示骑行者遵守交通法规，注意行车和使用安全，骑行前进行检查等。

在保障出行方面，新国标在最高车速、整车重量、电机功率等方面以现行标准为基础进行了适当放宽，其中，最高车速由20km/h调整为25km/h，含蓄电池在内的整车质量由40kg调整为55kg，电机功率由240W调整为400W，并且必须具有脚踏骑行功能，可以作为电驱动的重要补充，在车辆故障或蓄电池乏电时继续行驶，避免长距离推行。

五、《关于加强低速电动车管理的通知》

2018年12月，工业和信息化部、发展改革委、科技部、公安部、交通运输部、市场监管总局联合印发《关于加强低速电动车管理的通知》，要求各省、自治区、直辖市地方人民政府组织开展低速电动车清理整顿工作，严禁新增低速电动车产能，加强低速电动车规范管理。

在开展低速电动车生产销售企业清理整顿方面，分为三个阶段实施。第一阶段，摸清低速电动车生产企业的基本情况，为后续阶段的工作开展打好基础。第二阶段，对于在前一阶段摸底调查中发现的借用《道路机动车车辆生产企业及产品公告》许可，或特种车辆生产许可名义超范围生产销售低速电动车产品的企业，要进行整改，无营业执照的，要依法予以取缔查封。第三阶段，省级人民政府要制定本区域低速电动车产能压减淘汰转型调整方案，制定实施本地区清理整顿专项计划，相关政策发布后，依法采取综合措施清理不达标生产企业和产品。

在严禁新增低速电动车产能方面，要求各地人民政府要严格执行国家关于机动车辆生产销售相关法律法规，停止制定发布鼓励低速电动车发展相关政策，停止制定发布低速电动车准入条件，停止核准或备案低速电动车投资项目，停止新建低速电动车企业、扩建生产厂房等基建项目，停止新增低速电动车车型；已制定发布相关政策的地区，应立即停止执行，正在建设的项目要立即纠正，确保低速电动车产能不增长。

在建立长效监管机制方面，各省级人民政府要根据本地区具体情况制订在用低速电动车处置办法，研究设置一定时间的过渡期，通过置换、回购、鼓励报废等方式加速淘汰违规低速电动车在用产品。相关部门要加快研究制定后续相关政策措施，并建立部际联动、部地联动和联合督导机制，制定考核评估办法，对落实要求成效显著的地区和部门予以表彰，对工作不力的予以通报批评，对不作为的追责问责。

六、城市道路交通管理勤务机制改革现场推进会

2018年4月，公安部交通管理局在湖南长沙召开城市道路交通管理勤务机制改革现场推进会，推动各地运用互联网技术和信息化手段改革现有勤务模式，以信息引领警务、以科技支撑警务，提升城市道路交通治理能力水平。

会议指出，近年来，随着城市的快速发展，公安交警执勤警力不足的问题日渐突出，勤务作为公安交通管理工作的基础，亟须依靠信息技术改革创新加强。为提高城市治理的社会化、法治化、智能化、专业化水平，会议要求各地公安交管部门充分运用大数据、云计算、互联网、人工智能等信息技术手段，以信息主导警务，以科技引领勤务，着力构建“情、指、勤、督”四位一体的勤务体系，不断推动城市道路交通管理勤务质量变革、效率变革、动力变革，切实提高勤务的主动性、精确性、合成性、实效性。

会议要求，各地要建立健全情报主导警务的预警研判机制。要结合“智慧城市”建设，充分运用人工智能、物联网技术，构建城市点、线、面的动态管控网络，实现交通数据自动采集、上传、汇总。要结合实施国家大数据战略，推进公安系统内部各警种信息系统的关联，并积极推进与交通、住建、工信、质检、保险等部门和互联网企业的信息系统对接，打破“信息孤岛”，建设城市“交通大脑”。要建立交通管理大数据综合分析研判平台，实行“时预警、日研判、周分析、月会商”运行模式，实现交通管理情报制导、精确打击、精准防控。

会议要求，各地要建立健全高效精准的勤务指挥机制。要依托指挥中心，搭建“统一指挥、上下联动、一体运作、精准高效”的指挥体系，建成“集成全部资源、实时动态呈现、预测预知预警”的指挥平台，根据警情精确指挥路面民警实时拦截、检查、处置。要健全完善勤务指挥制度，形成“情指融合、情勤对接”的指挥作战体制，推动指挥调度专业化、扁平化。

会议要求，各地要建立健全路面立体化、网格化的勤务机制。要建立路面管控责任制，积极协调推动建立部门、警种协调联动工作机制。健全城市综合执法协作机制，协同规划、建设、交通、城管等部门联合开展巡逻执法。全面推行网上、网下联动的勤务模式，实行网上勤务、视频巡逻、定点执勤、路面巡控相结合的勤务机制。要结合实际推广“铁骑”机动勤务，有条件的地区探索引入无人机开展巡逻。要统筹兼顾好勤务交通与社会交通和谐运转，努力实现“三个效果”的统一。

会议要求，各地要建立健全科学合理的勤务监督考核机制。要建立健全信息化、智能化现场考评的考核机制，采取“定性+定量”的考核方式，对勤务效果定期进行评估，综合分析测算民警工作绩效优劣和勤务运行整体效能。要健全交警执勤执法监管系统，对民警执勤执法进行全程监督，对民警在岗履职状况进行实时监管，督促民警履职尽责，推动勤务落实到位。要严格勤务责任，对工作渎职、勤务责任不落实的，一律倒查责任。

现场会后，公安部交通管理局印发《关于进一步推进城市道路交通管理勤务机制改革的指导意见》，进一步指导各地建立健全城市道路交通管理感知、预警、研判、指挥、调度、联动、监督、考核高效顺畅衔接的勤务运行机制，构建“情、指、勤、督”四位一体勤务体系，推动勤务科学化、扁平化、实战化，不断提高勤务的主动性、精确性、实效性。

七、深化城市道路交通管理警务机制改革现场会

2018年11月，公安部交通管理局在浙江杭州召开深化城市道路交通管理警务机制改革现场会，推广杭州应用大数据技术创新城市交通治理和深化警务机制改革经验做法，就深化拓展城市道路交通管理警务机制改革进行部署，要求各地在“情指勤督”现代勤务机制改革基础上，在文明畅通提升行动计划框架内，主动拥抱大数据、云计算、物联网、人工智能等新技术，努力打造“数据研判+秩序管控+信号控制+交通优化+信息服务+N”的现代警务机制改革升级，积极构建适应新时代城市交通治理的新模式，不断提升城市道路交通治理科学化、精细化、智能化水平。

会议指出，各地要抢抓新一轮科技革命和产业变革机遇，落实科技强警战略，以36个大城市为重点，科学制定本地深化拓展现代警务机制的远景规划，努力构建适应新时代城市交通治理的警务机制新模式。要结合实际推进交通大数据平台和人工智能系统建设，真正实现城市交通管理“用数据研判、用数据决策、用数据治理”。

会议要求，各地要突出实战引领，推动城市交通治理模式提档换代。要深化“数据研判+秩序管控”应用，大力应用AI、人脸识别、二次识别等新技术，建设完善重点交通违法检测设备，严格通行秩序管理，逐步构织全覆盖、全时空的城市交通监测管控网络。要创新“数据研判+信号控制”应用，推广数据驱动下的交通控制技术。要拓展“数据研判+交通优化”功能，实时采集、加工、分析、挖掘、研判交通“大数据”，最大限度挖掘道路时空资源。要提升“数据研判+信息服务”能力，及时将交通拥堵、交通事故、占路施工、交通管制以及停车泊位等信息实时向社会发布，引导驾驶人合理规划出行时间、线路和泊车。要扎实做好智能交通的基础工作，紧抓“基础+创新”治理，统筹“传统+现代”治理，推动“科技+人文”治理，科学推进智慧交通建设。

会议强调，各地要坚持民意导向、问题导向，针对易致乱致堵致祸的严重交通违法，常态治理，久久为功，努力创造安全有序的城市交通环境。要在继续聚焦不礼让斑马线、电动自行车违法、酒驾醉驾治理的基础上，针对当地的交通秩序热点、难点、痛点问题，推出“3+N”交通秩序治理机制，切实管出习惯、管出自觉、管出文明、管出秩序。要以城郊接合部为重点区域，以进出城道路为重点道路，强化巡逻防控，排查治理交通安全隐患。要推动建立健全城市配送联合工作机制，优化城市配送车辆通行管控，科学合理设定禁限行时段路段，切实解决群众反映强烈的货车进城难问题。

第二节　城市交通管理重要工作部署

2018年，全国城市公安交管部门以城市道路交通文明畅通提升行动计划为重要抓手，将勤务机制改革、交通治乱疏堵、交通安全管理作为城市交通管理的基础性、战略性工程，实现了城市交通违法查处量进一步提升、城市道路交通秩序进一步好转、城市道路交通拥堵情况进一步缓解。

一、深入推进城市道路交通文明畅通提升行动计划

2018年，公安部、中央文明办、建设部、交通部等四部委联合下发《城市道路交通文明畅通提升行动计划测评工作方案（2018年度）》，深入推进提升行动计划，推进交通重点、难点问题治理，强化城市道路交通管理基础工作。

按照《城市道路交通文明畅通提升行动计划（2017—2020）》部署要求，各地积极会同相关部门，大力推进实施提升行动计划，狠抓关键，破解难题。各省（自治区、直辖市）、36个大城市全部建立了政府主导的城市道路交通综合协调机制，不断健全完善党委领导、政府负责、社会协同、公众参与的城市

交通治理格局，实现城市交通社会共建、共治、共享。据第三方数据显示，大城市的道路交通高峰延误指数持续稳步下降，道路交通秩序不断好转改观。

二、 深入强化城市道路交通源头治乱疏堵工作

2018年4月，公安部交通管理局印发《关于进一步加强机动车不礼让斑马线治理工作的指导意见》，部署全国深入开展整治行动，继续以不礼让斑马线治理为牵引和突破口，严管严查各类交通违法行为，促进文明交通理念深入人心，深入推进城市道路交通文明畅通提升行动计划。同时，针对大量存在的超标电动自行车，抓住《电动自行车安全技术规范》（GB 17761—2018）出台契机，公安部交通管理局、工信部、市场监管总局制定《关于加强电动自行车国家标准实施监督的意见》，强化生产、销售、使用全链条治理。

针对电动自行车通行秩序管理，以外卖行业电动自行车管理为突破口，2018年3月，公安部交通管理局联合中国物流协会加强警社合作、警企共治，联合召开加强快递外卖行业电动自行车管理视频会，发出《关于加强快递、即时配送行业道路交通安全的倡议书》，下发《关于警企共治创新外卖行业电动自行车交通违法治理的通知》，并联合开展“交通安全大讲堂”活动，推动快递、外卖企业落实交通安全主体责任，加强内部管理。全国查处电动自行车等非机动车交通违法同比上升21.7%。

针对低速电动自行车，工信部、发改委、科技部、公安部、交通运输部、市场监管总局等六个部门印发《关于加强低速电动车管理的通知》，要求各省、自治区、直辖市地方人民政府组织开展低速电动车清理整顿工作，严禁新增低速电动车产能，建立长效监管机制，加强低速电动车规范管理。

三、城市道路交通安全问题得到高度重视

2018年1月，中办、国办印发《关于推进城市安全发展的意见》，推进构建城市安全管理体系，打造共建、共治、共享的城市安全社会治理格局。在城市道路交通方面，以防范化解城市运行安全风险、提升城市道路交通安全水平为目标，从规划、标准、建设、运营以及应急救援等方面对城市管理者、建设者、运营者提出了要求。要求各地科学制订规划、完善法规和技术标准，同时加强城市交通基础设施建设，科学规范设置道路交通安全设施，加强隐患排查治理，保障道路安全通行。2018年2月，公安部交通管理局印发《关于贯彻落实〈关于推进城市安全发展的意见〉的通知》，要求各地不断完善城市道路交通安全工作体系，建立健全交通安全风险管控机制，深化城市道路交通治乱疏堵行动，科学精细优化交通组织，全面提升市民交通安全文明素质以及交通应急管理能力水平，防范城市道路交通事故。

围绕交通秩序管理主责主业，聚焦城市交通安全，继续深化道路交通违法行为查处。2018年3月，公安部交通管理局印发《关于进一步加强机动车不礼让斑马线治理工作的指导意见》，在全国部署宣传引导先行、常态长效治理、深化科技应用、完善信号设施、推动社会共治等五项主要措施，进一步巩固机动车不礼让斑马线治理成果，深化拓展治理工作，建立常态长效治理机制。2018年，全国公安交管部门查处不礼让斑马线交通违法量同比增长了65%。

第三节　大城市道路交通管理亮点措施

一、驰而不息，深化治乱疏堵行动

公安部交通管理局持之以恒推进治乱疏堵行动，巩固深化礼让斑马线、电动自行车“2+N”交通秩序

治理模式，重点突破、以点带面，严查、严管、严治交通违法乱象，不断净化城市交通秩序。各地紧抓秩序管理主责主业，部门联动、警种协同，深入推进治乱疏堵行动，城市交通秩序进一步好转改观。天津、河北、山西、吉林、上海、浙江省（市）政府部署开展城市道路交通秩序大整治行动，严厉打击城市交通违法乱象，维护良好城市道路交通环境。河北、黑龙江、山东、重庆梳理常发性交通堵点乱点，实行挂牌督办，逐一制订方案，全力进行治理，切实解决影响城市道路交通有序畅通、群众反映强烈的堵点乱点问题。石家庄、杭州、济南、深圳、南宁、西安等城市狠抓机动车不礼让行人行为，文明礼让新风逐渐盛行，机动车礼让斑马线已经成为一道靓丽风景线。

二、信息引领，推进勤务机制改革

按照公安部交通管理局部署，各地大力推进城市道路交通管理勤务机制改革，建立健全感知、预警、研判、指挥、调度、联动、监督、考核高效顺畅衔接的“情、指、勤、督”四位一体勤务体系，并深化拓展现代警务机制改革。36个大城市基本建立“四位一体”现代勤务机制框架。北京构建“情、指、勤、督、服”一体化勤务体系，海南全面推广“路长制”，石家庄打造“情、指、勤、督、媒”五位一体勤务模式，深圳建立“1+2+3”（一个核心即精准勤务，两轮驱动即指挥驱动、情报驱动，三大支撑即科技支撑、考核支撑、宣传支撑）的交通管理警务机制，西安构建“情、指、勤、督、宣”高效勤务模式。广州建成智慧交通指挥中心，构建“一个中心（大数据智慧中心）+两个平台（DG大数据平台、交通指挥综合系统平台）+五张图（情报研判、指挥调度、勤务运作、警务督导、源头管控各一张图）”警务运作机制。

三、紧盯前沿，创新城市交通治理方式

各地紧抓新一轮科技革命和产业变革机遇，大力应用大数据、云计算、人工智能等新技术，创新推出交管“黑科技”，不断提升城市道路交通管理智能化、科学化水平。重庆、杭州、南昌、济南、深圳、西安等城市推出“城市数据大脑”“城市交通大脑”打造“自主感知、科学分析、智能决策”的智慧交通管理体系。32个大城市增设不礼让行人自动抓拍系统，北京、上海、郑州、南宁、重庆启用“智能斑马线”，天津应用“无人机”，南京使用“执法战车”，宁波、济南、海口、西安等9个大城市运用人脸识别技术，广州配备“移动鹰眼”，昆明创新应用道路监控AR实景监控，乌鲁木齐应用“天眼”系统，全天候强化交通秩序管控。

四、聚焦难点，优化城市配送车辆通行管理

为进一步规范和优化城市配送车辆通行管理，促进城市配送行业健康有序发展，公安部交通管理局下发《关于进一步规范和优化城市配送车辆通行管理的通知》，要求各地统筹协调平衡好城市物流配送、城市缓堵治堵、大气污染防治的关系，积极向当地党委政府建言献策，推动构建政府主导、部门联动、社会参与的城市配送共管、共治、共享格局，全力推动化解城市配送车辆“三难”问题。26个省（区、市）专门下发通知或指导意见，改进城市配送运力需求管理，优化城市配送车辆通行管控，努力解决配送车辆“进城难”“通行难”问题，推动城市物流配送行业健康有序发展。

五、警社合作，共同治理快递外卖电动自行车

针对即时配送行业电动自行车管理难题，公安部交通管理局创新治理方式，加强警社合作、警企共

治，会同中国物流与采购联合会发出《关于加强快递、即时配送行业道路交通安全的倡议书》，要求快递、即时配送行业组织加强行业管理，企业严格落实交通安全主体责任，配送员自觉遵法守规文明配送。同时，下发《关于警企共治创新外卖行业电动自行车交通违法治理的通知》，推动建立警企协作机制、信用惩戒机制、指导帮扶机制、宣教培训机制、联合整治机制等五大机制，共同加强和规范外卖行业电动自行车交通管理。全国31省（区、市）及36个大城市以快递外卖行业电动自行车为重点，全部建立警社合作、警企共治工作机制，共建共治良好城市配送秩序。

第四节 大城市交通管理热点问题评析

一、城市停车管理“灰色地带”——建筑退线区停车治理

建筑退线区停车管理，一直是城市停车管理的灰色地带，也是停车管理与执法的难点。为了规范城市路侧建筑退线区停车管理，维护城市停车秩序，提升道路交通文明水平，通过梳理我国现行法规标准关于城市建筑退线区停车的相关规定，从分析城市建筑退线区范围和功能入手，研究建筑退线区停车泊位所有权、交通安全管理，以及泊位施划要求等问题，系统性提出加强我国城市路侧建筑退线区停车管理的策略方案。

1.现行法规标准相关规定

（1）建筑退线的范围及功能。《民用建筑设计通则》（GB 50352—2005）中规定了道路红线、用地红线和建筑控制线的定义，道路红线是指规划的城市道路（含居住区级道路）用地的边界线；用地红线是指各类建筑工程项目用地的使用权属范围的边界线；建筑控制线是指有关法规或详细性规划确定的建筑物、构筑物的基底位置不得超出的界限。一般情况，道路红线与用地红线重合，建筑控制线退出用地红线一定距离。从上述三线的定义规定来看，道路红线以内为城市道路，道路红线以外至建筑控制线，这块区域即为建筑退线区范围，建筑退线范围的示例图如图 8-1 所示。从建筑退线功能来看，《城市道路交通规划设计规范》（GB 50220—1995）中规定，城市道路规划应与城市防灾规划相结合，干路两侧的高层建筑应由道路红线向后退 10~15m。另外，上海、天津、南京等多个城市制定出台了关于城市路侧建筑退线的相关规定。综合分析可知，设置建筑退线区的目的主要在于应急情况下的人员安全疏散、保障交通有效视距、预防交通事故、降低道路交通噪声污染以及增强街道采光等，退线区不具有停车功能。

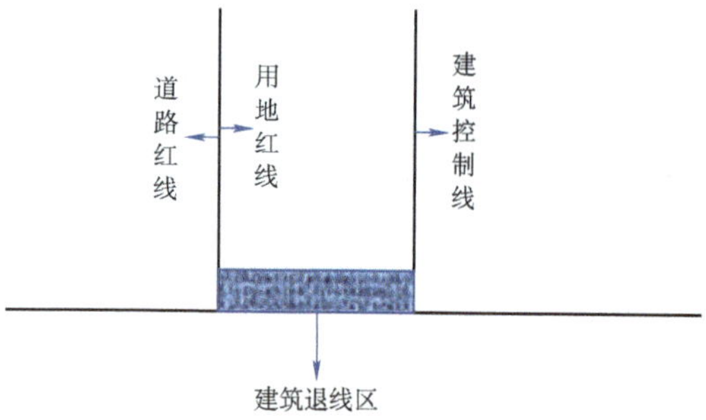

图 8-1 建筑退线范围的示例图

（2）建筑退线区内的停车管理。①一是退线区设置停车泊位的所有权问题。我国《物权法》第七十一条中规定，业主对其建筑物专有部分享有占有、使用、收益和处分的权利。业主行使权利不得危及建筑物的安全，不得损害其他业主的合法权益。第七十四条中规定，占用业主共有的道路或者其他场地用于停放汽车的车位，属于业主共有。从法条可知，建筑退线区域属于用地红线以内的空间，是否要使用这一区域，应由业主共同决定，不得损害其他业主的合法权益，并且如果设置停车泊位，其所有权归业主共有。②二是退线区设置停车泊位的交通安全管理问题。我国《道路交通安全法》第二十九条规定，公安机关交通管理部门发现已经投入使用的道路存在交通事故频发路段，或者停车场、道路配套设施存在交通安全严重隐患的，应当及时向当地人民政府报告，并提出防范交通事故、消除隐患的建议，当地人民

政府应当及时做出处理决定。第五十六条规定，机动车应当在规定地点停放。禁止在人行道上停放机动车；但是，依照本法第三十三条规定施划的停车泊位除外。在道路上临时停车的，不得妨碍其他车辆和行人通行。从法条可知，城市路侧行人通行的区域不鼓励设置停车泊位，如果退线区设置了停车泊位，其交通安全管理工作应受公安机关交通管理部门监管，发现交通安全隐患问题应向当地人民政府报告，并提出改善建议，当地人民政府应当及时做出处理决定。③三是退线区设置停车泊位的施划标准问题。我国行业标准《城市道路路内停车泊位设置规范》（GA/T 850—2009）、《城市道路路内停车管理设施应用指南》（GA/T 1271—2015），对城市道路设置停车泊位的条件进行了详细的规定，从城市用地功能、道路类型、道路宽度、交通流量、交通特性和道路交通环境等方面，提出了规定和要求。如果建筑退线区设置停车泊位，宜参照人行道设置泊位的要求，要充分考虑设置泊位后行人通行有效宽度，应确保行人交通安全，保障行人通行效率。

2.建筑退线区停车管理策略

在我国现行法规标准等相关文件的要求下，应从理念、思路、机制、方法等方面系统性提出退线区停车管理的策略思考，以期为有效解决退线区停车问题提供决策支撑，建筑退线停车管理的策略流程图如图 8-2 所示。

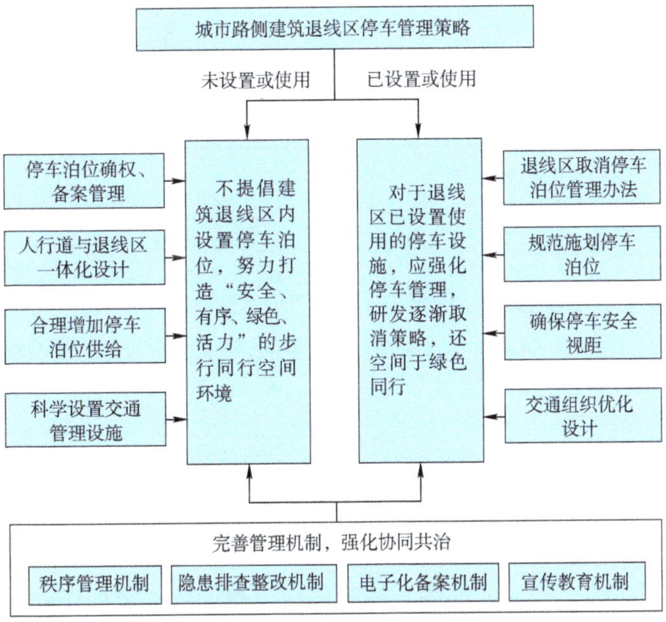

图8-2　建筑退线停车管理的策略流程图

（1）不提倡建筑退线区内设置停车泊位。明确停车泊位权责问题，做好现有泊位备案工作。按照我国现行法规标准的相关要求，结合现有建筑退线区范围停车设施实际情况，建议由城市政府部门牵头，联合规划、建设、公安交管、城管等部门，明确现有停车泊位中，哪些泊位属于公共管理范围，哪些泊位属于非公共管理范围，加快完善停车泊位备案管理，夯实路侧退线区停车管理基础。合理增加路外停车泊位供给，优化城市交通出行结构。建议本着“适度满足基本停车需求，严格控制出行停车需求”的原则，参照《城市停车规划规范》（GB/T 51149—2016），结合各地实际情况，制定完善各城市建筑设施配建停车泊位规范，并要切实加强配建停车泊位建设使用监管。

（2）对于建筑退线区已设置使用的停车设施，应强化停车管理，研究逐渐取消策略。研究制定退线区取消停车位管理办法，把空间还给行人通行。建议综合考虑建筑设施用地功能、道路交通特征、停车供需状况、交通安全状况、城市市容市貌等因素，从所处区域位置、取消时限、配套措施等维度，科学制定城市取消建筑退线区停车的管理办法。对于短期内退线区暂时未取消的停车设施，根据国家标准中关于停车泊位施划的要求，应参照人行道设置停车泊位标准，确保行人有效通行空间，对于行人通行空间不足的，应加快泊位取消进程，退线区设置停车泊位后步行道有效剩余宽度参考值见表8-1。规范设置停车泊位标线，根据空间实际情况，合理选取停车泊位设计形式，可采用平行式、斜列式（倾角300°、450°、600°）和垂直式，明确车辆停放位置，确保车辆停放整齐规范。优化区域交通流线设计，在保证交通安全的前提下，提升综合交通效率。确保停车安全视距，预防退线区交通事故。保证车辆停放过程具有良好的通视条件，绿化植被、建筑设施等均不可影响车辆有效视距，对于遮挡视线、影响视距的情况，应及时整改消除。尤其是退线区临时停车场出入口处，建议参照《城市道路工程设计规范》（CJJ 37—2012）的规定，出入口边线以内2m处作视点的120°范围内，不应有遮挡视线的障碍物。另外，临时停车场出入口处宜设置减速设施。

退线区设置停车泊位后步行道有效剩余宽度参考值　　表8-1

项　目	步行道有效剩余宽度（m）	
	大城市	中小城市
各级道路	3	2
商业或文化中心及大型商店或大型文化公共机构集中路段	5	3
火车站、码头附近路段	5	4
长途汽车站	4	4

二、城市路内限时长停车管理

当前我国城市停车难、停车乱现象十分普遍，城市中心区停车矛盾尤为突出，特别是长时间路内停车，既造成了道路通行能力下降，又增加了车辆寻找停车位的交通量，加剧了城市道路的拥堵。城市中心区0.5~2h的限时长停车模式已经在发达国家和地区广泛采用，对提高路内停车泊位周转率和缓解城市中心区交通拥堵效果显著。

1.限时长停车相关规定

限时停车管理分为限时段停车管理和限时长停车管理2种类型。限时段停车管理一般可通过交通标志实现，需要和机动车限时段停车位标线配合使用（图8-3）。限时段停车位标志表示此处机动车只能在标志准许的时段停放，其他时段禁止停放，如为了解决居民区夜间停车难问题，部分城市在道路条件允许的情况下设置了晚19:00到早7:00的限时停车泊位。限时长停车位标志表示此处车辆停放的时长不应超过标志表示的时间，图8-4表示车辆停放时间不允许超过3分钟，这种情况可以不划停车位线。我国《道路交通标志和标线》（GB 5768—2009）中虽然有限时长标志标线的相关规定，但在实际应用中仅限于学校、医院、交通枢纽周边道路，供学校上下学、医院上下客临时停车，时长限制通常为30s~15min。

图8-3　限时段停车标志和标线示例图

图8-4　限时长停车标志和标线示例图

2.国外限时长停车管理措施

美国路内停车时长的限制一般为0.5~2h。停车时长限制设置的依据包括道路所在片区的城市功能、用地性质、道路类型、交通运行和停车供需特征等。同一类型的路内停车泊位，停车需求越大的泊位设置的停车时长限制越短。如果免费限时长停车管理措施仍不足以有效管理路内停车，往往会采用“限时长停车+收费管理”的综合手段。收费限时长停车管理措施一般通过路侧停车咪表或支付展示系统来实现。驾驶人从售票机购买停车票，并把停车票展示在车辆的仪表板、风窗玻璃或侧面车窗处。停车票上一般包括售票机地点、运营商、到达停车位的时间、停车截止时间以及所支付的金额。

欧洲的限时停车管理分为收费和免费两种形式。收费限时停车管理也采用路侧停车咪表或支付展示系统来实现。免费限时长停车管理通常借助停车盘来实现。停车盘停车系统通过展示停车盘来显示停车的起始时间。停车管理员可以巡查停车盘，并核对是否需要付费。最原始的停车盘停车系统随着城市蓝区的建立而引入。在蓝区，使用停车盘的车辆可以享受1~2h免费停车；在其他区域，则采用停车咪表进行更严格的停车管理控制。驾驶人泊车完毕，还需要将停车盘展示在风窗玻璃后，以便从车辆外面能够清晰读取停车盘所显示的时间。停车盘的指针须指向到达时刻后的半小时整点。

新加坡的路内限时长停车管理除了采用咪表，还广泛采用停车券停车系统。驾驶人需提前从政府手中购买停车券。使用停车券时，驾驶人需要在停车券上撕掉停车时的日期和时间标签。这个过程类似于停车盘停车系统，但停车盘可重复利用，而停车券是一次性的。如果停车时间超过了单张停车券允许的停车时长限制，可以同时使用多张停车券。目前，新加坡城市中心区短时路内停车价格为1.2新币/30min，城市中心区以外的短时路内停车价格为0.6新币/30min。

采用限时长停车管理措施的国家，一般会对超过时长限制的停车行为进行处罚，部分国家和地区典型城市对超时违停和禁停道路违停的处罚标准见表8-2。从超时违停和禁停道路违停处罚标准的差别来看，各城市对超时违停的罚金均低于禁停道路违停的罚金，反映出各城市交通管理部门均认为超时停车的违法严重程度低于在禁停道路停车的违法严重程度。除新加坡处罚标准较低外，其他城市的处罚标准都在200元/次以上，伦敦、布里斯班、纽约的处罚标准更是超过400元/次。针对超时违停行为，部分城市还根据违停地点和超时程度，设置了不同的处罚标准。如巴黎市中心的第1—10区，超时违停罚金为50欧元，巴黎中心区外的第11—20区，超时违停罚金为35欧元；新加坡超时小于30min违停的罚金为6新币，超时在30min和1h之间违停的罚金为10新币，超时1h以上违停的罚金为20新币。

部分国家和地区典型城市对超时违停和禁停道路违停的处罚标准 表8-2

国家	城市	超时违停	禁停道路违停
英国	伦敦	80英镑（701元）	130英镑（1153）
澳大利亚	布里斯班	97澳币（464元）	130澳币（617元）
美国	纽约	65美元（436元）	115美元（772元）
美国	亚特兰大	35美元（235元）	100美元（671元）
美国	休斯敦	30美元（201元）	40美元（269元）
法国	巴黎	35~50欧元（265~378元）	135欧元（1021元）
新加坡	新加坡	6~20新币（30~99元）	50新币（248元）

3.我国路内限时停车管理的建议

现阶段我国违法停车主要类型还是在禁止停车的道路上停车，而发达国家和地区违法停车主要类型为超时长停车。目前，我国仍然处于城市化和机动化快速发展的时期，机动车保有量迅猛增长，停车供需矛盾日益加剧。随着我国经济由高速度增长阶段转向高质量发展阶段，城市停车管理措施有待进一步精细化。路内停车管理是城市停车治理的重要抓手和着力点，发达国家和地区相对成熟的路内限时长停车管理措施值得借鉴和尝试。结合我国的基本国情，建议从以下方面加强我国的路内限时长停车管理。

（1）明确路内停车的属性，增强限时长停车立法支持。道路是有限不可再生的公共资源，停放机动车则是个人需求，个人可以使用公共资源，但不能长期占用。通过限定道路停车的最长时限，可保证公共资源的有效利用率。在目前停车资源紧缺的情况下，研究路内停车限时长的可行性及相关法规政策，明确超时长限制停车的违法性质，有助于进一步盘活路内停车资源，将长时间停车引入路外停车场，真正形成以配建停车场为主、公共停车场为辅、路内停车为补充的合理停车供给格局。

（2）不同区域要区别对待，实现停车管理的精细化。综合评估道路条件、交通流量、停车需求变化和社会公众意见等因素，确定各类道路路内停车泊位停车时长限制的设置标准。例如，人、车流量都很大，商业繁忙区域的路段可实行限时长停车，最长允许停0.5~2h，其他非商业繁忙区域和路段，则可以适当延长停车时长，以分流和缓解繁忙区域的停车压力。

（3）适时采取合理的限时长停车管理手段。吸收国外停车咪表、支付和显示系统、停车盘、停车券等多种形式的限时长停车管理设施和设备，结合高位视频、移动支付、人工智能等先进技术，实施多种形式的限时长停车管理政策，拟定不同片区、不同路段路内停车收费定价机制，满足路内停车差异化和精细化管理的需求。

（4）研究相关配套管理措施。研究完善和细化限时长停车管理的具体制度、办法和流程，以及限时长停车管理设施及标志标线的相关标准。组织专业人员，参考国外有关限时长停车标志和标线的优秀案例，补充和细化我国限时长停车标志、标线的国家标准，并在全国推广使用。根据泊位所处区位和超时严重程度,细化限时长违停行为的处罚标准。加强对市中心限时长停车路段的巡查力度，同时加强电子警察等非现场处罚，畅通举报超时停车的渠道，前瞻性地制定超时长违停的处罚标准，全方位加强对超时停车驾驶人的威慑，确保道路交通运行的高效、有序、安全、畅通。

第九章　交通警察队伍

2018年，公安机关警务技术职务任职资格首次评定，1.9万人取得相应的警务技术人才资格，警务技术人才初具规模。但是，受城市化、机动化快速发展影响，我国交警警力不足、警力老龄化、高级科技人才缺乏等情况仍然较为突出。交警人才队伍的建设与培养、警务机制改革，仍然是当前和未来一段时期公安交通管理工作的一项重要内容。

第一节　全国交警队伍概况

一、全国警力总体保持稳定

截至2018年底，全国交警实有人数27.28万人，其中正式民警24.56万人，比2017年减少906人，下降数量最大的是陕西、河北、内蒙古、辽宁和新疆五个省（自治区），其中陕西警力人数已经连续2年高幅下降。警力减少的主要原因是民警退休后未及时补录、一线轮岗交流警力回撤以及机构改革部分警力转警种。警力上升数量最多的是甘肃、广东、湖南、浙江和山西五个省，分别上升325人、283人、222人、165人和113人。警力最多的5个省仍然是广东、江苏、山东、河南、浙江等人口、汽车大省，分别是广东2万人、江苏1.7万人、山东1.5万人、河南1.2万人、浙江1.2万人；警力最少的5个省（自治区）也依然为青海、海南、宁夏、西藏和新疆，分别是青海1055人、海南1243人、宁夏1346人、西藏1715人、新疆3409人（图9-1）。

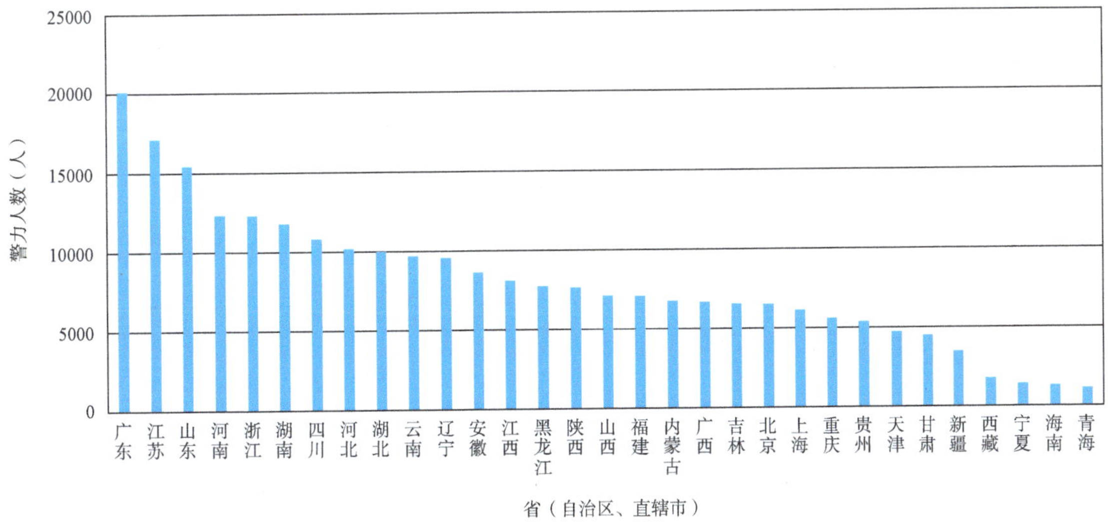

图9-1　2018年各省（自治区、直辖市）交警警力分布

注：数据来源于公安部交通管理局。

近5年，全国公安交通管理警力整体较为稳定，行政编制民警增加了8295人，增加了3.5%。有14个省（自治区、直辖市）警力增加，其中增加最多的为广东4074人、湖北2880人、内蒙古1961人、甘肃1435

人；17个省（自治区、直辖市）警力出现了下降，其中，下降超过千人的为黑龙江1423人、广西1035人（图9-2）。

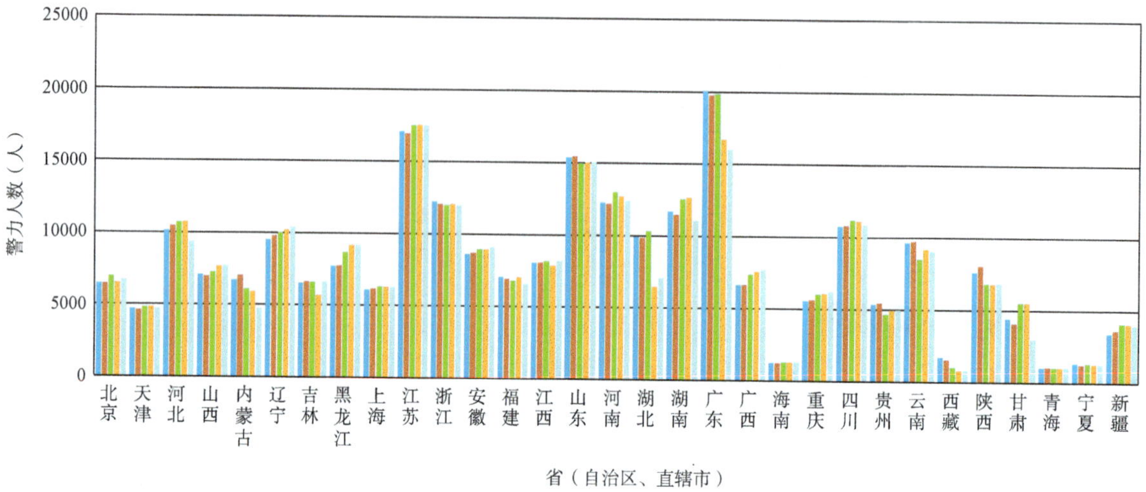

图9-2 近5年各省（自治区、直辖市）交警警力分布

注：数据来源于公安部交通管理局。

二、全国每万车警力逐年减少

在全国汽车保有量持续快速增长的情况下，交警警力紧缺情况日益严重。2018年，全国每万辆汽车的交警警力仅为10.2人，比2017年下降了15.7%。万车警力最高的省（自治区）为西藏（33.5人/万辆），最低的为河北（6.3人/万辆），且其连续2年处于全国最低。有12个省（自治区）低于平均水平（10.2人/万辆），分别为河北、山东、河南、浙江、新疆、宁夏、青海、江苏、广东、海南、安徽和四川（图9-3）。

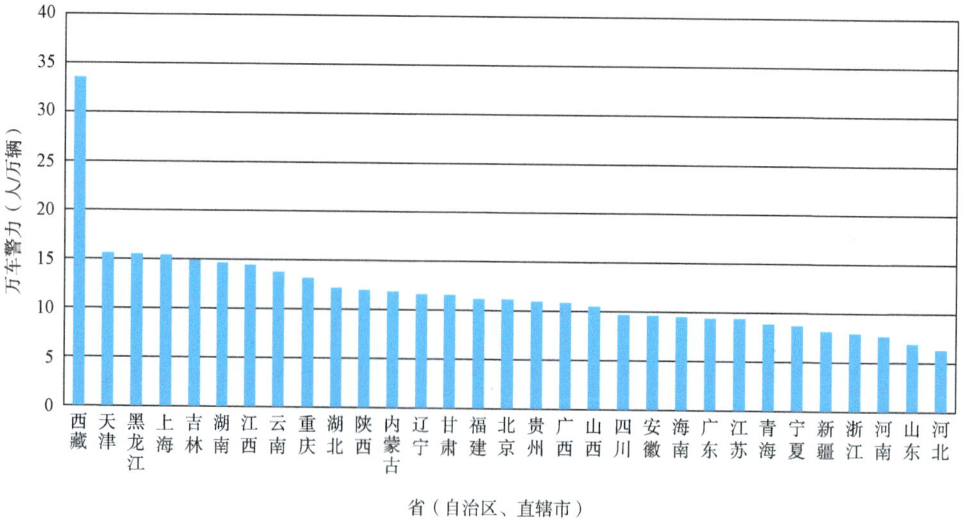

图9-3 2018年各省（自治区、直辖市）万车交警警力分布

注：数据来源于公安部交通管理局。

近5年，全国汽车保有量增加了8580万辆，增幅高达55.5%，同期万车警力下降了33.4%（图9-4）。当前，城市道路交通需求不断激增，警力缺乏是制约交通管理最大的屏障之一，全国各级公安交通管理部门也不断深化警务机制改革探索和实践，拓展科技信息化在道路交通管理中的应用深度和广度，以期能够通过有效释放警力、精准实施勤务提升公安交通管理效能。

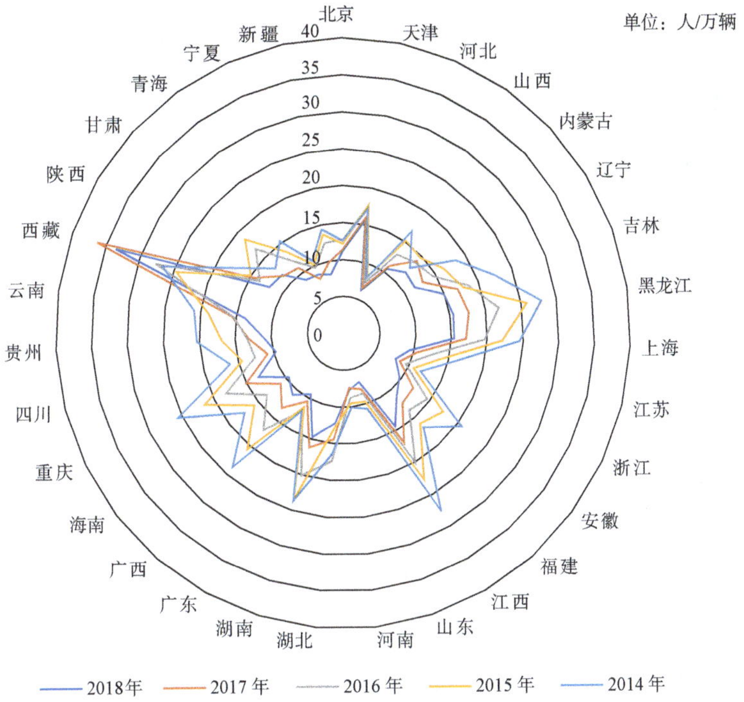

图9-4　近5年各省（自治区、直辖市）万车交警警力分布

注：数据来源于公安部交通管理局。

三、城市道路执勤警力占比总体偏低

2018年，全国城区道路执勤民警为6.08万人，占全国交通总警力的24.7%，比2017年增加2474人，上升了1个百分点，与快速发展的城镇化速度相比，城市道路执勤警力占比仍然偏低。城市道路执勤警力最多的5个省（自治区、直辖市）分别是广东5620人、北京4432人、江苏4297人、河南3934人、上海3099人；城市道路执勤警力占比仍然是北京遥遥领先，占比超过50%的仍然是北京、上海两个直辖市，分别为北京68.7%、上海51.2%，北京比2017年上升了6.3个百分点，上海同比下降了1.4个百分点，重庆、海南分列第三、四位，比例分别为42.1%和38%。城区道路执勤警力占比最低的5个省（自治区、直辖市）是青海10.8%、广西12.2%、天津13.54%、内蒙古14.8%和贵州15.2%（图9-5）。

近5年，各省（自治区、直辖市）城市道路执勤警力分布也发生了一定变化，31个省（自治区、直辖市）中仅有海南、陕西、北京、宁夏、广东、上海、安徽、新疆、广西9个省（自治区、直辖市）城市道路执勤交警占比出现了增加，其中新疆、广西增幅不足1%。有6个省（自治区、直辖市）城市道路执勤警力占比出现了大幅下降，内蒙古、湖北、湖南、黑龙江、天津、陕西分别下降了35、23、16、14、13.5、12个百分点（图9-6）。

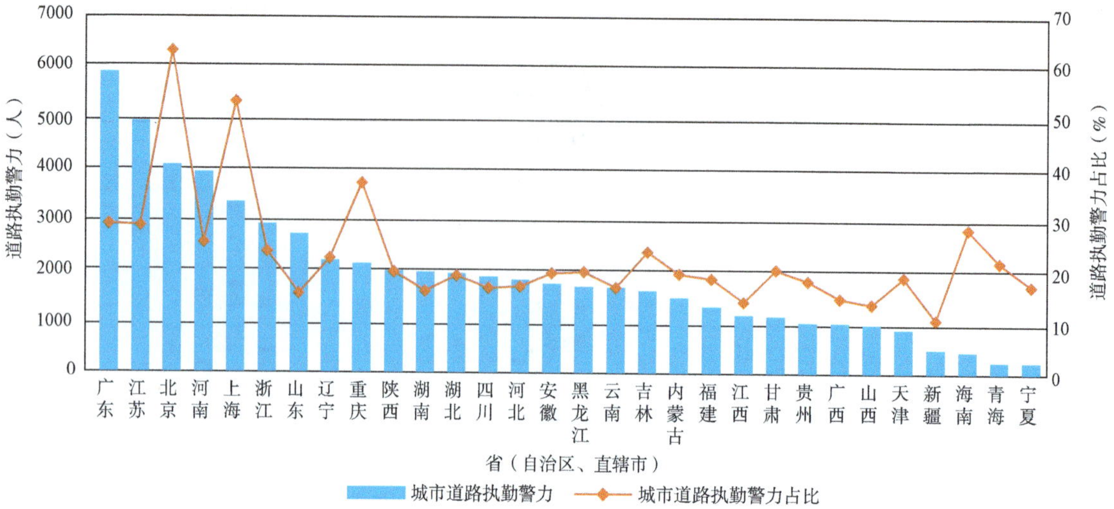

图9-5　近5年各省（自治区、直辖市）城市道路执勤警力与占比

注：数据来源于公安部交通管理局。

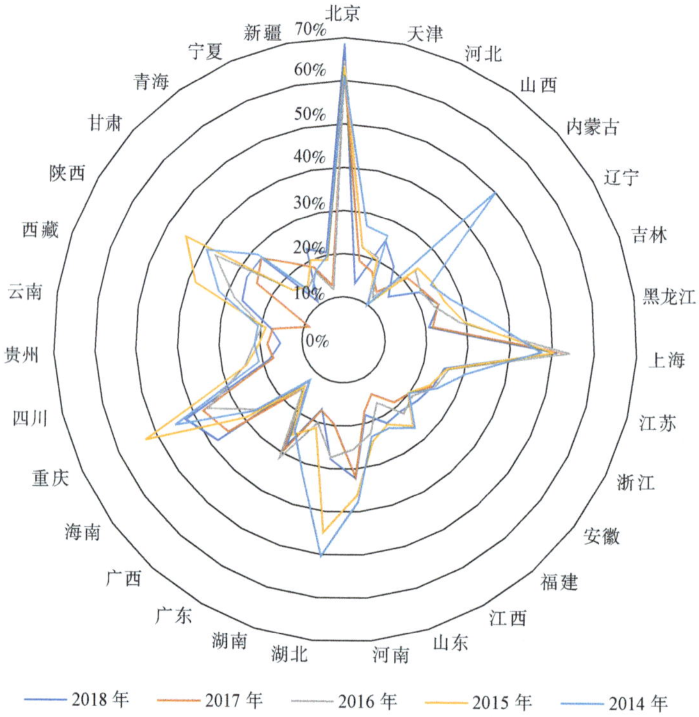

图9-6　2018年各省（自治区、直辖市）城市道路一线执勤执法警力占总警力比例

注：数据来源于公安部交通管理局。

四、一线执勤执法民警有所增加

2018年，一线执勤执法民警19.38万人（指支队、大队内道路执勤执法、事故处理和车驾管岗位警力），占总警力的71%，比2017年增加1.09万人，增幅为6.0%。从岗位看，道路执勤执法岗位民警12.66万

人，事故处理岗位民警3.53万人，车辆和驾驶人管理岗位民警3.19万人，分别占一线执勤执法民警警力的65%、18%和17%。从层级看，2018年，交警大队警力21.77万人，其中城区大队民警8.77万人，高速大队民警3.05万人，县市大队民警9.95万人。2018年各省（自治区、直辖市）城市道路一线执勤执法警力占总警力比例如图9-6所示。

五、道路执勤执法岗位民警年龄老化趋势没有明显改善

2018年，道路执勤执法民警中，40岁以上（不含）民警72781人，占56.1%，50岁以上（不含）民警24918人，占19.2%，与前两年持平。道路执勤执法岗位民警50岁以上（不含）人数超过2000人的省有2个，分别为广东2699人、江苏2075人。道路执勤执法岗位民警50岁以上（不含）占比超过25%的省（自治区、直辖市）达到了9个，分别为海南35.59%、黑龙江31.58%、上海31.32%、辽宁31.19%、吉林30.66%、河北29.22%、内蒙古28.51%、山西26.12%、湖北25.90%，比2017年增加了2个，其中北京退出，上海、河北、湖北为新晋省市。近些年警力年龄老化趋势仍然没有得到有效改善（图9-7、图9-8）。

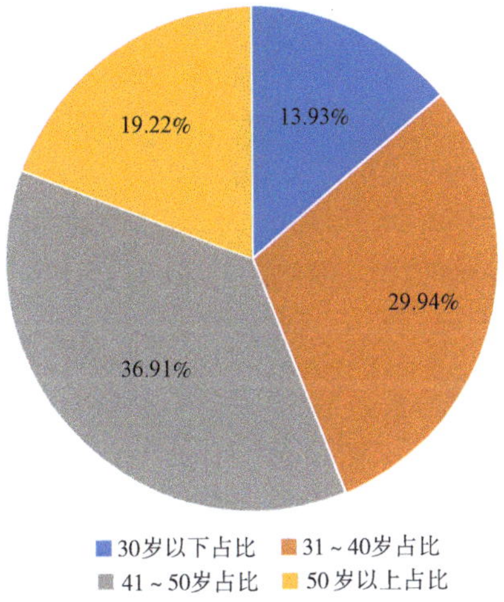

图9-7 2018年全国道路执勤执法岗位民警年龄分布

注：数据来源于公安部交通管理局。

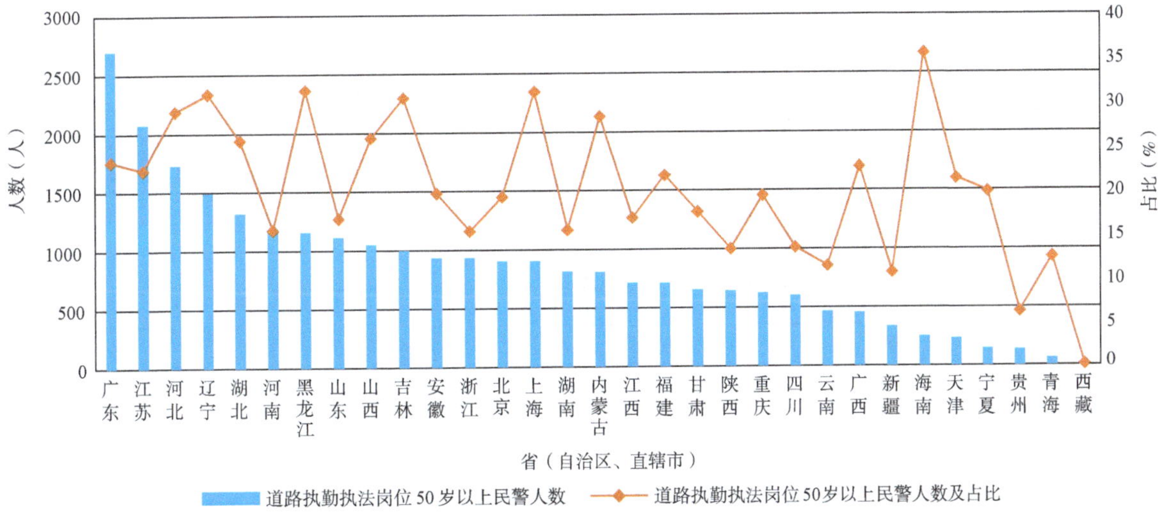

图9-8 2018年各省（自治区、直辖市）道路执勤执法岗位50岁以上民警人数占比

注：数据来源于公安部交通管理局。

六、 警务技术人才初具规模，高级、科技人才较为缺乏

2018年，全国交警系统共有警务技术人才（经2018年公安机关警务技术职务任职资格首次评定并取得相应资格的警务技术人才）1.9万人，占全国交警总数的7.0%。从专业上看，交通事故处理专业占到53%，车辆查验布控专业占17%，交通监控指挥专业占17%，交通设施设置专业占7%，交通组织规划专业占6%（图9-9）。从职级上来看，初级4555人，中级10900人，副高级3285人，正高级312人，高级人才（副高级、正高级）共计3597人，占18.9%。

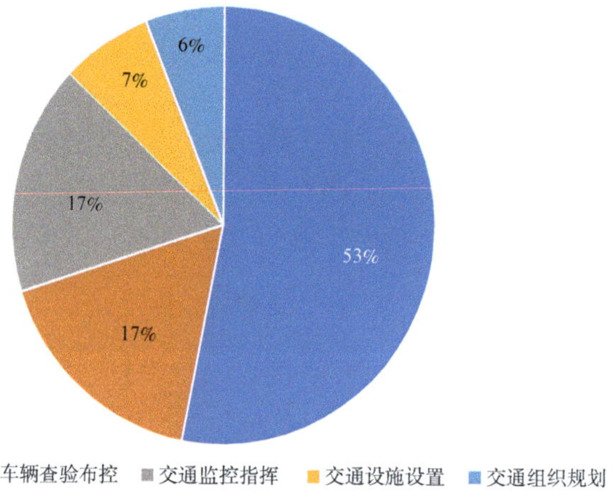

图 9-9　2018 年全国交警系统警务技术人才专业分布

注：数据来源于公安部交通管理局。

民警工作岗位可分为道路执勤岗位、事故处理岗位、车驾管岗位、法制岗位、宣传岗位、科技岗位和政工岗位。2018年，全国从事科技岗位的民警5699人，占比仅为2.32%，是交警工作岗位中人数最少、占比最少的。科技警力最多的6个省（自治区、直辖市）分别为江苏416人、河南400人、湖南350人、江西324人、广东312人、山东304人；科技警力占比最高的7个省（自治区、直辖市）为甘肃4.3%（190人）、新疆4.11%（140人）、江西4.03%（324人）、山西3.36%（238人）、河南3.27%（400人）、黑龙江3.2%（246人）、陕西3.15%（239人）。科技岗位占比最低的4个省（自治区、直辖市）是北京0.91%（59人）、上海1.12%（68人）、河北1.26%（128人）、天津1.29%（60人）（图9-10）。

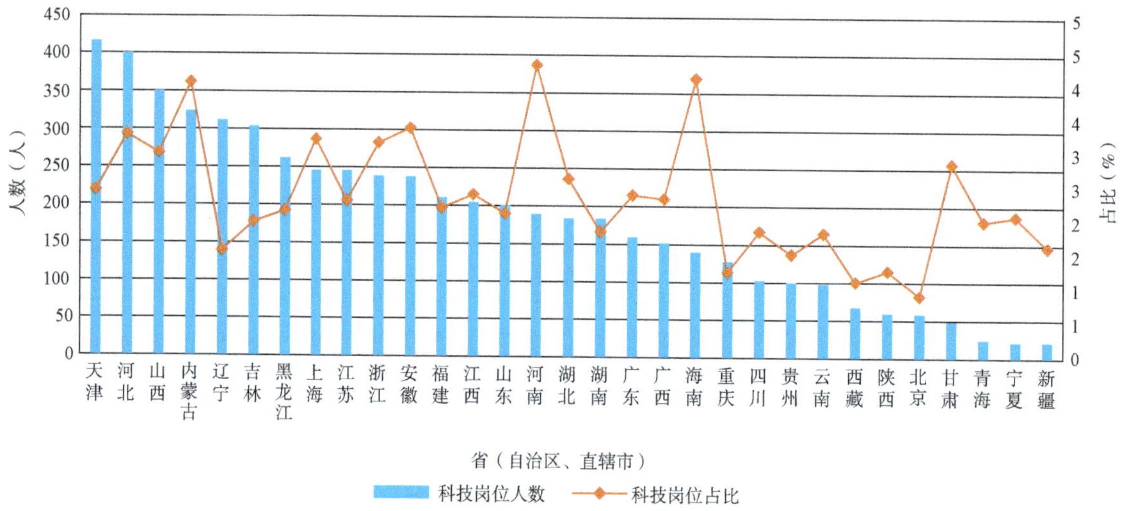

图9-10　2018年各省（自治区、直辖市）科技岗位警力分布

注：数据来源于公安部交通管理局。

当前，大数据、物联网、云计算以及5G等科技信息快速发展，交通管理工作需要通过专业化、科技化引领交通管理工作实现跨越式发展，人才储备不足，尤其是科技人才缺乏也成为制约公安交通管理发展的重要因素。

第二节　全国辅警队伍建设

一、辅警呈持续快速增长趋势，半数以上享受地方财政保障

2018年，全国交警系统共有辅警45.4万人，比2017年增加9417人，增长2.1%。其中勤务辅警35.59万人，增加1687人，增长0.47%，享受地方财政保障的为24.8万人，占勤务辅警总数的69.7%，比2017年增加1.1个百分点；文职辅警9.86万人，增加7730人，增长8.5%，享受地方财政保障为5.88万人，占文职辅警总数的64.8%，与2017年持平。

全国辅警人员超过2万人的省（自治区、直辖市）有7个，分别为广东3.5万人、江苏3.48万人、山东3.16万人、河北2.64万人、河南2.59万人、浙江2.52万人、四川2.32万人（图9-11）。与2017年相比，有13个省（自治区、直辖市）辅警人数出现了下降，山西、陕西、河北3省下降人数最多，分别为3378人、2257人和1206人，其中山西、河北连续2年辅警警力下降。辅警人员增加超过1000人的省（自治区、直辖市）有7个，分别为广东7437人、江苏2765人、辽宁2085人、江西2014人、天津1260人、新疆1144人、湖北1044人，其中江西辅警人数2年增加近8000人，一定程度上缓解了警力不足问题。

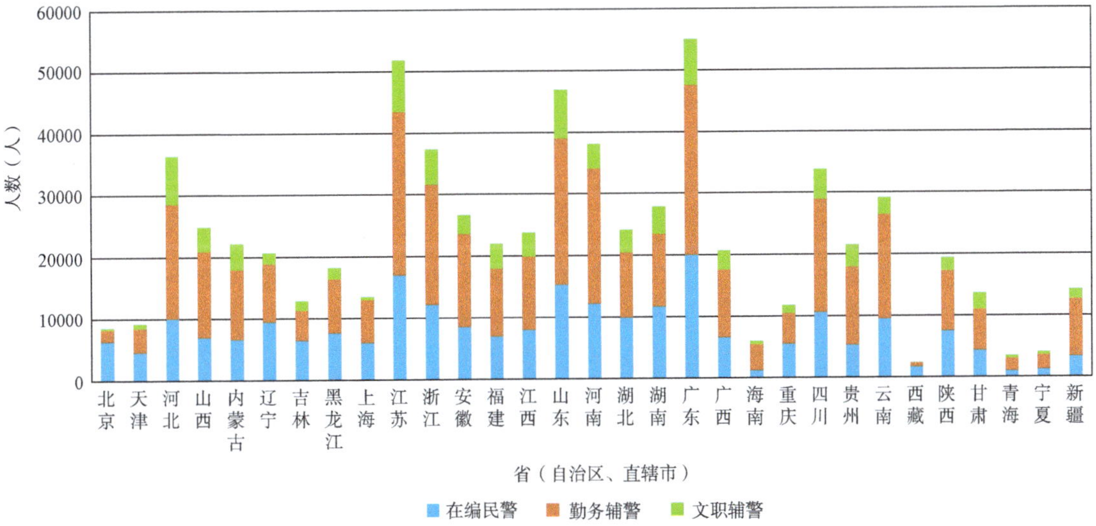

图9-11　2018年各省（自治区、直辖市）交通民警和辅警分布

注：数据来源于公安部交通管理局。

二、城市道路执勤辅警缓解了部分警力不足问题

2018年，全国城市道路执勤辅警共14.52万人，比2017年减少了0.2万人，占道路执勤辅警总数的57%，占辅警总数的40.8%，在当前警力普遍不足的情况下，能够为现场执勤提供一定的人力支持。全国

各地的城市道路执勤警察构成差异很大，其中，城市道路执勤辅警人数最多的5个省（自治区、直辖市）为广东11077人、江苏10417人、河南9608人、河北9059人和山东9045人，均为全国人口、经济、汽车大省，其中广东、江苏比2017年分别增加了1607人、1470人。城市道路执勤辅警人数最少的4个省（自治区、直辖市）仍然为西藏、青海、北京和宁夏。总的来看，全国对于辅警执勤的管理制度差异较大。

第三节　执勤执法装备配备水平整体提升

2018年，交警系统共配备执法记录仪25.80万个，人均0.95个；辅警执勤记录仪26.96万个，同比增加11.49万个，增长74.22%，人均0.59个；警务通20.49万个，同比增长6.38%；对讲机33.39万部，同比增长10.09%；酒精测试仪5.98万个，同比增长7.55%；测速仪4.55万个，同比增长6.88%；巡逻车14.05万辆，其中汽车6.16万辆，摩托车7.89万辆；事故勘查车1.29万辆，同比增长4.16%；通讯指挥车770辆，同比减少37辆，下降4.58%。

第四节　因公牺牲数量增加

2018年，全国交警因公牺牲60人，同比增加4人，增长7.14%，其中因积劳成疾或突发疾病牺牲45人，占绝对多数（达75%），因道路执勤执法牺牲4人，占6.67%，因处理事故牺牲6人，占10.00%，因驾乘机动车发生事故牺牲2人，占3.33%，因其他原因牺牲3人，占5%。因公牺牲辅警19人，其中因积劳成疾或突发疾病牺牲9人，因道路执勤执法4人，因驾乘机动车发生事故3人，因处理事故2人，因其他原因1人。

附录1　2018年度城市道路交通发展大事记

1月

1月4日　公安部交通管理局印发《全国城市道路交通文明畅通提升行动计划专家组第一次全体会议纪要》，发布了全国城市道路交通文明畅通提升行动计划专家组第一次全体会议议程。

1月18日　公安部交通管理局印发《关于做好推进道路货运车辆检验检测改革工作的通知》。

2月

2月2日　公安部交通管理局印发《关于贯彻落实〈关于推进城市安全发展的意见〉的通知》，传达了贯彻落实《关于推进城市安全发展的意见》的相关要求。

2月26日　公安部交通管理局印发《关于开展重点车辆源头安全隐患清零统一行动的通知》。

3月

3月19日　商务部办公厅、公安部办公厅、国家邮政局办公室、供销合作总社办公厅联合发布《关于组织实施城乡高效配送重点工程的通知》，进一步加快城乡配送体系建设，推动配送技术与模式创新，实现城乡配送高效发展。

3月26日　公安部交通管理局与中国物流与采购联合会共同发布《关于加强快递、即时配送行业道路交通安全的倡议书》，加强警社合作、警企共治，推进快递、即时配送行业和企业健康、规范、可持续发展，共同维护安全、有序、畅通、文明的道路交通环境。

3月28日　公安部交通管理局印发了《关于进一步加强机动车不礼让斑马线治理工作的指导意见》，巩固和深化机动车不礼让斑马线治理成果，推动治理工作常态化。

3月30日　公安部交通管理局印发了《关于印发〈道路交通事故处理工作规范〉的通知》，推进贯彻实施《道路交通事故处理程序规定》（公安部令第146号），进一步规范道路交通事故处理工作。

4月

4月12日　工业和信息化部、公安部、交通运输部联合发布了《关于印发〈智能网联汽车道路测试管理规范（试行）〉的通知》。

4月23日　公安部交通管理局印发《关于实施〈道路交通事故现场图绘制系统通用技术条件〉等4项行业标准的通知》，要求各地执行《道路交通事故现场图绘制系统通用技术条件》（GA/T 1381—2018）、《基于多旋翼无人驾驶航空器的道路交通事故现场勘查系统》（GA/T 1382—2018）、《警用指挥车（交通应急指挥）设备技术要求》（GA/T 1462—2018）和《道路交通危险警示灯》（GA/T 414—2018）4项行业标准。

4月23日　公安部交通管理局印发《关于实施〈道路交通信号控制方式 第3部分：单点信号控制方式实施要求〉等4项行业标准的通知》，要求各地执行《道路交通信号控

制方式 第3部分：单点信号控制方式实施要求》（GA/T 527.3—2018）、《道路交通信号控制方式 第4部分：干线协调信号控制方式实施要求》（GA/T 527.4—2018）、《道路交通信号控制方式 第6部分：公交车交叉口优先通行控制规则》（GA/T 527.6—2018）和《道路交通信号控制方式 第7部分：有轨电车交叉口优先通行控制规则》（GA/T 527.7—2018）4项行业标准。

4月24日　公安部交通管理局印发《关于印发〈道路交通事故处理执法办案系统推广应用实施方案〉的通知》，进一步规范事故处理执法办案工作，实现事故处理执法办案全过程网上运行和监督，决定自2018年5月1日起在全国统一使用道路交通事故处理执法办案系统。

5月

5月28日　全国文明畅通提升行动计划指导推动组印发《城市道路交通文明畅通提升行动计划测评工作方案（2018年度）》，为深入实施城市道路交通文明畅通提升行动计划，强化城市道路交通管理基础工作，全国文明畅通提升行动计划指导推动组决定对2018年城市道路交通文明畅通提升行动计划实施情况开展测评。

6月

6月7日　公安部交通管理局印发《关于做好2018年全国高考期间道路交通安保工作的通知》，要求各地加强高考期间道路交通安保工作。

6月28日　公安部交通管理局印发《公安交管部门进一步深化“放管服”改革提升交管服务便利化的措施》，进一步深化交管领域“放管服”工作。

7月

7月20日　公安部交通管理局下发《关于认真贯彻落实中央和部领导重要指示批示精神全力做好防汛抢险防台风交通保障工作的紧急通知》，进一步加强抵御台风指导工作。

8月

8月8日　国家发展改革委办公厅、交通运输部办公厅、公安部办公厅联合发布《关于开展交通出行领域严重失信行为专项治理工作的通知》，深入推进交通出行领域信用体系建设，强化信用监管。

8月28日　公安部交通管理局下发《关于做好新学期中小学生开学交通安全管理工作的通知》。

8月28日　交通运输部、公安部、国管局、中华全国总工会联合发布《关于组织开展2018年绿色出行宣传月和公交出行宣传周活动有关事项的通知》，开展创建节约型机关、绿色家庭、绿色学校、绿色社区和绿色出行等行动。

9月

9月4日　公安部交通管理局印发《互联网在线快速处理事故信息与保险信息共享平台推广应用工作方案》，建立了公安交通管理部门与保险机构间数据信息共享机制，实现了机动车财产损失事故互联网在线快速处理信息和保险信息的共享及应用，并决定自2018年9月10日起在全国统一推广使用。

9月5日　公安部交通管理局下发《机动车驾驶人违法记分满分教育和审验教育工作规范》，进一步加强机动车驾驶人违法记分满分教育和审验教育工作，大力提高重点驾驶人交通安全意识、法治意识、规则意识、文明意识，有效预防和减少道路交通事故。

9月7日 公安部办公厅、中国银保监会办公厅联合发布《关于加强警保合作进一步深化公安交通管理“放管服”改革工作的意见》，加强公安机关交通管理部门与保险监管部门、保险机构合作，进一步深化公安交通管理“放管服”改革。

9月10日 最高人民法院办公厅、公安部办公厅、司法部办公厅、中国银行保险监督管理委员会办公厅联合印发《道路交通事故损害赔偿纠纷“网上数据一体化处理”工作规范（试行）》，深入推进道路交通事故损害赔偿纠纷“网上数据一体化处理”改革工作。

9月10日 交通运输部办公厅、公安部办公厅联合发布《关于进一步加强网络预约出租汽车和私人小客车合乘安全管理的紧急通知》，强化监管责任落实。

10月

10月15日 公安部交通管理局印发《道路交通事故现场勘查要则》，进一步规范道路交通事故现场勘查工作。

10月19日 公安部交通管理局印发《关于进一步规范和优化城市配送车辆通行管理的通知》，进一步规范城市配送车辆通行管理，提出相应便利通行措施。

10月29日 国家发展改革委办公厅、公安部办公厅、生态环境部办公厅、交通运输部办公厅、商务部办公厅联合发布《关于推广城市配送车辆管理先进经验提升城市物流管理水平促进居民消费的通知》，推广城市配送车辆管理的先进经验和管理模式，提升城市物流管理水平。

11月

11月2日 工业和信息化部、发展改革委、科技部、公安部、交通运输部、市场监管总局联合发布《关于加强低速电动车管理的通知》，从源头上加强低速电动车管理。

11月13日 公安部交通管理局印发《关于召开深化城市道路交通管理警务机制改革现场会的通知》，定于11月20日在浙江杭州召开深化城市道路交通管理警务机制改革现场会。

12月

12月11日 公安部交通管理局印发《关于加强和规范机动车查验工作的通知》，进一步规范机动车查验工作。

12月13日 商务部、公安部、交通运输部、国家邮政局、供销合作总社联合印发《城乡高效配送专项行动计划（2017—2020年）》的通知。

12月14日 公安部交通管理局印发《关于各地规范和优化城市配送车辆通行管理工作情况的通报》，对各地开展的规范和优化城市配送车辆管理工作情况进行了通报。

附录 2　36 个大城市交通综合数据统计

36个大城市发展和建设主要数据统计表

附表2-1

城市	地区生产总值（亿元）	地区生产总值比上年增长率（%）	城镇居民可支配收入（元）	可支配收入比上年增长率（%）	市域常住人口（万）	市域面积（km^2）	建成区面积（km^2）
北京	30320	6.6	62361	9.0	2154.2	16406	1445.5
天津	18809.6	3.6	42976	6.7	1559.6	11917	1087.6
石家庄	6082.6	7.4	35563	8.0	1095.2	14060	285.6
太原	3884.5	9.2	33672	7.0	442.15	6988	340
呼和浩特	2903.5	3.9	46565	7.0	312.6	17453	260
沈阳	6292.4	5.4	44054	6.5	831.6	12860	553
大连	7668.5	6.5	43550	7.3	699.4	12574	404.5
长春	7175.7	7.2	35332	6.5	751.3	20594	520.6
哈尔滨	6300.5	5.1	37828	6.4	1085.8	53076	438.3
上海	32679.9	6.6	68034	8.7	2423.8	6341	998.8
南京	12820.4	8.0	59308	8.7	843.6	6587	796.4
杭州	13509	6.7	61172	8.7	980.6	16596	591.1
宁波	10746	7.0	60134	8.0	820.2	9816	345.5
合肥	7822.9	8.5	41484	9.3	808.7	11445	461
福州	7856.8	8.6	44457	8.5	774	12251	290.8
厦门	4791.4	7.7	54401	8.8	411	1701	348.2
南昌	5274.7	8.9	40844	8.4	554.6	7402	327.4
济南	7856.6	7.4	50146	7.5	746.0	7998	463.6
青岛	12001.5	7.4	50817	7.7	939.5	11282	638.4
郑州	10143.3	8.1	39042	8.3	1013.6	7446	500.8
武汉	14847.3	8.0	47359	9.1	1108.1	8569	628.1
长沙	11003.4	8.5	50792	8.2	815.5	11816	358.5

续上表

城市	地区生产总值（亿元）	地区生产总值比上年增长率（%）	城镇居民可支配收入（元）	可支配收入比上年增长率（%）	市域常住人口（万）	市域面积（km^2）	建成区面积（km^2）
广州	22859.4	6.2	59982.1	8.3	1490.4	7434	1263.3
深圳	24222.0	7.6	57543.6	8.7	1302.7	1997	925.2
南宁	3707.4	5.4	35276	6.2	725.4	22244	315.2
海口	1510.5	7.6	36137	8.5	230.2	2289	140.6
重庆	20363.2	6.0	34889	8.4	3101.8	82402	1423.1
成都	15342.8	8.0	42128	8.2	1633	14335	885.6
贵阳	3798.5	9.9	35115	9.1	488.2	8043	359
昆明	5206.9	8.4	42988	8.0	685	21281	438.2
拉萨	540.8	9.3	35842	10.6	68.8	29518	83.4
西安	8349.9	8.2	38729	8.1	1000.4	10753	661.1
兰州	2732.9	6.5	35014	8.3	375.4	13086	330.6
西宁	1286.4	9.0	32500	8.2	237.1	7660	94
银川	1901.5	7.2	35586	7.9	225.1	9025	178.8
乌鲁木齐	3099.8	7.8	40101	8.3	350.6	13788	438.1

附表2-2

36个大城市交通发展主要数据统计表

城市	机动车数量（万辆）	汽车数量（万辆）	机动车驾驶人数（人）	汽车驾驶人数（人）	公共汽电车年客运量（万人次）	公共汽电车运营车辆（标台）	轨道交通线路长度（km）	轨道交通年客运总量（万人次）	万车死亡率（人/万辆）	千人机动车保有量（辆/1000人）	千人汽车保有量（辆/1000人）
北京	601.7	577.0	1123.4	1118.7	318976	33980	637	384842	2.14	279.3	267.9
天津	303.9	298.8	455.4	454.9	109725	15470	227	40834	2.47	194.8	191.6
石家庄	283.4	269.4	341.9	340.9	41841	7330	28	8760	0.96	258.8	246.0
太原	157.6	155.9	175.8	175.8	36596	3169	—	—	1.25	356.4	352.5
呼和浩特	115.7	113.8	127.5	127.2	32680	3354	—	—	0.79	370.0	364.1
沈阳	236.8	231.6	289.9	286.1	111638	7480	59	31603	1.85	284.8	278.4
大连	173.9	159.4	238.5	231.5	92707	7231	181	21039	1.40	248.6	227.9
长春	199.3	172.0	271.4	259.3	66855	5729	118	14200	1.65	265.2	229.0
哈尔滨	191.0	184.2	297.6	288.7	127083	8946	22	8269	2.28	175.9	169.6
上海	437.1	391.9	755.1	740.2	206233	21921	705	370592	1.48	180.4	161.7
南京	273.1	258.5	358.3	352.4	88985	11197	394	111881	1.78	323.8	306.4
杭州	288.2	256.9	431.4	420.2	149241	12301	115	52985	1.87	293.9	262.0
宁波	268.7	254.1	333.3	323.1	42720	7601	75	12437	1.86	327.6	309.8
合肥	213.4	194.1	243.1	237.7	55449	6992	53	15324	2.19	263.9	240.1
福州	161.9	135.6	230.8	212.3	41589	5370	24	6088	1.09	209.2	175.2
厦门	157.4	133.3	162.0	153.7	80139	5727	30	4165	1.36	382.8	324.4
南昌	108.3	107.3	217.2	213.0	38832	5029	49	14176	2.04	195.3	193.5
济南	230.9	216.4	253.6	248.7	75879	8449	—	—	1.67	309.5	290.0
青岛	282.8	269.3	345.1	340.7	104192	11777	178	15388	1.12	301.0	286.6
郑州	353.7	344.7	424.3	422.1	94272	8382	94	29341	0.43	349.0	340.0

续上表

城市	机动车数量（万辆）	汽车数量（万辆）	机动车驾驶人数（人）	汽车驾驶人数（人）	公共汽电车年客运量（万人次）	公共汽电车运营车辆（标台）	轨道交通线路长度（km）	轨道交通年客运总量（万人次）	万车死亡率（人/万辆）	千人机动车保有量（辆/1000人）	千人汽车保有量（辆/1000人）
武汉	313.0	298.8	434.6	431.4	144563	12007	300	103710	2.05	282.4	269.6
长沙	276.7	241.8	304.6	296.4	68457	11265	69	25030	0.71	339.3	296.6
广州	268.0	258.7	498.8	482.0	228511	18721	485	302595	2.76	179.8	173.5
深圳	337.7	331.7	438.7	437.9	162858	21258	298	187845	0.81	259.3	254.6
南宁	216.0	152.8	247.4	223.2	33991	4958	53	21361	3.03	297.7	210.6
海口	82.5	80.2	81.5	77.7	19847	2777	—	—	1.50	358.1	348.3
重庆	630.3	419.8	872.9	734.5	235762	14331	313	85787	1.45	203.2	135.3
成都	547.2	488.7	727.1	694.6	161946	19205	240	115756	1.21	335.1	299.3
贵阳	149.6	116.1	214.4	204.0	55989	3869	34	744	2.36	306.4	237.7
昆明	267.7	233.1	320.9	302.1	79456	7814	89	19958	1.20	390.8	340.2
拉萨	25.1	23.4	16.9	16.8	8440	693	—	—	2.43	364.4	339.4
西安	324.7	310.3	427.5	425.0	134815	10463	123	73930	1.37	324.6	310.2
兰州	106.9	88.5	116.8	110.2	79825	4333	—	—	2.25	284.9	235.7
西宁	62.3	60.4	68.2	68.0	33964	2223	—	—	2.36	262.6	254.7
银川	88.7	85.1	87.3	86.4	22345	2264	—	—	1.58	394.3	378.3
乌鲁木齐	115.2	112.9	114.2	113.7	77096	5738	17	244	1.27	328.5	322.0

36个大城市和全国城市主要数据对比表 附表2-3

相关指标	36个大城市总量	全国总量	占全国比重	36个大城市平均值	全国平均值	36个大城市平均值与全国平均值比较
GDP（亿元）	355712	900309	39.5%	9881	2580	3.8倍
人口（万人）	33085	139538	23.7%	919	407	2.3倍
市域面积（m^2）	529033	9634057	5.5%	14695	28088	0.5倍
公共汽电车年客运量（万人次）	3463497	6969986	49.7%	96208	20321	4.7倍
轨道交通年客运量（万人次）	2078881	2127659.1	97.7%	57747	6203	9.3倍
机动车（辆）	88501354	327006838	27.1%	2458371	953373	2.6倍
汽车（辆）	80261253	240282372	33.4%	2229479	700532	3.2倍
机动车驾驶人（人）	120474192	409118951	29.5%	3346505	1192767	2.8倍
汽车驾驶人（人）	116509215	369361422	31.5%	3236367	1076855	3.0倍
查处道路交通违法（起）	191851063	707054429	27.1%	5329196	2061383	2.6倍
道路交通事故（起）	65080	244937	26.6%	1808	714	2.5倍
交通事故死亡人数（人）	14207	63194	22.5%	395	184	2.1倍

附录 3　36 个大城市交通数据统计及排名

北京市数据统计及排名　　附表3-1

类　目	数据年份（年）	指　标	数量	排名
城市社会经济	2018	地区生产总值（亿元）	30320	2
	2018	地区生产总值增长率（%）	6.6	26
	2018	城镇居民可支配收入（元）	62361	2
	2018	可支配收入增长率（%）	9.0	5
	2017	轨道交通投资（亿元）	342.8	3
	2017	城市交通建设财政固定资产投入（亿元）	1371.8	1
	2017	建成区面积（km^2）	1445.5	1
	2017	市辖区面积（km^2）	16406	2
	2017	市域面积（km^2）	16406	9
	2018	常住人口（万人）	2154.2	3
	2017	户籍人口（万人）	1359	4
城市道路	2017	城市道路里程（km）	8436.6	2
	2017	城市道路面积（万 m^2）	13959.8	4
	2017	道路网密度（km/km^2）	5.8	17
	2017	人均道路面积（m^2/ 人）	7.4	35
	2017	车均道路面积（m^2/ 辆）	24.00	27
城市地面公共交通	2018	城市公共汽电车运营车辆数（辆）	33980	1
	2018	公共汽电车运营线路长度（km）	19245	6
	2018	公共汽电车客运量（亿人次）	318976	1
	2018	公共汽电车车均站场面积（m^2/ 标台）	171.4	4
	2018	公交专用车道（km）	952	1
城市轨道交通	2018	轨道交通日均客流量（万人次）	1054.4	1
	2018	轨道交通里程（km）	636.8	2
城市出租汽车	2018	出租汽车数量（辆）	70035	1
	2018	千人人均出租汽车数量（辆 /1000 人）	3.3	2
	2018	每辆车年运营里程（万 km/ 辆）	6.3	36
机动车	2018	机动车保有量（万辆）	601.7	2
	2018	机动车增长率（%）	3.5	34
	2018	千人机动车保有量（辆 /1000 人）	279.3	23

续上表

类　目	数据年份（年）	指　标	数量	排名
汽车	2018	汽车保有量（万辆）	577	1
	2018	汽车增长率（%）	2.4	36
	2018	千人汽车保有量（辆/1000人）	267.9	19
摩托车	2018	摩托车保有量（万辆）	23.2	11
驾驶人	2018	机动车驾驶人（万人）	1123.4	1
	2018	汽车驾驶人（万人）	1118.7	1
交通管理执法	2018	纠正违法数量（起）	14479558	1
	2018	机动车违法查处（起）	14132007	1
	2018	城市道路非现场处罚人次（人次）	11644222	1
	2018	城市道路现场处罚人次（人次）	11988870	2
交通安全	2018	道路交通事故起数（起）	3242	4
	2018	城市道路交通事故起数（起）	2174	3
	2018	道路交通事故死亡数量（人）	1288	1
	2018	道路交通事故受伤数量（人）	2800	7
	2018	城市道路交通事故死亡数量（人）	920	1
	2018	城市道路交通事故受伤数量（人）	2005	7
	2018	十万人口死亡率（人/10万人）	6.0	8
	2018	万车死亡率（人/万辆）	2.1	10

天津市数据统计及排名

附表3-2

类　目	数据年份（年）	指　标	数量	排名
城市社会经济	2018	地区生产总值（亿元）	18809.6	6
	2018	地区生产总值增长率（%）	3.6	36
	2018	城镇居民可支配收入（元）	42976	18
	2018	可支配收入增长率（%）	6.7	32
	2017	轨道交通投资（亿元）	133.4	14
	2017	城市交通建设财政固定资产投入（亿元）	301.5	12
	2017	建成区面积（km^2）	1087.6	4
	2017	市辖区面积（km^2）	11917	3
	2017	市域面积（km^2）	11917	17
	2018	常住人口（万人）	1559.6	5
	2017	户籍人口（万人）	1050	5

续上表

类　目	数据年份（年）	指　标	数量	排名
城市道路	2017	城市道路里程（km）	7941.6	4
	2017	城市道路面积（万 m^2）	14742.1	3
	2017	道路网密度（km/km^2）	5.5	19
	2017	人均道路面积（m^2/ 人）	17.4	9
	2017	车均道路面积（m^2/ 辆）	50.4	3
城市地面公共交通	2018	城市公共汽电车运营车辆数（辆）	15470	6
	2018	公共汽电车运营线路长度（km）	23920	3
	2018	公共汽电车客运量（亿人次）	109725	12
	2018	公共汽电车车均站场面积（m^2/ 标台）	71.9	22
	2018	公交专用车道（km）	65	29
城市轨道交通	2018	轨道交通日均客流量（万人次）	111.9	11
	2018	轨道交通里程（km）	226.9	9
城市出租汽车	2018	出租汽车数量（辆）	31940	3
	2018	千人人均出租汽车数量（辆 /1000 人）	1.7	12
	2018	每辆车年运营里程（万 km/ 辆）	10.3	31
机动车	2018	机动车保有量（万辆）	303.9	9
	2018	机动车增长率（%）	3.9	33
	2018	千人机动车保有量（辆 /1000 人）	194.8	33
汽车	2018	汽车保有量（万辆）	298.8	8
	2018	汽车增长率（%）	3.9	34
	2018	千人汽车保有量（辆 /1000 人）	191.6	31
摩托车	2018	摩托车保有量（万辆）	0.7	33
驾驶人	2018	机动车驾驶人（万人）	455.4	6
	2018	汽车驾驶人（万人）	454.9	6
交通管理执法	2018	纠正违法数量（起）	6150200	18
	2018	机动车违法查处（起）	5642398	15
	2018	城市道路非现场处罚人次（人次）	5067199	13
	2018	城市道路现场处罚人次（人次）	5573866	17

续上表

类　　目	数据年份（年）	指　　标	数量	排名
交通安全	2018	道路交通事故起数（起）	6223	1
	2018	城市道路交通事故起数（起）	2082	5
	2018	道路交通事故死亡数量（人）	750	3
	2018	道路交通事故受伤数量（人）	6551	1
	2018	城市道路交通事故死亡数量（人）	200	15
	2018	城市道路交通事故受伤数量（人）	2573	3
	2018	十万人口死亡率（人/10万人）	4.8	18
	2018	万车死亡率（人/万辆）	2.5	3

石家庄市数据统计及排名

附表3-3

类　　目	数据年份（年）	指　　标	数量	排名
城市社会经济	2018	地区生产总值（亿元）	6082.6	23
	2018	地区生产总值增长率（%）	7.4	19
	2018	城镇居民可支配收入（元）	35563	29
	2018	可支配收入增长率（%）	8.0	23
	2017	轨道交通投资（亿元）	58.2	25
	2017	城市交通建设财政固定资产投入（亿元）	142.4	26
	2017	建成区面积（km^2）	285.6	31
	2017	市辖区面积（km^2）	2244	27
	2017	市域面积（km^2）	14060	11
	2018	常住人口（万人）	1095.2	9
	2017	户籍人口（万人）	973	6
城市道路	2017	城市道路里程（km）	2155.2	22
	2017	城市道路面积（万 m^2）	5688.3	19
	2017	道路网密度（km/km^2）	7.43	6
	2017	人均道路面积（m^2/人）	20.0	3
	2017	车均道路面积（m^2/辆）	21.6	31
城市地面公共交通	2018	城市公共汽电车运营车辆数（辆）	7330	20
	2018	公共汽电车运营线路长度（km）	3919	30
	2018	公共汽电车客运量（亿人次）	41841	27
	2018	公共汽电车车均站场面积（m^2/标台）	—	—
	2018	公交专用车道（km）	107	26

续上表

类　目	数据年份（年）	指　标	数量	排名
城市轨道交通	2018	轨道交通日均客流量（万人次）	24.0	23
	2018	轨道交通里程（km）	28.4	25
城市出租汽车	2018	出租汽车数量（辆）	7815	26
	2018	千人人均出租汽车数量（辆/1000人）	2.1	9
	2018	每辆车年运营里程（万km/辆）	15.1	5
机动车	2018	机动车保有量（万辆）	283.4	11
	2018	机动车增长率（%）	7.6	22
	2018	千人机动车保有量（辆/1000人）	258.8	28
汽车	2018	汽车保有量（万辆）	269.4	10
	2018	汽车增长率（%）	9.0	22
	2018	千人汽车保有量（辆/1000人）	246.0	23
摩托车	2018	摩托车保有量（万辆）	5.1	25
驾驶人	2018	机动车驾驶人（万人）	341.9	14
	2018	汽车驾驶人（万人）	340.9	13
交通管理执法	2018	纠正违法数量（起）	6346368	16
	2018	机动车违法查处（起）	6073677	12
	2018	城市道路非现场处罚人次（人次）	5251545	11
	2018	城市道路现场处罚人次（人次）	5551737	18
交通安全	2018	道路交通事故起数（起）	492	34
	2018	城市道路交通事故起数（起）	241	35
	2018	道路交通事故死亡数量（人）	271	22
	2018	道路交通事故受伤数量（人）	307	34
	2018	城市道路交通事故死亡数量（人）	123	23
	2018	城市道路交通事故受伤数量（人）	154	35
	2018	十万人口死亡率（人/10万人）	2.47	32
	2018	万车死亡率（人/万辆）	0.96	32

太原市数据统计及排名

附表3-4

类　目	数据年份（年）	指　标	数量	排名
城市社会经济	2018	地区生产总值（亿元）	3884.48	27
	2018	地区生产总值增长率（%）	9.20	3
	2018	城镇居民可支配收入（元）	33672	35

续上表

类　目	数据年份（年）	指　标	数量	排名
城市社会经济	2018	可支配收入增长率（%）	7.00	30
	2017	轨道交通投资（亿元）	—	—
	2017	城市交通建设财政固定资产投入（亿元）	157.77	25
	2017	建成区面积（km^2）	340.00	26
	2017	市辖区面积（km^2）	1500	33
	2017	市域面积（km^2）	6988	31
	2018	常住人口（万人）	442.15	28
	2017	户籍人口（万人）	369	28
城市道路	2017	城市道路里程（km）	2464.42	20
	2017	城市道路面积（万 m^2）	5434.42	21
	2017	道路网密度（km/km^2）	7.25	9
	2017	人均道路面积（m^2/ 人）	14.65	13
	2017	车均道路面积（m^2/ 辆）	37.47	9
城市地面公共交通	2018	城市公共汽电车运营车辆数（辆）	3169	32
	2018	公共汽电车运营线路长度（km）	5720	20
	2018	公共汽电车客运量（亿人次）	36596	30
	2018	公共汽电车车均站场面积（m^2/ 标台）	48	30
	2018	公交专用车道（km）	154.2	19
城市轨道交通	2018	轨道交通日均客流量（万人次）	—	—
	2018	轨道交通里程（km）	—	—
城市出租汽车	2018	出租汽车数量（辆）	8292	22
	2018	千人人均出租汽车数量（辆 /1000 人）	1.34	22
	2018	每辆车年运营里程（万 km/ 辆）	12.6	16
机动车	2018	机动车保有量（万辆）	157.59	26
	2018	机动车增长率（%）	8.65	16
	2018	千人机动车保有量（辆 /1000 人）	356.42	7
汽车	2018	汽车保有量（万辆）	155.87	24
	2018	汽车增长率（%）	8.53	24
	2018	千人汽车保有量（辆 /1000 人）	352.54	3
摩托车	2018	摩托车保有量（万辆）	0.62	34
驾驶人	2018	机动车驾驶人（万人）	175.83	28
	2018	汽车驾驶人（万人）	175.75	28

续上表

类　目	数据年份（年）	指　　标	数量	排名
交通管理执法	2018	纠正违法数量（起）	4322506	24
	2018	机动车违法查处（起）	3923583	23
	2018	城市道路非现场处罚人次（人次）	3286185	23
	2018	城市道路现场处罚人次（人次）	3630706	24
交通安全	2018	道路交通事故起数（起）	931	26
	2018	城市道路交通事故起数（起）	648	23
	2018	道路交通事故死亡数量（人）	197	27
	2018	道路交通事故受伤数量（人）	958	24
	2018	城市道路交通事故死亡数量（人）	118	24
	2018	城市道路交通事故受伤数量（人）	695	23
	2018	十万人口死亡率（人/10万人）	4.46	20
	2018	万车死亡率（人/万辆）	1.25	27

呼和浩特市数据统计及排名

附表3-5

类　目	数据年份（年）	指　　标	数量	排名
城市社会经济	2018	地区生产总值（亿元）	2903.5	31
	2018	地区生产总值增长率（%）	3.9	35
	2018	城镇居民可支配收入（元）	46565	13
	2018	可支配收入增长率（%）	7.0	31
	2017	轨道交通投资（亿元）	42.8	28
	2017	城市交通建设财政固定资产投入（亿元）	213.7	20
	2017	建成区面积（km^2）	260.0	32
	2017	市辖区面积（km^2）	2254	26
	2017	市域面积（km^2）	17453	7
	2018	常住人口（万人）	312.6	32
	2017	户籍人口（万人）	243	30
城市道路	2017	城市道路里程（km）	1143.9	33
	2017	城市道路面积（万m^2）	2949.2	31
	2017	道路网密度（km/km^2）	3.6	35
	2017	人均道路面积（m^2/人）	14.4	14
	2017	车均道路面积（m^2/辆）	28.5	22

续上表

类　目	数据年份（年）	指　标	数量	排名
城市地面公共交通	2018	城市公共汽电车运营车辆数（辆）	3354	31
	2018	公共汽电车运营线路长度（km）	2720	33
	2018	公共汽电车客运量（亿人次）	32680	33
	2018	公共汽电车车均站场面积（m^2/标台）	168.5	5
	2018	公交专用车道（km）	240.4	10
城市轨道交通	2018	轨道交通日均客流量（万人次）	—	—
	2018	轨道交通里程（km）	—	—
城市出租汽车	2018	出租汽车数量（辆）	6207	29
	2018	千人人均出租汽车数量（辆/1000人）	0.7	35
	2018	每辆车年运营里程（万km/辆）	11.0	27
机动车	2018	机动车保有量（万辆）	115.7	29
	2018	机动车增长率（%）	11.9	5
	2018	千人机动车保有量（辆/1000人）	370.0	4
汽车	2018	汽车保有量（万辆）	113.8	29
	2018	汽车增长率（%）	12.3	9
	2018	千人汽车保有量（辆/1000人）	364.1	2
摩托车	2018	摩托车保有量（万辆）	0.5	36
驾驶人	2018	机动车驾驶人（万人）	127.5	30
	2018	汽车驾驶人（万人）	127.2	30
交通管理执法	2018	纠正违法数量（起）	1900336	31
	2018	机动车违法查处（起）	1898932	29
	2018	城市道路非现场处罚人次（人次）	1099459	31
	2018	城市道路现场处罚人次（人次）	1100869	32
交通安全	2018	道路交通事故起数（起）	742	30
	2018	城市道路交通事故起数（起）	497	28
	2018	道路交通事故死亡数量（人）	91	35
	2018	道路交通事故受伤数量（人）	758	29
	2018	城市道路交通事故死亡数量（人）	48	35
	2018	城市道路交通事故受伤数量（人）	538	27
	2018	十万人口死亡率（人/10万人）	2.91	30
	2018	万车死亡率（人/万辆）	0.79	34

沈阳市数据统计及排名

附表3-6

类　目	数据年份（年）	指　标	数量	排名
城市社会经济	2018	地区生产总值（亿元）	6292.4	22
	2018	地区生产总值增长率（%）	5.4	32
	2018	城镇居民可支配收入（元）	44054	15
	2018	可支配收入增长率（%）	6.5	33
	2017	轨道交通投资（亿元）	53.5	27
	2017	城市交通建设财政固定资产投入（亿元）	90.2	32
	2017	建成区面积（km^2）	553	13
	2017	市辖区面积（km^2）	5116	17
	2017	市域面积（km^2）	12860	14
	2018	常住人口（万人）	831.6	16
	2017	户籍人口（万人）	737	17
城市道路	2017	城市道路里程（km）	3922.1	13
	2017	城市道路面积（万 m^2）	7731.1	14
	2017	道路网密度（km/km^2）	5.4	21
	2017	人均道路面积（m^2/人）	15.1	12
	2017	车均道路面积（m^2/辆）	36.0	13
城市地面公共交通	2018	城市公共汽电车运营车辆数（辆）	7480	19
	2018	公共汽电车运营线路长度（km）	4966	23
	2018	公共汽电车客运量（亿人次）	111638	11
	2018	公共汽电车车均站场面积（m^2/标台）	46.3	31
	2018	公交专用车道（km）	417.3	5
城市轨道交通	2018	轨道交通日均客流量（万人次）	86.6	12
	2018	轨道交通里程（km）	59	19
城市出租汽车	2018	出租汽车数量（辆）	18966	7
	2018	千人人均出租汽车数量（辆/1000人）	2.3	7
	2018	每辆车年运营里程（万km/辆）	13.4	11
机动车	2018	机动车保有量（万辆）	236.8	18
	2018	机动车增长率（%）	10.4	13
	2018	千人机动车保有量（辆/1000人）	284.8	21

续上表

类　目	数据年份（年）	指　标	数量	排名
汽车	2018	汽车保有量（万辆）	231.6	18
	2018	汽车增长率（%）	10.5	18
	2018	千人汽车保有量（辆/1000人）	278.4	17
摩托车	2018	摩托车保有量（万辆）	4.2	26
驾驶人	2018	机动车驾驶人（万人）	289.9	19
	2018	汽车驾驶人（万人）	286.1	19
交通管理执法	2018	纠正违法数量（起）	5458902	19
	2018	机动车违法查处（起）	4625616	20
	2018	城市道路非现场处罚人次（人次）	4382684	18
	2018	城市道路现场处罚人次（人次）	5205906	19
交通安全	2018	道路交通事故起数（起）	960	24
	2018	城市道路交通事故起数（起）	276	33
	2018	道路交通事故死亡数量（人）	437	14
	2018	道路交通事故受伤数量（人）	922	25
	2018	城市道路交通事故死亡数量（人）	195	16
	2018	城市道路交通事故受伤数量（人）	521	28
	2018	十万人口死亡率（人/10万人）	5.25	14
	2018	万车死亡率（人/万辆）	1.85	15

大连市数据统计及排名

附表3-7

类　目	数据年份（年）	指　标	数量	排名
城市社会经济	2018	地区生产总值（亿元）	7668.5	19
	2018	地区生产总值增长率（%）	6.5	28
	2018	城镇居民可支配收入（元）	43550	16
	2018	可支配收入增长率（%）	7.3	29
	2017	轨道交通投资（亿元）	4.5	31
	2017	城市交通建设财政固定资产投入（亿元）	62.9	34
	2017	建成区面积（km^2）	404.5	21
	2017	市辖区面积（km^2）	5244	15
	2017	市域面积（km^2）	12574	15
	2018	常住人口（万人）	699.4	24
	2017	户籍人口（万人）	595	23

续上表

类　　目	数据年份（年）	指　　标	数量	排名
城市道路	2017	城市道路里程（km）	3320.6	16
	2017	城市道路面积（万 m^2）	5362.7	22
	2017	道路网密度（km/km^2）	8.21	4
	2017	人均道路面积（m^2/ 人）	13.4	19
	2017	车均道路面积（m^2/ 辆）	32.4	19
城市地面公共交通	2018	城市公共汽电车运营车辆数（辆）	7231	21
	2018	公共汽电车运营线路长度（km）	5431	21
	2018	公共汽电车客运量（亿人次）	92707	15
	2018	公共汽电车车均站场面积（m^2/ 标台）	98.2	16
	2018	公交专用车道（km）	274	8
城市轨道交通	2018	轨道交通日均客流量（万人次）	57.6	16
	2018	轨道交通里程（km）	181.3	10
城市出租汽车	2018	出租汽车数量（辆）	11645	16
	2018	千人人均出租汽车数量（辆 /1000 人）	2.5	4
	2018	每辆车年运营里程（万 km/ 辆）	12.1	18
机动车	2018	机动车保有量（万辆）	173.9	24
	2018	机动车增长率（%）	4.96	31
	2018	千人机动车保有量（辆 /1000 人）	248.6	29
汽车	2018	汽车保有量（万辆）	159.4	23
	2018	汽车增长率（%）	8.1	28
	2018	千人汽车保有量（辆 /1000 人）	227.9	28
摩托车	2018	摩托车保有量（万辆）	13.2	18
驾驶人	2018	机动车驾驶人（万人）	238.5	24
	2018	汽车驾驶人（万人）	231.5	23
交通管理执法	2018	纠正违法数量（起）	3192437	28
	2018	机动车违法查处（起）	3139897	28
	2018	城市道路非现场处罚人次（人次）	2907205	25
	2018	城市道路现场处罚人次（人次）	2959773	26

续上表

类　目	数据年份（年）	指　　标	数量	排名
交通安全	2018	道路交通事故起数（起）	700	32
	2018	城市道路交通事故起数（起）	522	26
	2018	道路交通事故死亡数量（人）	244	23
	2018	道路交通事故受伤数量（人）	661	31
	2018	城市道路交通事故死亡数量（人）	62	34
	2018	城市道路交通事故受伤数量（人）	287	31
	2018	十万人口死亡率（人/10万人）	3.49	27
	2018	万车死亡率（人/万辆）	1.40	23

长春市数据统计及排名

附表3-8

类　目	数据年份（年）	指　　标	数量	排名
城市社会经济	2018	地区生产总值（亿元）	7175.7	20
	2018	地区生产总值增长率（%）	7.2	22
	2018	城镇居民可支配收入（元）	35332	30
	2018	可支配收入增长率（%）	6.5	34
	2017	轨道交通投资（亿元）	84.2	21
	2017	城市交通建设财政固定资产投入（亿元）	140.3	27
	2017	建成区面积（km^2）	520.6	14
	2017	市辖区面积（km^2）	6991	10
	2017	市域面积（km^2）	20594	6
	2018	常住人口（万人）	751.3	21
	2017	户籍人口（万人）	749	15
城市道路	2017	城市道路里程（km）	3623.2	14
	2017	城市道路面积（万 m^2）	7167.7	15
	2017	道路网密度（km/km^2）	7.0	12
	2017	人均道路面积（m^2/人）	17.7	8
	2017	车均道路面积（m^2/辆）	38.1	6
城市地面公共交通	2018	城市公共汽电车运营车辆数（辆）	5729	24
	2018	公共汽电车运营线路长度（km）	4721	25
	2018	公共汽电车客运量（亿人次）	66855	23
	2018	公共汽电车车均站场面积（m^2/标台）	53.1	27
	2018	公交专用车道（km）	200	16

续上表

类　目	数据年份（年）	指　标	数量	排名
城市轨道交通	2018	轨道交通日均客流量（万人次）	38.9	20
	2018	轨道交通里程（km）	117.6	13
城市出租汽车	2018	出租汽车数量	18534	8
	2018	千人人均出租汽车数量	1.7	16
	2018	每辆车年运营里程（万 km/ 辆）	12.9	14
机动车	2018	机动车保有量（万辆）	199.3	22
	2018	机动车增长率（%）	6.0	29
	2018	千人机动车保有量（辆 /1000 人）	265.2	24
汽车	2018	汽车保有量（万辆）	172.0	22
	2018	汽车增长率（%）	8.1	29
	2018	千人汽车保有量（辆 /1000 人）	229.0	27
摩托车	2018	摩托车保有量（万辆）	24.7	10
驾驶人	2018	机动车驾驶人（万人）	271.4	20
	2018	汽车驾驶人（万人）	259.3	20
交通管理执法	2018	纠正违法数量（起）	3832738	26
	2018	机动车违法查处（起）	3820051	24
	2018	城市道路非现场处罚人次（人次）	2335241	28
	2018	城市道路现场处罚人次（人次）	2353335	28
交通安全	2018	道路交通事故起数（起）	1602	20
	2018	城市道路交通事故起数（起）	1101	14
	2018	道路交通事故死亡数量（人）	329	18
	2018	道路交通事故受伤数量（人）	1758	16
	2018	城市道路交通事故死亡数量（人）	174	19
	2018	城市道路交通事故受伤数量（人）	1222	14
	2018	十万人口死亡率（人 /10 万人）	4.38	22
	2018	万车死亡率（人 / 万辆）	1.65	18

哈尔滨市数据统计及排名

附表3-9

类　目	数据年份（年）	指　标	数量	排名
城市社会经济	2018	地区生产总值（亿元）	6300.5	21
	2018	地区生产总值增长率（%）	5.1	34

续上表

类　目	数据年份（年）	指　标	数量	排名
城市社会经济	2018	城镇居民可支配收入（元）	37828	25
	2018	可支配收入增长率（%）	6.4	35
	2017	轨道交通投资（亿元）	59.5	24
	2017	城市交通建设财政固定资产投入（亿元）	132.8	28
	2017	建成区面积（km^2）	438.3	18
	2017	市辖区面积（km^2）	10193	4
	2017	市域面积（km^2）	53076	2
	2018	常住人口（万人）	1085.8	10
	2017	户籍人口（万人）	955	7
城市道路	2017	城市道路里程（km）	3138.6	17
	2017	城市道路面积（万 m^2）	6578.3	17
	2017	道路网密度（km/km^2）	7.2	11
	2017	人均道路面积（m^2/ 人）	13.4	20
	2017	车均道路面积（m^2/ 辆）	38.0	7
城市地面公共交通	2018	城市公共汽电车运营车辆数（辆）	8946	14
	2018	公共汽电车运营线路长度（km）	6280	18
	2018	公共汽电车客运量（亿人次）	127083	10
	2018	公共汽电车车均站场面积（m^2/ 标台）	79.5	20
	2018	公交专用车道（km）	117	24
城市轨道交通	2018	轨道交通日均客流量（万人次）	22.7	24
	2018	轨道交通里程（km）	21.8	27
城市出租汽车	2018	出租汽车数量（辆）	17870	10
	2018	千人人均出租汽车数量（辆 /1000 人）	1.7	14
	2018	每辆车年运营里程（万 km/ 辆）	11.5	23
机动车	2018	机动车保有量（万辆）	191.0	23
	2018	机动车增长率（%）	10.5	12
	2018	千人机动车保有量（辆 /1000 人）	175.9	36
汽车	2018	汽车保有量（万辆）	184.2	21
	2018	汽车增长率（%）	11.3	13
	2018	千人汽车保有量（辆 /1000 人）	169.6	34
摩托车	2018	摩托车保有量（万辆）	5.4	24

续上表

类　目	数据年份（年）	指　标	数量	排名
驾驶人	2018	机动车驾驶人（万人）	297.6	18
	2018	汽车驾驶人（万人）	288.7	18
交通管理执法	2018	纠正违法数量（起）	6357736	15
	2018	机动车违法查处（起）	4860012	18
	2018	城市道路非现场处罚人次（人次）	4319107	19
	2018	城市道路现场处罚人次（人次）	5818212	15
交通安全	2018	道路交通事故起数（起）	2257	11
	2018	城市道路交通事故起数（起）	1594	10
	2018	道路交通事故死亡数量（人）	436	15
	2018	道路交通事故受伤数量（人）	2442	10
	2018	城市道路交通事故死亡数量（人）	302	6
	2018	城市道路交通事故受伤数量（人）	1876	9
	2018	十万人口死亡率（人/10万人）	4.02	25
	2018	万车死亡率（人/万辆）	2.28	7

上海市数据统计及排名

附表3-10

类　目	数据年份（年）	指　标	数量	排名
城市社会经济	2018	地区生产总值（亿元）	32679.9	1
	2018	地区生产总值增长率（%）	6.6	27
	2018	城镇居民可支配收入（元）	68034	1
	2018	可支配收入增长率（%）	8.7	7
	2017	轨道交通投资（亿元）	299.5	5
	2017	城市交通建设财政固定资产投入（亿元）	576	6
	2017	建成区面积（km^2）	998.8	5
	2017	市辖区面积（km^2）	6341	12
	2017	市域面积（km^2）	6341	33
	2018	常住人口（万人）	2423.8	2
	2017	户籍人口（万人）	1455	2
城市道路	2017	城市道路里程（km）	5224	9
	2017	城市道路面积（万m^2）	10896	7
	2017	道路网密度（km/km^2）	5.2	23
	2017	人均道路面积（m^2/人）	4.5	36
	2017	车均道路面积（m^2/辆）	26.6	24

续上表

类　目	数据年份（年）	指　标	数量	排名
城市地面公共交通	2018	城市公共汽电车运营车辆数（辆）	21921	2
	2018	公共汽电车运营线路长度（km）	24504	1
	2018	公共汽电车客运量（亿人次）	206233	4
	2018	公共汽电车车均站场面积（m^2/标台）	101.2	13
	2018	公交专用车道（km）	363.7	7
城市轨道交通	2018	轨道交通日均客流量（万人次）	1015.3	2
	2018	轨道交通里程（km）	704.9	1
城市出租汽车	2018	出租汽车数量（辆）	41881	2
	2018	千人人均出租汽车数量（辆/1000人）	1.6	17
	2018	每辆车年运营里程（万km/辆）	12.2	17
机动车	2018	机动车保有量（万辆）	437.1	4
	2018	机动车增长率（%）	6.6	26
	2018	千人机动车保有量（辆/1000人）	180.4	34
汽车	2018	汽车保有量（万辆）	391.9	4
	2018	汽车增长率（%）	9.1	21
	2018	千人汽车保有量（辆/1000人）	161.7	35
摩托车	2018	摩托车保有量（万辆）	37.1	4
驾驶人	2018	机动车驾驶人（万人）	755.1	3
	2018	汽车驾驶人（万人）	740.2	2
交通管理执法	2018	纠正违法数量（起）	14324878	3
	2018	机动车违法查处（起）	10658842	5
	2018	城市道路非现场处罚人次（人次）	6395733	8
	2018	城市道路现场处罚人次（人次）	10053675	6
交通安全	2018	道路交通事故起数（起）	741	31
	2018	城市道路交通事故起数（起）	325	31
	2018	道路交通事故死亡数量（人）	647	7
	2018	道路交通事故受伤数量（人）	242	35
	2018	城市道路交通事故死亡数量（人）	263	8
	2018	城市道路交通事故受伤数量（人）	129	36
	2018	十万人口死亡率（人/10万人）	2.67	31
	2018	万车死亡率（人/万辆）	1.48	21

南京市数据统计及排名

附表3-11

类目	数据年份（年）	指标	数量	排名
城市社会经济	2018	地区生产总值（亿元）	12820.4	10
	2018	地区生产总值增长率（%）	8.0	12
	2018	城镇居民可支配收入（元）	59308	6
	2018	可支配收入增长率（%）	8.7	8
	2017	轨道交通投资（亿元）	238.1	7
	2017	城市交通建设财政固定资产投入（亿元）	615.7	5
	2017	建成区面积（km^2）	796.4	8
	2017	市辖区面积（km^2）	6587	11
	2017	市域面积（km^2）	6587	32
	2018	常住人口（万人）	843.6	15
	2017	户籍人口（万人）	681	20
城市道路	2017	城市道路里程（km）	8260.8	3
	2017	城市道路面积（万 m^2）	15263.8	2
	2017	道路网密度（km/km^2）	7.2	10
	2017	人均道路面积（m^2/ 人）	23.8	1
	2017	车均道路面积（m^2/ 辆）	59.4	1
城市地面公共交通	2018	城市公共汽电车运营车辆数（辆）	11197	12
	2018	公共汽电车运营线路长度（km）	12028	10
	2018	公共汽电车客运量（亿人次）	88985	16
	2018	公共汽电车车均站场面积（m^2/ 标台）	112	12
	2018	公交专用车道（km）	220.5	13
城市轨道交通	2018	轨道交通日均客流量（万人次）	306.5	6
	2018	轨道交通里程（km）	394.3	4
城市出租汽车	2018	出租汽车数量（辆）	13354	13
	2018	千人人均出租汽车数量（辆 /1000 人）	1.4	19
	2018	每辆车年运营里程（万 km/ 辆）	6.7	35
机动车	2018	机动车保有量（万辆）	273.1	14
	2018	机动车增长率（%）	6.3	28
	2018	千人机动车保有量（辆 /1000 人）	323.8	14
汽车	2018	汽车保有量（万辆）	258.5	13
	2018	汽车增长率（%）	8.1	30
	2018	千人汽车保有量（辆 /1000 人）	306.4	12
摩托车	2018	摩托车保有量（万辆）	13.3	17

续上表

类　目	数据年份（年）	指　标	数量	排名
驾驶人	2018	机动车驾驶人（万人）	358.3	12
	2018	汽车驾驶人（万人）	352.4	12
交通管理执法	2018	纠正违法数量（起）	7865265	9
	2018	机动车违法查处（起）	6023070	13
	2018	城市道路非现场处罚人次（人次）	5188084	12
	2018	城市道路现场处罚人次（人次）	7193783	9
交通安全	2018	道路交通事故起数（起）	1159	22
	2018	城市道路交通事故起数（起）	667	22
	2018	道路交通事故死亡数量（人）	485	11
	2018	道路交通事故受伤数量（人）	1069	21
	2018	城市道路交通事故死亡数量（人）	257	9
	2018	城市道路交通事故受伤数量（人）	610	25
	2018	十万人口死亡率（人/10万人）	5.75	11
	2018	万车死亡率（人/万辆）	1.78	16

杭州市数据统计及排名　　附表3-12

类　目	数据年份（年）	指　标	数量	排名
城市社会经济	2018	地区生产总值（亿元）	13509	9
	2018	地区生产总值增长率（%）	6.7	25
	2018	城镇居民可支配收入（元）	61172	3
	2018	可支配收入增长率（%）	8.7	9
	2017	轨道交通投资（亿元）	204.8	9
	2017	城市交通建设财政固定资产投入（亿元）	367.3	9
	2017	建成区面积（km^2）	591.1	12
	2017	市辖区面积（km^2）	8000	8
	2017	市域面积（km^2）	16596	8
	2018	常住人口（万人）	980.6	13
	2017	户籍人口（万人）	754	14
城市道路	2017	城市道路里程（km）	3549.5	15
	2017	城市道路面积（万 m^2）	8290.8	13
	2017	道路网密度（km/km^2）	5.9	16
	2017	人均道路面积（m^2/人）	13.0	21
	2017	车均道路面积（m^2/辆）	29.7	20

续上表

类　目	数据年份（年）	指　　标	数量	排名
城市地面公共交通	2018	城市公共汽电车运营车辆数（辆）	12301	8
	2018	公共汽电车运营线路长度（km）	17104	7
	2018	公共汽电车客运量（亿人次）	149241	7
	2018	公共汽电车车均站场面积（m^2/标台）	91.1	18
	2018	公交专用车道（km）	164.2	18
城市轨道交通	2018	轨道交通日均客流量（万人次）	145.2	10
	2018	轨道交通里程（km）	114.7	14
城市出租汽车	2018	出租汽车数量（辆）	13375	12
	2018	千人人均出租汽车数量（辆 /1000 人）	1.6	18
	2018	每辆车年运营里程（万 km/ 辆）	11.1	26
机动车	2018	机动车保有量（万辆）	288.2	10
	2018	机动车增长率（%）	3.3	35
	2018	千人机动车保有量（辆 /1000 人）	293.9	19
汽车	2018	汽车保有量（万辆）	256.9	14
	2018	汽车增长率（%）	5.1	33
	2018	千人汽车保有量（辆 /1000 人）	262	20
摩托车	2018	摩托车保有量（万辆）	29.6	8
驾驶人	2018	机动车驾驶人（万人）	431.4	9
	2018	汽车驾驶人（万人）	420.2	11
交通管理执法	2018	纠正违法数量（起）	14429596	2
	2018	机动车违法查处（起）	12622626	3
	2018	城市道路非现场处罚人次（人次）	11557493	2
	2018	城市道路现场处罚人次（人次）	13367412	1
交通安全	2018	道路交通事故起数（起）	2660	9
	2018	城市道路交通事故起数（起）	1365	11
	2018	道路交通事故死亡数量（人）	538	9
	2018	道路交通事故受伤数量（人）	2446	9
	2018	城市道路交通事故死亡数量（人）	215	13
	2018	城市道路交通事故受伤数量（人）	1458	13
	2018	十万人口死亡率（人 /10 万人）	5.49	12
	2018	万车死亡率（人 / 万辆）	1.87	13

宁波市数据统计及排名

附表3-13

类　目	数据年份（年）	指　标	数量	排名
城市社会经济	2018	地区生产总值（亿元）	10746	13
	2018	地区生产总值增长率（%）	7.0	24
	2018	城镇居民可支配收入（元）	60134	4
	2018	可支配收入增长率（%）	8.0	24
	2017	轨道交通投资（亿元）	92.1	20
	2017	城市交通建设财政固定资产投入（亿元）	200.1	21
	2017	建成区面积（km^2）	345.5	25
	2017	市辖区面积（km^2）	3730	20
	2017	市域面积（km^2）	9816	22
	2018	常住人口（万人）	820.2	17
	2017	户籍人口（万人）	597	22
城市道路	2017	城市道路里程（km）	2070.2	25
	2017	城市道路面积（万 m^2）	4151.9	26
	2017	道路网密度（km/km^2）	2.7	36
	2017	人均道路面积（m^2/ 人）	12.5	24
	2017	车均道路面积（m^2/ 辆）	16.8	35
城市地面公共交通	2018	城市公共汽电车运营车辆数（辆）	7601	18
	2018	公共汽电车运营线路长度（km）	11895	11
	2018	公共汽电车客运量（亿人次）	42720	26
	2018	公共汽电车车均站场面积（m^2/ 标台）	119.9	11
	2018	公交专用车道（km）	168.5	17
城市轨道交通	2018	轨道交通日均客流量（万人次）	34.1	22
	2018	轨道交通里程（km）	74.5	17
城市出租汽车	2018	出租汽车数量（辆）	4797	34
	2018	千人人均出租汽车数量（辆 /1000 人）	0.8	33
	2018	每辆车年运营里程（万 km/ 辆）	11.3	24
机动车	2018	机动车保有量（万辆）	268.7	15
	2018	机动车增长率（%）	8.5	18
	2018	千人机动车保有量（辆 /1000 人）	327.6	12
汽车	2018	汽车保有量（万辆）	254.1	15
	2018	汽车增长率（%）	11.0	15
	2018	千人汽车保有量（辆 /1000 人）	309.8	11
摩托车	2018	摩托车保有量（万辆）	11.8	20

续上表

类　　目	数据年份（年）	指　　标	数量	排名
驾驶人	2018	机动车驾驶人（万人）	333.3	15
	2018	汽车驾驶人（万人）	323.1	15
交通管理执法	2018	纠正违法数量（起）	7722025	11
	2018	机动车违法查处（起）	7203850	8
	2018	城市道路非现场处罚人次（人次）	6571652	7
	2018	城市道路现场处罚人次（人次）	7089817	10
交通安全	2018	道路交通事故起数（起）	1864	14
	2018	城市道路交通事故起数（起）	927	18
	2018	道路交通事故死亡数量（人）	499	10
	2018	道路交通事故受伤数量（人）	1666	17
	2018	城市道路交通事故死亡数量（人）	213	14
	2018	城市道路交通事故受伤数量（人）	860	21
	2018	十万人口死亡率（人/10万人）	6.08	7
	2018	万车死亡率（人/万辆）	1.86	14

合肥市数据统计及排名 附表3-14

类　　目	数据年份（年）	指　　标	数量	排名
城市社会经济	2018	地区生产总值（亿元）	7822.9	18
	2018	地区生产总值增长率（%）	8.5	7
	2018	城镇居民可支配收入（元）	41484	20
	2018	可支配收入增长率（%）	9.3	2
	2017	轨道交通投资（亿元）	101	18
	2017	城市交通建设财政固定资产投入（亿元）	178.7	23
	2017	建成区面积（km^2）	461.0	17
	2017	市辖区面积（km^2）	1335	34
	2017	市域面积（km^2）	11445	19
	2018	常住人口（万人）	808.7	19
	2017	户籍人口（万人）	743	16
城市道路	2017	城市道路里程（km）	2527.4	19
	2017	城市道路面积（万 m^2）	7112.5	16
	2017	道路网密度（km/km^2）	5.4	20
	2017	人均道路面积（m^2/人）	18.0	6
	2017	车均道路面积（m^2/辆）	37.3	10

续上表

类　目	数据年份（年）	指　标	数量	排名
城市地面公共交通	2018	城市公共汽电车运营车辆数（辆）	6992	22
	2018	公共汽电车运营线路长度（km）	4352	28
	2018	公共汽电车客运量（亿人次）	55449	25
	2018	公共汽电车车均站场面积（m^2/标台）	171.5	3
	2018	公交专用车道（km）	146.6	21
城市轨道交通	2018	轨道交通日均客流量（万人次）	42.0	19
	2018	轨道交通里程（km）	53.2	20
城市出租汽车	2018	出租汽车数量（辆）	9402	20
	2018	千人人均出租汽车数量（辆/1000人）	3.8	1
	2018	每辆车年运营里程（万km/辆）	14.9	6
机动车	2018	机动车保有量（万辆）	213.4	21
	2018	机动车增长率（%）	11.8	6
	2018	千人机动车保有量（辆/1000人）	263.9	25
汽车	2018	汽车保有量（万辆）	194.1	20
	2018	汽车增长率（%）	14.4	4
	2018	千人汽车保有量（辆/1000人）	240.1	24
摩托车	2018	摩托车保有量（万辆）	18.0	14
驾驶人	2018	机动车驾驶人（万人）	243.1	23
	2018	汽车驾驶人（万人）	237.7	22
交通管理执法	2018	纠正违法数量（起）	4114371	25
	2018	机动车违法查处（起）	3468628	26
	2018	城市道路非现场处罚人次（人次）	2518011	27
	2018	城市道路现场处罚人次（人次）	3110850	25
交通安全	2018	道路交通事故起数（起）	1844	15
	2018	城市道路交通事故起数（起）	920	19
	2018	道路交通事故死亡数量（人）	468	12
	2018	道路交通事故受伤数量（人）	1979	13
	2018	城市道路交通事故死亡数量（人）	195	17
	2018	城市道路交通事故受伤数量（人）	960	19
	2018	十万人口死亡率（人/10万人）	5.79	9
	2018	万车死亡率（人/万辆）	2.19	9

福州市数据统计及排名

附表3-15

类　目	数据年份（年）	指　标	数量	排名
城市社会经济	2018	地区生产总值（亿元）	7856.8	16
	2018	地区生产总值增长率（%）	8.6	6
	2018	城镇居民可支配收入（元）	44457	14
	2018	可支配收入增长率（%）	8.5	11
	2017	轨道交通投资（亿元）	69.4	22
	2017	城市交通建设财政固定资产投入（亿元）	125.9	29
	2017	建成区面积（km^2）	290.8	30
	2017	市辖区面积（km^2）	1756	30
	2017	市域面积（km^2）	12251	16
	2018	常住人口（万人）	774.0	20
	2017	户籍人口（万人）	693	19
城市道路	2017	城市道路里程（km）	2119	23
	2017	城市道路面积（万 m^2）	3649.7	27
	2017	道路网密度（km/km^2）	7.3	7
	2017	人均道路面积（m^2/人）	13.0	22
	2017	车均道路面积（m^2/辆）	24.5	26
城市地面公共交通	2018	城市公共汽电车运营车辆数（辆）	5370	26
	2018	公共汽电车运营线路长度（km）	4688	26
	2018	公共汽电车客运量（亿人次）	41589	28
	2018	公共汽电车车均站场面积（m^2/标台）	85.5	19
	2018	公交专用车道（km）	151	20
城市轨道交通	2018	轨道交通日均客流量（万人次）	16.7	25
	2018	轨道交通里程（km）	24	26
城市出租汽车	2018	出租汽车数量（辆）	6340	28
	2018	千人人均出租汽车数量（辆/1000人）	1.4	21
	2018	每辆车年运营里程（万km/辆）	10.8	28
机动车	2018	机动车保有量（万辆）	161.9	25
	2018	机动车增长率（%）	8.5	17
	2018	千人机动车保有量（辆/1000人）	209.2	30
汽车	2018	汽车保有量（万辆）	135.6	26
	2018	汽车增长率（%）	10.7	17
	2018	千人汽车保有量（辆/1000人）	175.2	32
摩托车	2018	摩托车保有量（万辆）	24.8	9

续上表

类　　目	数据年份（年）	指　　标	数量	排名
驾驶人	2018	机动车驾驶人（万人）	230.8	25
	2018	汽车驾驶人（万人）	212.3	26
交通管理执法	2018	纠正违法数量（起）	7068475	13
	2018	机动车违法查处（起）	5676897	14
	2018	城市道路非现场处罚人次（人次）	5308389	9
	2018	城市道路现场处罚人次（人次）	6682828	12
交通安全	2018	道路交通事故起数（起）	950	25
	2018	城市道路交通事故起数（起）	481	29
	2018	道路交通事故死亡数量（人）	176	29
	2018	道路交通事故受伤数量（人）	917	26
	2018	城市道路交通事故死亡数量（人）	101	29
	2018	城市道路交通事故受伤数量（人）	510	29
	2018	十万人口死亡率（人/10万人）	2.27	34
	2018	万车死亡率（人/万辆）	1.09	31

厦门市数据统计及排名

附表3-16

类　　目	数据年份（年）	指　　标	数量	排名
城市社会经济	2018	地区生产总值（亿元）	4791.4	26
	2018	地区生产总值增长率（%）	7.7	16
	2018	城镇居民可支配收入（元）	54401	8
	2018	可支配收入增长率（%）	8.8	6
	2017	轨道交通投资（亿元）	183.4	10
	2017	城市交通建设财政固定资产投入（亿元）	348.3	10
	2017	建成区面积（km^2）	348.2	24
	2017	市辖区面积（km^2）	1701	31
	2017	市域面积（km^2）	1701	36
	2018	常住人口（万人）	411.0	29
	2017	户籍人口（万人）	231	31
城市道路	2017	城市道路里程（km）	2530.3	18
	2017	城市道路面积（万m^2）	5450	20
	2017	道路网密度（km/km^2）	7.3	8
	2017	人均道路面积（m^2/人）	15.7	11
	2017	车均道路面积（m^2/辆）	37.2	11

续上表

类　目	数据年份（年）	指　标	数量	排名
城市地面公共交通	2018	城市公共汽电车运营车辆数（辆）	5727	25
	2018	公共汽电车运营线路长度（km）	7478	14
	2018	公共汽电车客运量（亿人次）	80139	17
	2018	公共汽电车车均站场面积（m^2/标台）	125	9
	2018	公交专用车道（km）	60.4	30
城市轨道交通	2018	轨道交通日均客流量（万人次）	11.4	26
	2018	轨道交通里程（km）	29.6	24
城市出租汽车	2018	出租汽车数量（辆）	5630	31
	2018	千人人均出租汽车数量（辆/1000人）	1.7	13
	2018	每辆车年运营里程（万km/辆）	12.1	19
机动车	2018	机动车保有量（万辆）	157.4	27
	2018	机动车增长率（%）	7.4	24
	2018	千人机动车保有量（辆/1000人）	382.8	3
汽车	2018	汽车保有量（万辆）	133.3	27
	2018	汽车增长率（%）	8.3	26
	2018	千人汽车保有量（辆/1000人）	324.4	8
摩托车	2018	摩托车保有量（万辆）	22.1	12
驾驶人	2018	机动车驾驶人（万人）	162.0	29
	2018	汽车驾驶人（万人）	153.7	29
交通管理执法	2018	纠正违法数量（起）	3485735	27
	2018	机动车违法查处（起）	3163108	27
	2018	城市道路非现场处罚人次（人次）	2554539	26
	2018	城市道路现场处罚人次（人次）	2864744	27
交通安全	2018	道路交通事故起数（起）	2012	12
	2018	城市道路交通事故起数（起）	1351	12
	2018	道路交通事故死亡数量（人）	214	26
	2018	道路交通事故受伤数量（人）	2054	12
	2018	城市道路交通事故死亡数量（人）	109	27
	2018	城市道路交通事故受伤数量（人）	1587	11
	2018	十万人口死亡率（人/10万人）	5.21	15
	2018	万车死亡率（人/万辆）	1.36	25

南昌市数据统计及排名

附表3-17

类目	数据年份（年）	指标	数量	排名
城市社会经济	2018	地区生产总值（亿元）	5274.7	24
	2018	地区生产总值增长率（%）	8.9	5
	2018	城镇居民可支配收入（元）	40844	21
	2018	可支配收入增长率（%）	8.4	13
	2017	轨道交通投资（亿元）	54.9	26
	2017	城市交通建设财政固定资产投入（亿元）	187.8	22
	2017	建成区面积（km^2）	327.4	28
	2017	市辖区面积（km^2）	3095	22
	2017	市域面积（km^2）	7402	30
	2018	常住人口（万人）	554.6	26
	2017	户籍人口（万人）	525	25
城市道路	2017	城市道路里程（km）	1632.0	29
	2017	城市道路面积（万 m^2）	3439.6	28
	2017	道路网密度（km/km^2）	4.9	24
	2017	人均道路面积（m^2/人）	12.4	25
	2017	车均道路面积（m^2/辆）	35.3	14
城市地面公共交通	2018	城市公共汽电车运营车辆数（辆）	5029	27
	2018	公共汽电车运营线路长度（km）	6631	16
	2018	公共汽电车客运量（亿人次）	38832	29
	2018	公共汽电车车均站场面积（m^2/标台）	19.3	34
	2018	公交专用车道（km）	27.8	32
城市轨道交通	2018	轨道交通日均客流量（万人次）	38.8	21
	2018	轨道交通里程（km）	48.5	22
城市出租汽车	2018	出租汽车数量（辆）	5453	32
	2018	千人人均出租汽车数量（辆/1000人）	1.1	28
	2018	每辆车年运营里程（万km/辆）	13.1	13
机动车	2018	机动车保有量（万辆）	108.3	31
	2018	机动车增长率（%）	11.1	11
	2018	千人机动车保有量（辆/1000人）	195.3	32
汽车	2018	汽车保有量（万辆）	107.3	31
	2018	汽车增长率（%）	11.1	14
	2018	千人汽车保有量（辆/1000人）	193.5	30
摩托车	2018	摩托车保有量（万辆）	0.6	35

续上表

类　目	数据年份（年）	指　标	数量	排名
驾驶人	2018	机动车驾驶人（万人）	217.2	26
	2018	汽车驾驶人（万人）	213.0	25
交通管理执法	2018	纠正违法数量（起）	6256753	17
	2018	机动车违法查处（起）	3507298	25
	2018	城市道路非现场处罚人次（人次）	3162914	24
	2018	城市道路现场处罚人次（人次）	5914898	14
交通安全	2018	道路交通事故起数（起）	478	35
	2018	城市道路交通事故起数（起）	296	32
	2018	道路交通事故死亡数量（人）	221	25
	2018	道路交通事故受伤数量（人）	377	33
	2018	城市道路交通事故死亡数量（人）	148	21
	2018	城市道路交通事故受伤数量（人）	220	33
	2018	十万人口死亡率（人/10万人）	3.99	26
	2018	万车死亡率（人/万辆）	2.04	12

济南市数据统计及排名

附表3-18

类　目	数据年份（年）	指　标	数量	排名
城市社会经济	2018	地区生产总值（亿元）	7856.6	17
	2018	地区生产总值增长率（%）	7.4	20
	2018	城镇居民可支配收入（元）	50146	11
	2018	可支配收入增长率（%）	7.5	28
	2017	轨道交通投资（亿元）	33.5	30
	2017	城市交通建设财政固定资产投入（亿元）	253.9	15
	2017	建成区面积（km^2）	463.6	16
	2017	市辖区面积（km^2）	5022	18
	2017	市域面积（km^2）	7998	26
	2018	常住人口（万人）	746	22
	2017	户籍人口（万人）	644	21
城市道路	2017	城市道路里程（km）	5297.5	8
	2017	城市道路面积（万m^2）	9420.3	11
	2017	道路网密度（km/km^2）	9.5	1
	2017	人均道路面积（m^2/人）	23.3	2
	2017	车均道路面积（m^2/辆）	45.6	4

续上表

类　　目	数据年份（年）	指　　标	数量	排名
城市地面公共交通	2018	城市公共汽电车运营车辆数（辆）	8449	15
	2018	公共汽电车运营线路长度（km）	7017	15
	2018	公共汽电车客运量（亿人次）	75879	21
	2018	公共汽电车车均站场面积（m^2/标台）	133.9	8
	2018	公交专用车道（km）	204.5	15
城市轨道交通	2018	轨道交通日均客流量（万人次）	—	—
	2018	轨道交通里程（km）	—	—
城市出租汽车	2018	出租汽车数量（辆）	9267	21
	2018	千人人均出租汽车数量（辆/1000人）	1.2	27
	2018	每辆车年运营里程（万km/辆）	8.8	33
机动车	2018	机动车保有量（万辆）	230.9	19
	2018	机动车增长率（%）	11.8	7
	2018	千人机动车保有量（辆/1000人）	309.5	15
汽车	2018	汽车保有量（万辆）	216.4	19
	2018	汽车增长率（%）	11.0	16
	2018	千人汽车保有量（辆/1000人）	290	15
摩托车	2018	摩托车保有量（万辆）	13.5	16
驾驶人	2018	机动车驾驶人（万人）	253.6	21
	2018	汽车驾驶人（万人）	248.7	21
交通管理执法	2018	纠正违法数量（起）	4731827	22
	2018	机动车违法查处（起）	4600503	21
	2018	城市道路非现场处罚人次（人次）	4216826	20
	2018	城市道路现场处罚人次（人次）	4348888	22
交通安全	2018	道路交通事故起数（起）	2970	6
	2018	城市道路交通事故起数（起）	1735	9
	2018	道路交通事故死亡数量（人）	386	16
	2018	道路交通事故受伤数量（人）	3072	6
	2018	城市道路交通事故死亡数量（人）	154	20
	2018	城市道路交通事故受伤数量（人）	1984	8
	2018	十万人口死亡率（人/10万人）	5.17	16
	2018	万车死亡率（人/万辆）	1.67	17

青岛市数据统计及排名

附表3-19

类目	数据年份（年）	指标	数量	排名
城市社会经济	2018	地区生产总值（亿元）	12001.5	11
	2018	地区生产总值增长率（%）	7.4	21
	2018	城镇居民可支配收入（元）	50817	9
	2018	可支配收入增长率（%）	7.7	27
	2017	轨道交通投资（亿元）	219.9	8
	2017	城市交通建设财政固定资产投入（亿元）	286.8	14
	2017	建成区面积（km^2）	638.4	10
	2017	市辖区面积（km^2）	5225	16
	2017	市域面积（km^2）	11282	20
	2018	常住人口（万人）	939.5	14
	2017	户籍人口（万人）	803	12
城市道路	2017	城市道路里程（km）	4865.2	10
	2017	城市道路面积（万 m^2）	8495.8	12
	2017	道路网密度（km/km^2）	7.6	5
	2017	人均道路面积（m^2/人）	19.1	5
	2017	车均道路面积（m^2/辆）	32.5	18
城市地面公共交通	2018	城市公共汽电车运营车辆数（辆）	11777	10
	2018	公共汽电车运营线路长度（km）	21388	4
	2018	公共汽电车客运量（亿人次）	104192	13
	2018	公共汽电车车均站场面积（m^2/标台）	100.9	14
	2018	公交专用车道（km）	231	11
城市轨道交通	2018	轨道交通日均客流量（万人次）	42.2	18
	2018	轨道交通里程（km）	178.2	11
城市出租汽车	2018	出租汽车数量（辆）	10867	17
	2018	千人人均出租汽车数量（辆/1000人）	2.8	3
	2018	每辆车年运营里程（万km/辆）	10.6	29
机动车	2018	机动车保有量（万辆）	282.8	12
	2018	机动车增长率（%）	8.2	19
	2018	千人机动车保有量（辆/1000人）	301.0	17
汽车	2018	汽车保有量（万辆）	269.3	11
	2018	汽车增长率（%）	9.3	20
	2018	千人汽车保有量（辆/1000人）	286.6	16
摩托车	2018	摩托车保有量（万辆）	10.7	21

续上表

类　目	数据年份（年）	指　标	数量	排名
驾驶人	2018	机动车驾驶人（万人）	345.1	13
	2018	汽车驾驶人（万人）	340.7	14
交通管理执法	2018	纠正违法数量（起）	5251620	20
	2018	机动车违法查处（起）	5237146	16
	2018	城市道路非现场处罚人次（人次）	4597161	16
	2018	城市道路现场处罚人次（人次）	4611687	20
交通安全	2018	道路交通事故起数（起）	1818	16
	2018	城市道路交通事故起数（起）	931	17
	2018	道路交通事故死亡数量（人）	318	20
	2018	道路交通事故受伤数量（人）	1806	15
	2018	城市道路交通事故死亡数量（人）	117	25
	2018	城市道路交通事故受伤数量（人）	979	17
	2018	十万人口死亡率（人/10万人）	3.38	28
	2018	万车死亡率（人/万辆）	1.12	30

郑州市数据统计及排名

附表3-20

类　目	数据年份（年）	指　标	数量	排名
城市社会经济	2018	地区生产总值（亿元）	10143.3	14
	2018	地区生产总值增长率（%）	8.1	11
	2018	城镇居民可支配收入（元）	39042	23
	2018	可支配收入增长率（%）	8.3	15
	2017	轨道交通投资（亿元）	123.0	15
	2017	城市交通建设财政固定资产投入（亿元）	429.3	8
	2017	建成区面积（km^2）	500.8	15
	2017	市辖区面积（km^2）	1010	35
	2017	市域面积（km^2）	7446	28
	2018	常住人口（万人）	1013.6	11
	2017	户籍人口（万人）	842	11
城市道路	2017	城市道路里程（km）	2101.5	24
	2017	城市道路面积（万m^2）	5820.9	18
	2017	道路网密度（km/km^2）	4.1	28
	2017	人均道路面积（m^2/人）	9.1	32
	2017	车均道路面积（m^2/辆）	18.3	34

续上表

类　目	数据年份（年）	指　　标	数量	排名
城市地面公共交通	2018	城市公共汽电车运营车辆数（辆）	8382	16
	2018	公共汽电车运营线路长度（km）	4883	24
	2018	公共汽电车客运量（亿人次）	94272	14
	2018	公共汽电车车均站场面积（m^2/标台）	211	2
	2018	公交专用车道（km）	444	4
城市轨道交通	2018	轨道交通日均客流量（万人次）	80.39	13
	2018	轨道交通里程（km）	93.6	15
城市出租汽车	2018	出租汽车数量（辆）	10854	18
	2018	千人人均出租汽车数量（辆/1000人）	1.2	26
	2018	每辆车年运营里程（万km/辆）	12.0	20
机动车	2018	机动车保有量（万辆）	353.7	5
	2018	机动车增长率（%）	11.4	10
	2018	千人机动车保有量（辆/1000人）	349.0	8
汽车	2018	汽车保有量（万辆）	344.7	5
	2018	汽车增长率（%）	13.5	6
	2018	千人汽车保有量（辆/1000人）	340	6
摩托车	2018	摩托车保有量（万辆）	6.9	22
驾驶人	2018	机动车驾驶人（万人）	424.3	11
	2018	汽车驾驶人（万人）	422.1	10
交通管理执法	2018	纠正违法数量（起）	6791996	14
	2018	机动车违法查处（起）	6123841	11
	2018	城市道路非现场处罚人次（人次）	4999737	14
	2018	城市道路现场处罚人次（人次）	5686297	16
交通安全	2018	道路交通事故起数（起）	1627	19
	2018	城市道路交通事故起数（起）	1099	15
	2018	道路交通事故死亡数量（人）	151	30
	2018	道路交通事故受伤数量（人）	1876	14
	2018	城市道路交通事故死亡数量（人）	104	28
	2018	城市道路交通事故受伤数量（人）	1480	12
	2018	十万人口死亡率（人/10万人）	1.49	36
	2018	万车死亡率（人/万辆）	0.43	36

武汉市数据统计及排名

附表3-21

类　目	数据年份（年）	指　标	数量	排名
城市社会经济	2018	地区生产总值（亿元）	14847.3	8
	2018	地区生产总值增长率（%）	8	13
	2018	城镇居民可支配收入（元）	47359	12
	2018	可支配收入增长率（%）	9.1	3
	2017	轨道交通投资（亿元）	425.6	1
	2017	城市交通建设财政固定资产投入（亿元）	1006.5	2
	2017	建成区面积（km^2）	628.1	11
	2017	市辖区面积（km^2）	8569	7
	2017	市域面积（km^2）	8569	24
	2018	常住人口（万人）	1108.1	8
	2017	户籍人口（万人）	854	10
城市道路	2017	城市道路里程（km）	5786	7
	2017	城市道路面积（万 m^2）	10353	9
	2017	道路网密度（km/km^2）	9.2	2
	2017	人均道路面积（m^2/ 人）	11.9	26
	2017	车均道路面积（m^2/ 辆）	37.7	8
城市地面公共交通	2018	城市公共汽电车运营车辆数（辆）	12007	9
	2018	公共汽电车运营线路长度（km）	8875	13
	2018	公共汽电车客运量（亿人次）	144563	8
	2018	公共汽电车车均站场面积（m^2/ 标台）	99.8	15
	2018	公交专用车道（km）	215.5	14
城市轨道交通	2018	轨道交通日均客流量（万人次）	284.1	7
	2018	轨道交通里程（km）	300.4	6
城市出租汽车	2018	出租汽车数量（辆）	17891	9
	2018	千人人均出租汽车数量（辆 /1000 人）	1.2	24
	2018	每辆车年运营里程（万 km/ 辆）	15.5	4
机动车	2018	机动车保有量（万辆）	313	8
	2018	机动车增长率（%）	13.8	2
	2018	千人机动车保有量（辆 /1000 人）	282.4	22
汽车	2018	汽车保有量（万辆）	298.8	9
	2018	汽车增长率（%）	14.5	3
	2018	千人汽车保有量（辆 /1000 人）	269.6	18
摩托车	2018	摩托车保有量（万辆）	12.8	19

续上表

类　目	数据年份（年）	指　标	数量	排名
驾驶人	2018	机动车驾驶人（万人）	434.6	8
	2018	汽车驾驶人（万人）	431.4	8
交通管理执法	2018	纠正违法数量（起）	12150227	5
	2018	机动车违法查处（起）	11820111	4
	2018	城市道路非现场处罚人次（人次）	10606417	4
	2018	城市道路现场处罚人次（人次）	11022325	4
交通安全	2018	道路交通事故起数（起）	2725	8
	2018	城市道路交通事故起数（起）	2430	2
	2018	道路交通事故死亡数量（人）	641	8
	2018	道路交通事故受伤数量（人）	2694	8
	2018	城市道路交通事故死亡数量（人）	536	2
	2018	城市道路交通事故受伤数量（人）	2548	4
	2018	十万人口死亡率（人/10万人）	5.78	10
	2018	万车死亡率（人/万辆）	2.05	11

长沙市数据统计及排名

附表3-22

类　目	数据年份（年）	指　标	数量	排名
城市社会经济	2018	地区生产总值（亿元）	11003.4	12
	2018	地区生产总值增长率（%）	8.5	8
	2018	城镇居民可支配收入（元）	50792	10
	2018	可支配收入增长率（%）	8.2	19
	2017	轨道交通投资（亿元）	135.9	13
	2017	城市交通建设财政固定资产投入（亿元）	295.2	13
	2017	建成区面积（km^2）	358.5	23
	2017	市辖区面积（km^2）	2151	28
	2017	市域面积（km^2）	11816	18
	2018	常住人口（万人）	815.5	18
	2017	户籍人口（万人）	709	18
城市道路	2017	城市道路里程（km）	1369.6	31
	2017	城市道路面积（万m^2）	4849.5	23
	2017	道路网密度（km/km^2）	3.8	34
	2017	人均道路面积（m^2/人）	9.1	33
	2017	车均道路面积（m^2/辆）	19.3	33

续上表

类　目	数据年份（年）	指　标	数量	排名
城市地面公共交通	2018	城市公共汽电车运营车辆数（辆）	11265	11
	2018	公共汽电车运营线路长度（km）	6603	17
	2018	公共汽电车客运量（亿人次）	68457	22
	2018	公共汽电车车均站场面积（m^2/标台）	77.1	21
	2018	公交专用车道（km）	226	12
城市轨道交通	2018	轨道交通日均客流量（万人次）	68.6	14
	2018	轨道交通里程（km）	68.8	18
城市出租汽车	2018	出租汽车数量（辆）	7840	25
	2018	千人人均出租汽车数量（辆/1000人）	1.9	11
	2018	每辆车年运营里程（万km/辆）	13.3	12
机动车	2018	机动车保有量（万辆）	276.7	13
	2018	机动车增长率（%）	10.2	14
	2018	千人机动车保有量（辆/1000人）	339.3	9
汽车	2018	汽车保有量（万辆）	241.8	16
	2018	汽车增长率（%）	11.7	11
	2018	千人汽车保有量（辆/1000人）	296.6	14
摩托车	2018	摩托车保有量（万辆）	33.9	6
驾驶人	2018	机动车驾驶人（万人）	304.6	17
	2018	汽车驾驶人（万人）	296.4	17
交通管理执法	2018	纠正违法数量（起）	4842366	21
	2018	机动车违法查处（起）	4801491	19
	2018	城市道路非现场处罚人次（人次）	4482418	17
	2018	城市道路现场处罚人次（人次）	4527459	21
交通安全	2018	道路交通事故起数（起）	1378	21
	2018	城市道路交通事故起数（起）	887	21
	2018	道路交通事故死亡数量（人）	197	28
	2018	道路交通事故受伤数量（人）	1327	20
	2018	城市道路交通事故死亡数量（人）	144	22
	2018	城市道路交通事故受伤数量（人）	975	18
	2018	十万人口死亡率（人/10万人）	2.42	33
	2018	万车死亡率（人/万辆）	0.71	35

广州市数据统计及排名

附表3-23

类　目	数据年份（年）	指　标	数量	排名
城市社会经济	2018	地区生产总值（亿元）	22859.4	4
	2018	地区生产总值增长率（%）	6.2	30
	2018	城镇居民可支配收入（元）	59982	5
	2018	可支配收入增长率（%）	8.3	16
	2017	轨道交通投资（亿元）	251.8	6
	2017	城市交通建设财政固定资产投入（亿元）	502.5	7
	2017	建成区面积（km^2）	1263.3	3
	2017	市辖区面积（km^2）	7434	9
	2017	市域面积（km^2）	7434	29
	2018	常住人口（万人）	1490.4	6
	2017	户籍人口（万人）	898	9
城市道路	2017	城市道路里程（km）	7819.3	5
	2017	城市道路面积（万 m^2）	13012.8	5
	2017	道路网密度（km/km^2）	6.2	14
	2017	人均道路面积（m^2/ 人）	11	27
	2017	车均道路面积（m^2/ 辆）	52.2	2
城市地面公共交通	2018	城市公共汽电车运营车辆数（辆）	18721	5
	2018	公共汽电车运营线路长度（km）	24101	2
	2018	公共汽电车客运量（亿人次）	228511	3
	2018	公共汽电车车均站场面积（m^2/ 标台）	62.2	23
	2018	公交专用车道（km）	519.4	2
城市轨道交通	2018	轨道交通日均客流量（万人次）	829	3
	2018	轨道交通里程（km）	485.4	3
城市出租汽车	2018	出租汽车数量（辆）	19988	6
	2018	千人人均出租汽车数量（辆 /1000 人）	1.2	25
	2018	每辆车年运营里程（万 km/ 辆）	13.9	9
机动车	2018	机动车保有量（万辆）	268	16
	2018	机动车增长率（%）	7.6	23
	2018	千人机动车保有量（辆 /1000 人）	179.8	35

续上表

类　目	数据年份（年）	指　标	数量	排名
汽车	2018	汽车保有量（万辆）	258.7	12
	2018	汽车增长率（%）	7.7	31
	2018	千人汽车保有量（辆/1000人）	173.5	33
摩托车	2018	摩托车保有量（万辆）	6.8	23
驾驶人	2018	机动车驾驶人（万人）	498.8	5
	2018	汽车驾驶人（万人）	482	5
交通管理执法	2018	纠正违法数量（起）	7459550	12
	2018	机动车违法查处（起）	6340137	9
	2018	城市道路非现场处罚人次（人次）	5285584	10
	2018	城市道路现场处罚人次（人次）	6403765	13
交通安全	2018	道路交通事故起数（起）	2545	10
	2018	城市道路交通事故起数（起）	1736	8
	2018	道路交通事故死亡数量（人）	740	4
	2018	道路交通事故受伤数量（人）	2435	11
	2018	城市道路交通事故死亡数量（人）	491	3
	2018	城市道路交通事故受伤数量（人）	1768	10
	2018	十万人口死亡率（人/10万人）	4.96	17
	2018	万车死亡率（人/万辆）	2.76	2

深圳市数据统计及排名

附表3-24

类　目	数据年份（年）	指　标	数量	排名
城市社会经济	2018	地区生产总值（亿元）	24222	3
	2018	地区生产总值增长率（%）	7.6	17
	2018	城镇居民可支配收入（元）	57544	7
	2018	可支配收入增长率（%）	8.7	10
	2017	轨道交通投资（亿元）	165.1	11
	2017	城市交通建设财政固定资产投入（亿元）	231.8	18
	2017	建成区面积（km^2）	925.2	6
	2017	市辖区面积（km^2）	1997	29
	2017	市域面积（km^2）	1997	35

续上表

类　目	数据年份（年）	指　标	数量	排名
城市社会经济	2018	常住人口（万人）	1302.7	7
	2017	户籍人口（万人）	435	26
城市道路	2017	城市道路里程（km）	6668.3	6
	2017	城市道路面积（万 m^2）	12151.1	6
	2017	道路网密度（km/km^2）	4.1	29
	2017	人均道路面积（m^2/ 人）	9.7	31
	2017	车均道路面积（m^2/ 辆）	37.2	12
城市地面公共交通	2018	城市公共汽电车运营车辆数（辆）	21258	3
	2018	公共汽电车运营线路长度（km）	21259	5
	2018	公共汽电车客运量（亿人次）	162858	5
	2018	公共汽电车车均站场面积（m^2/ 标台）	97.1	17
	2018	公交专用车道（km）	508	3
城市轨道交通	2018	轨道交通日均客流量（万人次）	514.64	4
	2018	轨道交通里程（km）	297.6	7
城市出租汽车	2018	出租汽车数量（辆）	21551	5
	2018	千人人均出租汽车数量（辆 /1000 人）	1.7	15
	2018	每辆车年运营里程（万 km/ 辆）	12.9	15
机动车	2018	机动车保有量（万辆）	337.7	6
	2018	机动车增长率（%）	3.3	36
	2018	千人机动车保有量（辆 /1000 人）	259.3	27
汽车	2018	汽车保有量（万辆）	331.7	6
	2018	汽车增长率（%）	3.0	35
	2018	千人汽车保有量（辆 /1000 人）	254.6	22
摩托车	2018	摩托车保有量（万辆）	1.2	32
驾驶人	2018	机动车驾驶人（万人）	438.7	7
	2018	汽车驾驶人（万人）	437.9	7
交通管理执法	2018	纠正违法数量（起）	11705851	6
	2018	机动车违法查处（起）	6209083	10
	2018	城市道路非现场处罚人次（人次）	4741235	15
	2018	城市道路现场处罚人次（人次）	10256364	5

续上表

类　目	数据年份（年）	指　标	数量	排名
交通安全	2018	道路交通事故起数（起）	1724	17
	2018	城市道路交通事故起数（起）	904	20
	2018	道路交通事故死亡数量（人）	274	21
	2018	道路交通事故受伤数量（人）	965	23
	2018	城市道路交通事故死亡数量（人）	253	10
	2018	城市道路交通事故受伤数量（人）	933	20
	2018	十万人口死亡率（人/10万人）	2.10	35
	2018	万车死亡率（人/万辆）	0.81	33

南宁市数据统计及排名

附表3-25

类　目	数据年份（年）	指　标	数量	排名
城市社会经济	2018	地区生产总值（亿元）	3707.4	29
	2018	地区生产总值增长率（%）	5.4	33
	2018	城镇居民可支配收入（元）	35276	31
	2018	可支配收入增长率（%）	6.2	36
	2017	轨道交通投资（亿元）	104.6	17
	2017	城市交通建设财政固定资产投入（亿元）	251.2	16
	2017	建成区面积（km^2）	315.2	29
	2017	市辖区面积（km^2）	9947	5
	2017	市域面积（km^2）	22244	4
	2018	常住人口（万人）	725.4	23
	2017	户籍人口（万人）	757	13
城市道路	2017	城市道路里程（km）	1748.7	28
	2017	城市道路面积（万m^2）	4775.7	24
	2017	道路网密度（km/km^2）	5.6	18
	2017	人均道路面积（m^2/人）	14.3	15
	2017	车均道路面积（m^2/辆）	23.9	28
城市地面公共交通	2018	城市公共汽电车运营车辆数（辆）	4958	28
	2018	公共汽电车运营线路长度（km）	4457	27
	2018	公共汽电车客运量（亿人次）	33991	31
	2018	公共汽电车车均站场面积（m^2/标台）	166.6	6
	2018	公交专用车道（km）	110	25

续上表

类　目	数据年份（年）	指　标	数量	排名
城市轨道交通	2018	轨道交通日均客流量（万人次）	58.5	15
	2018	轨道交通里程（km）	53.1	21
城市出租汽车	2018	出租汽车数量（辆）	6829	27
	2018	千人人均出租汽车数量（辆/1000人）	1.0	30
	2018	每辆车年运营里程（万km/辆）	22.3	1
机动车	2018	机动车保有量（万辆）	216	20
	2018	机动车增长率（%）	8.1	20
	2018	千人机动车保有量（辆/1000人）	297.7	18
汽车	2018	汽车保有量（万辆）	152.8	25
	2018	汽车增长率（%）	16.1	2
	2018	千人汽车保有量（辆/1000人）	210.6	29
摩托车	2018	摩托车保有量（万辆）	62.5	2
驾驶人	2018	机动车驾驶人（万人）	247.4	22
	2018	汽车驾驶人（万人）	223.2	24
交通管理执法	2018	纠正违法数量（起）	1782635	32
	2018	机动车违法查处（起）	1212054	33
	2018	城市道路非现场处罚人次（人次）	943936	32
	2018	城市道路现场处罚人次（人次）	1516766	30
交通安全	2018	道路交通事故起数（起）	3271	3
	2018	城市道路交通事故起数（起）	1826	7
	2018	道路交通事故死亡数量（人）	655	6
	2018	道路交通事故受伤数量（人）	3562	3
	2018	城市道路交通事故死亡数量（人）	301	7
	2018	城市道路交通事故受伤数量（人）	2168	5
	2018	十万人口死亡率（人/10万人）	9.03	1
	2018	万车死亡率（人/万辆）	3.03	1

海口市数据统计及排名

附表3-26

类　目	数据年份（年）	指　标	数量	排名
城市社会经济	2018	地区生产总值（亿元）	1510.5	34
	2018	地区生产总值增长率（%）	7.6	18
	2018	城镇居民可支配收入（元）	36137	26

续上表

类　目	数据年份（年）	指　标	数量	排名
城市社会经济	2018	可支配收入增长率（%）	8.5	12
	2017	轨道交通投资（亿元）	—	—
	2017	城市交通建设财政固定资产投入（亿元）	68.8	33
	2017	建成区面积（km^2）	140.6	34
	2017	市辖区面积（km^2）	2289	25
	2017	市域面积（km^2）	2289	34
	2018	常住人口（万人）	230.2	34
	2017	户籍人口（万人）	171	35
城市道路	2017	城市道路里程（km）	1254	32
	2017	城市道路面积（万 m^2）	2605.1	33
	2017	道路网密度（km/km^2）	8.9	3
	2017	人均道路面积（m^2/ 人）	17.1	10
	2017	车均道路面积（m^2/ 辆）	33.2	17
城市地面公共交通	2018	城市公共汽电车运营车辆数（辆）	2777	33
	2018	公共汽电车运营线路长度（km）	3352	32
	2018	公共汽电车客运量（亿人次）	19847	35
	2018	公共汽电车车均站场面积（m^2/ 标台）	23.4	33
	2018	公交专用车道（km）	25	33
城市轨道交通	2018	轨道交通日均客流量（万人次）	—	—
	2018	轨道交通里程（km）	—	—
城市出租汽车	2018	出租汽车数量（辆）	2910	35
	2018	千人人均出租汽车数量（辆 /1000 人）	0.7	34
	2018	每辆车年运营里程（万 km/ 辆）	14.6	7
机动车	2018	机动车保有量（万辆）	82.5	34
	2018	机动车增长率（%）	5.1	30
	2018	千人机动车保有量（辆 /1000 人）	358.1	6
汽车	2018	汽车保有量（万辆）	80.2	34
	2018	汽车增长率（%）	8.9	23
	2018	千人汽车保有量（辆 /1000 人）	348.3	4
摩托车	2018	摩托车保有量（万辆）	2.0	28
驾驶人	2018	机动车驾驶人（万人）	81.5	34
	2018	汽车驾驶人（万人）	77.7	34

续上表

类　目	数据年份（年）	指　标	数量	排名
交通管理执法	2018	纠正违法数量（起）	1223584	34
	2018	机动车违法查处（起）	1005601	34
	2018	城市道路非现场处罚人次（人次）	750947	34
	2018	城市道路现场处罚人次（人次）	968162	33
交通安全	2018	道路交通事故起数（起）	743	29
	2018	城市道路交通事故起数（起）	538	25
	2018	道路交通事故死亡数量（人）	124	34
	2018	道路交通事故受伤数量（人）	781	28
	2018	城市道路交通事故死亡数量（人）	78	32
	2018	城市道路交通事故受伤数量（人）	664	24
	2018	十万人口死亡率（人/10万人）	5.39	13
	2018	万车死亡率（人/万辆）	1.50	20

重庆市数据统计及排名

附表3-27

类　目	数据年份（年）	指　标	数量	排名
城市社会经济	2018	地区生产总值（亿元）	20363.2	5
	2018	地区生产总值增长率（%）	6.0	31
	2018	城镇居民可支配收入（元）	34889	34
	2018	可支配收入增长率（%）	8.4	14
	2017	轨道交通投资（亿元）	307	4
	2017	城市交通建设财政固定资产投入（亿元）	782	3
	2017	建成区面积（km^2）	1423.1	2
	2017	市辖区面积（km^2）	43263	1
	2017	市域面积（km^2）	82402	1
	2018	常住人口（万人）	3101.8	1
	2017	户籍人口（万人）	3390	1
城市道路	2017	城市道路里程（km）	9363.7	1
	2017	城市道路面积（万 m^2）	19015.2	1
	2017	道路网密度（km/km^2）	6.3	13
	2017	人均道路面积（m^2/人）	12.7	23
	2017	车均道路面积（m^2/辆）	33.6	16

续上表

类　目	数据年份（年）	指　标	数量	排名
城市地面公共交通	2018	城市公共汽电车运营车辆数（辆）	14331	7
	2018	公共汽电车运营线路长度（km）	16394	8
	2018	公共汽电车客运量（亿人次）	235762	2
	2018	公共汽电车车均站场面积（m^2/标台）	29.5	32
	2018	公交专用车道（km）	105.4	27
城市轨道交通	2018	轨道交通日均客流量（万人次）	235	8
	2018	轨道交通里程（km）	313.4	5
城市出租汽车	2018	出租汽车数量（辆）	21993	4
	2018	千人人均出租汽车数量（辆/1000人）	0.9	31
	2018	每辆车年运营里程（万km/辆）	16.8	3
机动车	2018	机动车保有量（万辆）	630.3	1
	2018	机动车增长率（%）	11.5	8
	2018	千人机动车保有量（辆/1000人）	203.2	31
汽车	2018	汽车保有量（万辆）	419.8	3
	2018	汽车增长率（%）	13.1	8
	2018	千人汽车保有量（辆/1000人）	135.3	36
摩托车	2018	摩托车保有量（万辆）	207.4	1
驾驶人	2018	机动车驾驶人（万人）	872.9	2
	2018	汽车驾驶人（万人）	734.5	3
交通管理执法	2018	纠正违法数量（起）	9080477	7
	2018	机动车违法查处（起）	8825477	6
	2018	城市道路非现场处罚人次（人次）	7944347	5
	2018	城市道路现场处罚人次（人次）	8209131	7
交通安全	2018	道路交通事故起数（起）	4511	2
	2018	城市道路交通事故起数（起）	2602	1
	2018	道路交通事故死亡数量（人）	915	2
	2018	道路交通事故受伤数量（人）	5268	2
	2018	城市道路交通事故死亡数量（人）	459	4
	2018	城市道路交通事故受伤数量（人）	3115	1
	2018	十万人口死亡率（人/10万人）	2.95	29
	2018	万车死亡率（人/万辆）	1.45	22

成都市数据统计及排名

附表3-28

类　目	数据年份（年）	指　标	数量	排名
城市社会经济	2018	地区生产总值（亿元）	15342.8	7
	2018	地区生产总值增长率（%）	8.0	14
	2018	城镇居民可支配收入（元）	42128	19
	2018	可支配收入增长率（%）	8.2	20
	2017	轨道交通投资（亿元）	391.8	2
	2017	城市交通建设财政固定资产投入（亿元）	660.8	4
	2017	建成区面积（km^2）	885.6	7
	2017	市辖区面积（km^2）	3677	21
	2017	市域面积（km^2）	14335	10
	2018	常住人口（万人）	1633	4
	2017	户籍人口（万人）	1435	3
城市道路	2017	城市道路里程（km）	4124.7	12
	2017	城市道路面积（万 m^2）	10783.9	8
	2017	道路网密度（km/km^2）	4.1	27
	2017	人均道路面积（m^2/ 人）	14.1	17
	2017	车均道路面积（m^2/ 辆）	21.1	32
城市地面公共交通	2018	城市公共汽电车运营车辆数（辆）	19205	4
	2018	公共汽电车运营线路长度（km）	15300	9
	2018	公共汽电车客运量（亿人次）	161946	6
	2018	公共汽电车车均站场面积（m^2/ 标台）	61.4	24
	2018	公交专用车道（km）	377.1	6
城市轨道交通	2018	轨道交通日均客流量（万人次）	317.1	5
	2018	轨道交通里程（km）	240	8
城市出租汽车	2018	出租汽车数量（辆）	13101	15
	2018	千人人均出租汽车数量（辆 /1000 人）	2.0	10
	2018	每辆车年运营里程（万 km/ 辆）	11.7	21
机动车	2018	机动车保有量（万辆）	547.2	3
	2018	机动车增长率（%）	6.9	25
	2018	千人机动车保有量（辆 /1000 人）	335.1	10
汽车	2018	汽车保有量（万辆）	488.7	2
	2018	汽车增长率（%）	8.3	27
	2018	千人汽车保有量（辆 /1000 人）	299.3	13
摩托车	2018	摩托车保有量（万辆）	57.1	3

续上表

类　目	数据年份（年）	指　标	数量	排名
驾驶人	2018	机动车驾驶人（万人）	727.1	4
	2018	汽车驾驶人（万人）	694.6	4
交通管理执法	2018	纠正违法数量（起）	12739179	4
	2018	机动车违法查处（起）	12692299	2
	2018	城市道路非现场处罚人次（人次）	11177993	3
	2018	城市道路现场处罚人次（人次）	11224161	3
交通安全	2018	道路交通事故起数（起）	1865	13
	2018	城市道路交通事故起数（起）	1155	13
	2018	道路交通事故死亡数量（人）	661	5
	2018	道路交通事故受伤数量（人）	1473	18
	2018	城市道路交通事故死亡数量（人）	424	5
	2018	城市道路交通事故受伤数量（人）	1020	16
	2018	十万人口死亡率（人/10万人）	4.05	24
	2018	万车死亡率（人/万辆）	1.21	28

贵阳市数据统计及排名

附表3-29

类　目	数据年份（年）	指　标	数量	排名
城市社会经济	2018	地区生产总值（亿元）	3798.5	28
	2018	地区生产总值增长率（%）	9.9	1
	2018	城镇居民可支配收入（元）	35115	32
	2018	可支配收入增长率（%）	9.1	4
	2017	轨道交通投资（亿元）	63.3	23
	2017	城市交通建设财政固定资产投入（亿元）	101.7	31
	2017	建成区面积（km^2）	359	22
	2017	市辖区面积（km^2）	2525	23
	2017	市域面积（km^2）	8043	25
	2018	常住人口（万人）	488.2	27
	2017	户籍人口（万人）	408	27
城市道路	2017	城市道路里程（km）	1465.5	30
	2017	城市道路面积（万 m^2）	2937.5	32
	2017	道路网密度（km/km^2）	3.9	30
	2017	人均道路面积（m^2/人）	10.3	29
	2017	车均道路面积（m^2/辆）	22.4	30

续上表

类　目	数据年份（年）	指　标	数量	排名
城市地面公共交通	2018	城市公共汽电车运营车辆数（辆）	3869	30
	2018	公共汽电车运营线路长度（km）	5250	22
	2018	公共汽电车客运量（亿人次）	55989	24
	2018	公共汽电车车均站场面积（m^2/标台）	123.8	10
	2018	公交专用车道（km）	57.3	31
城市轨道交通	2018	轨道交通日均客流量（万人次）	2	27
	2018	轨道交通里程（km）	33.7	23
城市出租汽车	2018	出租汽车数量（辆）	8073	24
	2018	千人人均出租汽车数量（辆/1000人）	0.8	32
	2018	每辆车年运营里程（万km/辆）	9.4	32
机动车	2018	机动车保有量（万辆）	149.6	28
	2018	机动车增长率（%）	13.9	1
	2018	千人机动车保有量（辆/1000人）	306.4	16
汽车	2018	汽车保有量（万辆）	116.1	28
	2018	汽车增长率（%）	16.6	1
	2018	千人汽车保有量（辆/1000人）	237.7	25
摩托车	2018	摩托车保有量（万辆）	33.3	7
驾驶人	2018	机动车驾驶人（万人）	214.4	27
	2018	汽车驾驶人（万人）	204	27
交通管理执法	2018	纠正违法数量（起）	4720688	23
	2018	机动车违法查处（起）	4216191	22
	2018	城市道路非现场处罚人次（人次）	3399994	22
	2018	城市道路现场处罚人次（人次）	3951028	23
交通安全	2018	道路交通事故起数（起）	2896	7
	2018	城市道路交通事故起数（起）	2155	4
	2018	道路交通事故死亡数量（人）	353	17
	2018	道路交通事故受伤数量（人）	3361	4
	2018	城市道路交通事故死亡数量（人）	251	11
	2018	城市道路交通事故受伤数量（人）	2742	2
	2018	十万人口死亡率（人/10万人）	7.23	3
	2018	万车死亡率（人/万辆）	2.36	6

昆明市数据统计及排名

附表3-30

类　目	数据年份（年）	指　标	数量	排名
城市社会经济	2018	地区生产总值（亿元）	5206.9	25
	2018	地区生产总值增长率（%）	8.4	9
	2018	城镇居民可支配收入（元）	42988	17
	2018	可支配收入增长率（%）	8.0	25
	2017	轨道交通投资（亿元）	154.9	12
	2017	城市交通建设财政固定资产投入（亿元）	238.3	17
	2017	建成区面积（km^2）	438.2	19
	2017	市辖区面积（km^2）	5675	14
	2017	市域面积（km^2）	21281	5
	2018	常住人口（万人）	685	25
	2017	户籍人口（万人）	563	24
城市道路	2017	城市道路里程（km）	1850.5	27
	2017	城市道路面积（万 m^2）	3173.1	29
	2017	道路网密度（km/km^2）	4.2	25
	2017	人均道路面积（m^2/人）	8.1	34
	2017	车均道路面积（m^2/辆）	12.6	36
城市地面公共交通	2018	城市公共汽电车运营车辆数（辆）	7814	17
	2018	公共汽电车运营线路长度（km）	11357	12
	2018	公共汽电车客运量（亿人次）	79456	19
	2018	公共汽电车车均站场面积（m^2/标台）	53.1	28
	2018	公交专用车道（km）	92.5	28
城市轨道交通	2018	轨道交通日均客流量（万人次）	54.7	17
	2018	轨道交通里程（km）	88.7	16
城市出租汽车	2018	出租汽车数量（辆）	8257	23
	2018	千人人均出租汽车数量（辆/1000人）	1.4	20
	2018	每辆车年运营里程（万km/辆）	8.3	34
机动车	2018	机动车保有量（万辆）	267.7	17
	2018	机动车增长率（%）	6.5	27
	2018	千人机动车保有量（辆/1000人）	390.8	2
汽车	2018	汽车保有量（万辆）	233.1	17
	2018	汽车增长率（%）	8.4	25
	2018	千人汽车保有量（辆/1000人）	340.2	5
摩托车	2018	摩托车保有量（万辆）	34.3	5

续上表

类　目	数据年份（年）	指　标	数量	排名
驾驶人	2018	机动车驾驶人（万人）	320.9	16
	2018	汽车驾驶人（万人）	302.1	16
交通管理执法	2018	纠正违法数量（起）	7865264	10
	2018	机动车违法查处（起）	4878403	17
	2018	城市道路非现场处罚人次（人次）	3853610	21
	2018	城市道路现场处罚人次（人次）	6858063	11
交通安全	2018	道路交通事故起数（起）	1670	18
	2018	城市道路交通事故起数（起）	1011	16
	2018	道路交通事故死亡数量（人）	322	19
	2018	道路交通事故受伤数量（人）	1408	19
	2018	城市道路交通事故死亡数量（人）	186	18
	2018	城市道路交通事故受伤数量（人）	1087	15
	2018	十万人口死亡率（人/10万人）	4.70	19
	2018	万车死亡率（人/万辆）	1.20	29

拉萨市数据统计及排名

附表3-31

类　目	数据年份（年）	指　标	数量	排名
城市社会经济	2018	地区生产总值（亿元）	540.8	36
	2018	地区生产总值增长率（%）	9.3	2
	2018	城镇居民可支配收入（元）	35842	27
	2018	可支配收入增长率（%）	10.6	1
	2017	轨道交通投资（亿元）	—	—
	2017	城市交通建设财政固定资产投入（亿元）	30.8	36
	2017	建成区面积（km^2）	83.4	36
	2017	市辖区面积（km^2）	4326	19
	2017	市域面积（km^2）	29518	3
	2018	常住人口（万人）	68.8	36
	2017	户籍人口（万人）	54.4	36
城市道路	2017	城市道路里程（km）	367.7	36
	2017	城市道路面积（万m^2）	560.6	36
	2017	道路网密度（km/km^2）	3.8	33
	2017	人均道路面积（m^2/人）	13.8	18
	2017	车均道路面积（m^2/辆）	25.3	25

续上表

类　　目	数据年份（年）	指　　标	数量	排名
城市地面公共交通	2018	城市公共汽电车运营车辆数（辆）	693	36
	2018	公共汽电车运营线路长度（km）	977	36
	2018	公共汽电车客运量（亿人次）	8440	36
	2018	公共汽电车车均站场面积（m^2/标台）	50.5	29
	2018	公交专用车道（km）	—	—
城市轨道交通	2018	轨道交通日均客流量（万人次）	—	—
	2018	轨道交通里程（km）	—	—
城市出租汽车	2018	出租汽车数量（辆）	1670	36
	2018	千人人均出租汽车数量（辆/1000人）	2.4	6
	2018	每辆车年运营里程（万km/辆）	18	2
机动车	2018	机动车保有量（万辆）	25.1	36
	2018	机动车增长率（%）	13.1	4
	2018	千人机动车保有量（辆/1000人）	364.4	5
汽车	2018	汽车保有量（万辆）	23.4	36
	2018	汽车增长率（%）	13.3	7
	2018	千人汽车保有量（辆/1000人）	339.4	7
摩托车	2018	摩托车保有量（万辆）	1.5	30
驾驶人	2018	机动车驾驶人（万人）	16.9	36
	2018	汽车驾驶人（万人）	16.8	36
交通管理执法	2018	纠正违法数量（起）	324860	36
	2018	机动车违法查处（起）	281634	36
	2018	城市道路非现场处罚人次（人次）	226561	36
	2018	城市道路现场处罚人次（人次）	269784	36
交通安全	2018	道路交通事故起数（起）	140	36
	2018	城市道路交通事故起数（起）	173	36
	2018	道路交通事故死亡数量（人）	61	36
	2018	道路交通事故受伤数量（人）	138	36
	2018	城市道路交通事故死亡数量（人）	43	36
	2018	城市道路交通事故受伤数量（人）	199	34
	2018	十万人口死亡率（人/10万人）	8.86	2
	2018	万车死亡率（人/万辆）	2.43	4

西安市数据统计及排名

附表3-32

类　目	数据年份（年）	指　标	数量	排名
城市社会经济	2018	地区生产总值（亿元）	8349.9	15
	2018	地区生产总值增长率（%）	8.2	10
	2018	城镇居民可支配收入（元）	38729	24
	2018	可支配收入增长率（%）	8.1	22
	2017	轨道交通投资（亿元）	121.9	16
	2017	城市交通建设财政固定资产投入（亿元）	304.7	11
	2017	建成区面积（km^2）	661.1	9
	2017	市辖区面积（km^2）	5802	13
	2017	市域面积（km^2）	10753	21
	2018	常住人口（万人）	1000.4	12
	2017	户籍人口（万人）	906	8
城市道路	2017	城市道路里程（km）	4276.7	11
	2017	城市道路面积（万 m^2）	9829.4	10
	2017	道路网密度（km/km^2）	3.9	31
	2017	人均道路面积（m^2/人）	19.9	4
	2017	车均道路面积（m^2/辆）	34.3	15
城市地面公共交通	2018	城市公共汽电车运营车辆数（辆）	10463	13
	2018	公共汽电车运营线路长度（km）	5817	19
	2018	公共汽电车客运量（亿人次）	134815	9
	2018	公共汽电车车均站场面积（m^2/标台）	61.1	25
	2018	公交专用车道（km）	245.1	9
城市轨道交通	2018	轨道交通日均客流量（万人次）	202.6	9
	2018	轨道交通里程（km）	123.4	12
城市出租汽车	2018	出租汽车数量（辆）	14112	11
	2018	千人人均出租汽车数量（辆/1000人）	1.0	29
	2018	每辆车年运营里程（万km/辆）	14.5	8
机动车	2018	机动车保有量（万辆）	324.7	7
	2018	机动车增长率（%）	13.3	3
	2018	千人机动车保有量（辆/1000人）	324.6	13
汽车	2018	汽车保有量（万辆）	310.3	7
	2018	汽车增长率（%）	14.4	5
	2018	千人汽车保有量（辆/1000人）	310.2	10
摩托车	2018	摩托车保有量（万辆）	13.6	15

续上表

类　　目	数据年份（年）	指　　标	数量	排名
驾驶人	2018	机动车驾驶人（万人）	427.5	10
	2018	汽车驾驶人（万人）	425	9
交通管理执法	2018	纠正违法数量（起）	8346893	8
	2018	机动车违法查处（起）	7848924	7
	2018	城市道路非现场处罚人次（人次）	7417869	6
	2018	城市道路现场处罚人次（人次）	7945603	8
交通安全	2018	道路交通事故起数（起）	3114	5
	2018	城市道路交通事故起数（起）	1850	6
	2018	道路交通事故死亡数量（人）	444	13
	2018	道路交通事故受伤数量（人）	3153	5
	2018	城市道路交通事故死亡数量（人）	242	12
	2018	城市道路交通事故受伤数量（人）	2066	6
	2018	十万人口死亡率（人/10万人）	4.44	21
	2018	万车死亡率（人/万辆）	1.37	24

兰州市数据统计及排名

附表3-33

类　　目	数据年份（年）	指　　标	数量	排名
城市社会经济	2018	地区生产总值（亿元）	2732.9	32
	2018	地区生产总值增长率（%）	6.5	29
	2018	城镇居民可支配收入（元）	35014	33
	2018	可支配收入增长率（%）	8.3	17
	2017	轨道交通投资（亿元）	37.2	29
	2017	城市交通建设财政固定资产投入（亿元）	176.5	24
	2017	建成区面积（km^2）	330.6	27
	2017	市辖区面积（km^2）	1632	32
	2017	市域面积（km^2）	13086	13
	2018	常住人口（万人）	375.4	30
	2017	户籍人口（万人）	326	29
城市道路	2017	城市道路里程（km）	1856.6	26
	2017	城市道路面积（万m^2）	4536.9	25
	2017	道路网密度（km/km^2）	4.2	26
	2017	人均道路面积（m^2/人）	18.0	7
	2017	车均道路面积（m^2/辆）	44.4	5

续上表

类　　目	数据年份（年）	指　　标	数量	排名
城市地面公共交通	2018	城市公共汽电车运营车辆数（辆）	4333	29
	2018	公共汽电车运营线路长度（km）	4062	29
	2018	公共汽电车客运量（亿人次）	79825	18
	2018	公共汽电车车均站场面积（m^2/标台）	18.9	35
	2018	公交专用车道（km）	15.4	34
城市轨道交通	2018	轨道交通日均客流量（万人次）	—	—
	2018	轨道交通里程（km）	—	—
城市出租汽车	2018	出租汽车数量（辆）	10662	19
	2018	千人人均出租汽车数量（辆 /1000 人）	2.2	8
	2018	每辆车年运营里程（万 km/ 辆）	11.3	25
机动车	2018	机动车保有量（万辆）	106.9	32
	2018	机动车增长率（%）	4.6	32
	2018	千人机动车保有量（辆 /1000 人）	284.9	20
汽车	2018	汽车保有量（万辆）	88.5	32
	2018	汽车增长率（%）	6.4	32
	2018	千人汽车保有量（辆 /1000 人）	235.7	26
摩托车	2018	摩托车保有量（万辆）	18.2	13
驾驶人	2018	机动车驾驶人（万人）	116.8	31
	2018	汽车驾驶人（万人）	110.2	32
交通管理执法	2018	纠正违法数量（起）	1457822	33
	2018	机动车违法查处（起）	1410455	32
	2018	城市道路非现场处罚人次（人次）	1237977	30
	2018	城市道路现场处罚人次（人次）	1285690	31
交通安全	2018	道路交通事故起数（起）	839	27
	2018	城市道路交通事故起数（起）	476	30
	2018	道路交通事故死亡数量（人）	241	24
	2018	道路交通事故受伤数量（人）	900	27
	2018	城市道路交通事故死亡数量（人）	101	30
	2018	城市道路交通事故受伤数量（人）	499	30
	2018	十万人口死亡率（人 /10 万人）	6.42	4
	2018	万车死亡率（人 / 万辆）	2.25	8

西宁市数据统计及排名

附表3-34

类目	数据年份(年)	指标	数量	排名
城市社会经济	2018	地区生产总值(亿元)	1286.4	35
	2018	地区生产总值增长率(%)	9	4
	2018	城镇居民可支配收入(元)	32500	36
	2018	可支配收入增长率(%)	8.2	21
	2017	轨道交通投资(亿元)	—	—
	2017	城市交通建设财政固定资产投入(亿元)	106.1	30
	2017	建成区面积(km^2)	94	35
	2017	市辖区面积(km^2)	477	36
	2017	市域面积(km^2)	7660	27
	2018	常住人口(万人)	237.1	33
	2017	户籍人口(万人)	206	33
城市道路	2017	城市道路里程(km)	577	35
	2017	城市道路面积(万 m^2)	1294.6	35
	2017	道路网密度(km/km^2)	6.1	15
	2017	人均道路面积(m^2/人)	9.8	30
	2017	车均道路面积(m^2/辆)	23.2	29
城市地面公共交通	2018	城市公共汽电车运营车辆数(辆)	2223	35
	2018	公共汽电车运营线路长度(km)	1399	35
	2018	公共汽电车客运量(亿人次)	33964	32
	2018	公共汽电车车均站场面积(m^2/标台)	57.1	26
	2018	公交专用车道(km)	15	35
城市轨道交通	2018	轨道交通日均客流量(万人次)	—	—
	2018	轨道交通里程(km)	—	—
城市出租汽车	2018	出租汽车数量(辆)	5666	30
	2018	千人人均出租汽车数量(辆/1000人)	0.6	36
	2018	每辆车年运营里程(万km/辆)	11.5	22
机动车	2018	机动车保有量(万辆)	62.3	35
	2018	机动车增长率(%)	11.5	9
	2018	千人机动车保有量(辆/1000人)	262.6	26
汽车	2018	汽车保有量(万辆)	60.4	35
	2018	汽车增长率(%)	11.6	12
	2018	千人汽车保有量(辆/1000人)	254.7	21
摩托车	2018	摩托车保有量(万辆)	1.4	31

续上表

类　目	数据年份（年）	指　标	数量	排名
驾驶人	2018	机动车驾驶人（万人）	68.2	35
	2018	汽车驾驶人（万人）	68.0	35
交通管理执法	2018	纠正违法数量（起）	586931	35
	2018	机动车违法查处（起）	557659	35
	2018	城市道路非现场处罚人次（人次）	467474	35
	2018	城市道路现场处罚人次（人次）	496793	35
交通安全	2018	道路交通事故起数（起）	641	33
	2018	城市道路交通事故起数（起）	262	34
	2018	道路交通事故死亡数量（人）	147	31
	2018	道路交通事故受伤数量（人）	620	32
	2018	城市道路交通事故死亡数量（人）	66	33
	2018	城市道路交通事故受伤数量（人）	279	32
	2018	十万人口死亡率（人/10万人）	6.20	6
	2018	万车死亡率（人/万辆）	2.36	5

银川市数据统计及排名

附表3-35

类　目	数据年份（年）	指　标	数量	排名
城市社会经济	2018	地区生产总值（亿元）	1901.5	33
	2018	地区生产总值增长率（%）	7.2	23
	2018	城镇居民可支配收入（元）	35586	28
	2018	可支配收入增长率（%）	7.9	26
	2017	轨道交通投资（亿元）	—	—
	2017	城市交通建设财政固定资产投入（亿元）	49.4	35
	2017	建成区面积（km^2）	178.8	33
	2017	市辖区面积（km^2）	2311	24
	2017	市域面积（km^2）	9025	23
	2018	常住人口（万人）	225.1	35
	2017	户籍人口（万人）	189	34
城市道路	2017	城市道路里程（km）	697.8	34
	2017	城市道路面积（万 m^2）	2226.1	34
	2017	道路网密度（km/km^2）	3.9	32
	2017	人均道路面积（m^2/人）	14.2	16
	2017	车均道路面积（m^2/辆）	27.1	23

续上表

类　　目	数据年份（年）	指　　标	数量	排名
城市地面公共交通	2018	城市公共汽电车运营车辆数（辆）	2264	34
	2018	公共汽电车运营线路长度（km）	2176	34
	2018	公共汽电车客运量（亿人次）	22345	34
	2018	公共汽电车车均站场面积（m^2/标台）	223.9	1
	2018	公交专用车道（km）	132	23
城市轨道交通	2018	轨道交通日均客流量（万人次）	—	—
	2018	轨道交通里程（km）	—	—
城市出租汽车	2018	出租汽车数量（辆）	4991	33
	2018	千人人均出租汽车数量（辆/1000人）	1.3	23
	2018	每辆车年运营里程（万km/辆）	10.3	30
机动车	2018	机动车保有量（万辆）	88.7	33
	2018	机动车增长率（%）	7.9	21
	2018	千人机动车保有量（辆/1000人）	394.3	1
汽车	2018	汽车保有量（万辆）	85.1	33
	2018	汽车增长率（%）	12.1	10
	2018	千人汽车保有量（辆/1000人）	378.3	1
摩托车	2018	摩托车保有量（万辆）	2.5	27
驾驶人	2018	机动车驾驶人（万人）	87.3	33
	2018	汽车驾驶人（万人）	86.4	33
交通管理执法	2018	纠正违法数量（起）	2108942	29
	2018	机动车违法查处（起）	1548732	31
	2018	城市道路非现场处罚人次（人次）	1363935	29
	2018	城市道路现场处罚人次（人次）	1902908	29
交通安全	2018	道路交通事故起数（起）	975	23
	2018	城市道路交通事故起数（起）	607	24
	2018	道路交通事故死亡数量（人）	140	33
	2018	道路交通事故受伤数量（人）	978	22
	2018	城市道路交通事故死亡数量（人）	85	31
	2018	城市道路交通事故受伤数量（人）	756	22
	2018	十万人口死亡率（人/10万人）	6.22	5
	2018	万车死亡率（人/万辆）	1.58	19

乌鲁木齐市数据统计及排名

附表3-36

类　目	数据年份（年）	指　　标	数量	排名
城市社会经济	2018	地区生产总值（亿元）	3099.8	30
	2018	地区生产总值增长率（%）	7.8	15
	2018	城镇居民可支配收入（元）	40101	22
	2018	可支配收入增长率（%）	8.3	18
	2017	轨道交通投资（亿元）	100.5	19
	2017	城市交通建设财政固定资产投入（亿元）	225	19
	2017	建成区面积（km^2）	438.1	20
	2017	市辖区面积（km^2）	9576	6
	2017	市域面积（km^2）	13788	12
	2018	常住人口（万人）	350.6	31
	2017	户籍人口（万人）	223	32
城市道路	2017	城市道路里程（km）	2304.1	21
	2017	城市道路面积（万 m^2）	3105.6	30
	2017	道路网密度（km/km^2）	5.3	22
	2017	人均道路面积（m^2/ 人）	10.5	28
	2017	车均道路面积（m^2/ 辆）	29.6	21
城市地面公共交通	2018	城市公共汽电车运营车辆数（辆）	5738	23
	2018	公共汽电车运营线路长度（km）	3503	31
	2018	公共汽电车客运量（亿人次）	77096	20
	2018	公共汽电车车均站场面积（m^2/ 标台）	146.4	7
	2018	公交专用车道（km）	145	22
城市轨道交通	2018	轨道交通日均客流量（万人次）	0.7	28
	2018	轨道交通里程（km）	16.7	28
城市出租汽车	2018	出租汽车数量（辆）	13133	14
	2018	千人人均出租汽车数量（辆 /1000 人）	2.4	5
	2018	每辆车年运营里程（万 km/ 辆）	13.6	10
机动车	2018	机动车保有量（万辆）	115.2	30
	2018	机动车增长率（%）	9.7	15
	2018	千人机动车保有量（辆 /1000 人）	328.5	11
汽车	2018	汽车保有量（万辆）	112.9	30
	2018	汽车增长率（%）	9.9	19
	2018	千人汽车保有量（辆 /1000 人）	322	9

续上表

类　目	数据年份（年）	指　　标	数量	排名
摩托车	2018	摩托车保有量（万辆）	1.6	29
驾驶人	2018	机动车驾驶人（万人）	114.2	32
	2018	汽车驾驶人（万人）	113.7	31
交通管理执法	2018	纠正违法数量（起）	1917059	30
	2018	机动车违法查处（起）	1800830	30
	2018	城市道路非现场处罚人次（人次）	836166	33
	2018	城市道路现场处罚人次（人次）	959846	34
交通安全	2018	道路交通事故起数（起）	771	28
	2018	城市道路交通事故起数（起）	499	27
	2018	道路交通事故死亡数量（人）	146	32
	2018	道路交通事故受伤数量（人）	694	30
	2018	城市道路交通事故死亡数量（人）	110	26
	2018	城市道路交通事故受伤数量（人）	552	26
	2018	十万人口死亡率（人 /10 万人）	4.16	23
	2018	万车死亡率（人 / 万辆）	1.27	26